Tucholsky Wagner Zola Scott Sydow Schlegel
Turgenev Wallace Fonatne Freud
Twain Walther von der Vogelweide Fouqué Friedrich II. von Preußen
Weber Freiligrath Frey
Fechner Fichte Weiße Rose von Fallersleben Kant Ernst Richthofen Frommel
Engels Fielding Hölderlin
Fehrs Faber Flaubert Eichendorff Tacitus Dumas
Feuerbach Maximilian I. von Habsburg Fock Eliasberg Eliot Zweig Ebner Eschenbach
Ewald Vergil
Goethe Elisabeth von Österreich London
Mendelssohn Balzac Shakespeare Dostojewski Ganghofer
Trackl Stevenson Lichtenberg Rathenau Doyle Gjellerup
Mommsen Thoma Tolstoi Lenz Hambruch Hanrieder Droste-Hülshoff
Dach Verne von Arnim Hägele Hauff Humboldt
Karrillon Reuter Garschin Rousseau Hagen Hauptmann Gautier
Damaschke Defoe Descartes Hebbel Baudelaire
Wolfram von Eschenbach Dickens Schopenhauer Hegel Kussmaul Herder
Bronner Darwin Melville Grimm Jerome Rilke George
Campe Horváth Aristoteles Bebel Proust
Bismarck Vigny Gengenbach Barlach Voltaire Federer Herodot
Heine
Storm Casanova Lessing Tersteegen Gilm Grillparzer Georgy
Chamberlain Langbein Gryphius
Brentano Claudius Schiller Lafontaine
Strachwitz Kralik Iffland Sokrates
Katharina II. von Rußland Bellamy Schilling
Gerstäcker Raabe Gibbon Tschechow
Löns Hesse Hoffmann Gogol Wilde Gleim Vulpius
Luther Heym Hofmannsthal Klee Hölty Morgenstern Goedicke
Roth Heyse Klopstock Kleist
Luxemburg Puschkin Homer Mörike
La Roche Horaz Musil
Machiavelli Kierkegaard Kraft Kraus
Navarra Aurel Musset
Nestroy Marie de France Lamprecht Kind Kirchhoff Hugo Moltke
Nietzsche Laotse Ipsen Liebknecht
Marx Nansen Ringelnatz
von Ossietzky Lassalle Gorki Klett Leibniz
May vom Stein Lawrence Irving
Petalozzi Platon Knigge
Sachs Poe Pückler Michelangelo Liebermann Kock Kafka
de Sade Praetorius Mistral Zetkin Korolenko

Dit boek is onderdeel van de **TREDITION CLASSICS** serie. De makers van deze serie zijn verbonden door hun passie voor literatuur en gedreven met de bedoeling om alle publieke domein boeken weer gedrukte vorm beschikbaar te maken - wereldwijd.

De meeste geprinte **TREDITION CLASSICS** titels zijn al decennia verdwenen uit de boekenkasten. Bij tredition geloven wij dat een goed boek nooit uit de mode is en dat zijn waarde voor eeuwig is. Deze boeken serie helpt bij het behouden van de literatuur schatten. Het draagt bij in het behouden van prachtige wereldliteratuur werken.

Johannes Gutenberg, de uitvinder van Movable Type afdrukken (1400 – 1468) is het symbolische figuur van deze serie die enkele tienduizenden titels bevat.

Alle titels van deze serie **TREDITION CLASSICS** zijn beschikbaar als paperback en hardcover. Voor meer informatie over deze unieke serie en over tredition willen we u verwijzen naar: www.tredition.com

tredition is opgericht in 2006 door Sandra Latusseck & Soenke Schulz. Met kantoor in Hamburg Duitsland, tredition bied auteurs, uitgeverijen oplossing voor publiceren gecombineerd met een wereld wijde distributie voor zowel het gedrukte boek als het digitale boek. tredition heeft de unieke positie om auteurs en uitgeverijen boeken te laten creëren op hun eigen voorwaarden en zonder de conventionele productie risico's.

Bedenkingen tegen de Leer van Darwin Gevolgd door beschouwingen over eenige philosophische onderwerpen.

Antoine Charles Reuther

Impressum

Dit boek maakt deel uit van TREDITION CLASSICS.

Auteur: Antoine Charles Reuther
Cover design: toepferschumann, Berlijn (Duitsland)

Uitgever: tredition GmbH, Hamburg (Duitsland)
ISBN: 978-3-8495-3905-4

www.tredition.com
www.tredition.de

Bedenkingen tegen de leer van Darwin,

Gevolgd door
Beschouwingen over eenige philosophische onderwerpen.
Door den schrijver van het werk,

Getiteld:

Over de werking der natuurwetten op zedelijk gebied enz.

En van

Het vervolg op dit werk.
Amsterdam,

J. C. Loman Jr.

1871.

Inhoud.

Zinstorende drukfouten.

regel 2 v. o.	staat	22^n. *lees* 2^{2^n}.
regel 6 v. b.	lees	hunne eigen *lees* de meest op hen gelijkende.
regel 7 v. o.	lees	omheden *lees* omstandigheden.
regel 11 v. o.	lees	deze *lees* dezer.
regel 15 v. o.	lees	achter wanneer *te lezen* zulk.
regel 13 v. o.	lees	achter verarmen *te lezen* onder steeds toenemende druk.
regel 11 v. b.	lees	achter perihelium *te lezen* digt bij het oppervlak van den uitgezetten bol *b*.
regel 11 v. o.	lees	staat tot *lees* dit.
regel 5 v. b.	lees	achter eindigen *te lezen* tijd.

Bedenkingen tegen de leer van Darwin.

Onze bedenkingen tegen de thans bij het beschaafde publiek vrij bekende leer van *Darwin* zijn de volgende:

1°. Dat de splitsing van diersoorten in andere soorten, van deze weder in nieuwe enz. slechts bij uitzondering kan plaats hebben; namelijk, wanneer de natuur aan eenige diersoort een grooter aantal wijzen van bestaan aanbiedt dan vroeger en anders belet wordt, door dat de voortplanting door paring van mannetjes en wijfjes van diezelfde soort geschiedt.

2°. Dat het uitsterven van diersoorten slechts bij uitzondering kan plaats hebben, omdat, naarmate van zulk eene soort, binnen dezelfde uitgestrektheid grond, het aantal exemplaren vermindert, elk dezer onder levensomstandigheden komt, waarin het beter dan vroeger aan de oorzaken, deszelfs soort trachtende te vernietigen, kan wederstaan.

3°. Dat het geschikter worden der organisatie van diersoorten, voor de omstandigheden waarin zij verkeeren, onmogelijk door de natuurkeus (anders gezegd door de werking van het toeval) kan geschieden.

4°. Dat, zelfs aangenomen, dat de natuurkeus die geschiktwording kon voortbrengen, hierdoor nog niet verklaard zou worden, hoe lagere diersoorten van lieverlede hoogere organisatien verkrijgen, zoodat de leer van *Darwin* de vraag wat was eerder de kip of het ei, onbeantwoord laat.

Een wel is waar niet volledig, maar desniettemin vrij voldoend antwoord op die vraag wordt toch slechts gegeven, wanneer men kan aantoonen, dat al de thans [4]bestaande diersoorten ontsproten zijn uit een aantal anderen, elk op den allerlaagsten trap van dierlijke organisatie staande.

Deze hypothese heeft reeds, voordat de onderzoekingen der versteeningen, binnen de sedimentaire lagen bevat hare waarschijnlijkheid aangetoond hadden, den bijval van denkers genoten. Ten allen tijden hebben deze toch aangenomen, dat het bijzondere, uit het meer algemeene, het zamengestelde (mits die zamengesteldheid in eene meer kunstige inrigting bestond), uit het meer eenvoudige en het hoogere uit het lagere (zoo dit een even bijzonder karakter als dit hoogere bezat), moest voortspruiten.

De ervaring toonde toch aan, dat in het maatschappelijke en op het gebied van kunst en wetenschap dit steeds het geval was en vandaar, dat men stelde, dat die schoone regels ook op het gebied van het buitenzinnelijke moesten gelden. Raadpleegt men zelfs de Oude Cosmogonien, zoo ontwaart men daarin eene veelal op kinderlijke, wijze ontvouwde grondgedachte, dat er, wel is waar, niet een begin van alles, maar wel van het bijzondere bestaan heeft, namelijk dat de wereld met al derzelver verscheidenheden zich uit een eenvormigen chaos ontwikkeld heeft en dat uit een nevelachtigen en een karakter van algemeenheid bezittende Oergod, de menschen en bijzondere goden voortgesproten zijn.

Men kan gemakkelijk opmerken dat het hoogere, mits dit een even sterk karakter van bijzonderheid als het lagere bezit, dit laatste noodig heeft om te bestaan; terwijl het omgekeerde niet doorgaat.

De vleeschetende dieren verslinden bijv. de gemiddeld minder geestelijk ontwikkeld dan zij zijnde plantetende dieren; terwijl deze zeer gevoegelijk eerstgemelde kunnen ontberen. De kleine vogels voeden zich met de lager dan hen staande insecten, deze weder met microscopische diertjes en zelfs de planten zouden niet kunnen bestaan, [5]zoo er geene microscopische plantjes en diertjes aanwezig waren, terwijl daarentegen deze de hoogere planten wel kunnen missen. Zoo toch het regenwater geene organische bestanddeelen bevatte, zouden er door zouten uit den bodem gevoerd, maar geene nieuwe zouten door ontbinding dier organische bestanddeelen, er ingebragt worden. Deze laatste worden nu geleverd door de microscopische plantjes en diertjes, welke de zouten van den Oceaan binnen hunne ligchamen opnemen, tijdens het waaijen, door de beroering der lucht, hoog in den dampkring gevoerd en aldaar binnen de waterblaasjes en de zich vormende regendruppeltjes opgenomen worden.

Ook op maatschappelijk gebied dient het lagere het hoogere, als onmisbaar hiervoor, vooraf te gaan. Een leger bijv. zonder hoofd vormt wel een ordeloozen troep, maar kan niettemin bestaan, terwijl een officier zonder soldaten onmogelijk zijne functikn kan uitoefenen. Kinderen kunnen des noods van zelf leeren, maar een onderwijzer zonder scholieren onmogelijk als schoolmeester werkzaam zijn.

Tusschen dieren van dezelfde soort en die van naburige soorten bestaat, naar ons inzien, dit onderscheid, dat mannetjes en wijfjes van naburige soorten geene en die van dezelfde soort wel neiging tot geslachtparing bezitten. Hierdoor ontstaan er scherpe kloven tusschen de soorten, omdat bijv. mannetjes, zekere afwijkingen vertoonende van die, welke het beste de eigenaardigheden hunner soort vertoonen en alsware in het midden dier soort staan, in de meeste gevallen met wijfjes, gelijksoortige afwijkingen dier eigenaardigheden niet vertoonende, zullen paren, maar door de organisatie der jongen alsware naar die der exemplaren, zoo als zoo even gezegd is, in het midden der soort staande, teruggebragt zullen worden.

Dit kan vergeleken worden met het rollen van voorwerpen naar de eene of andere teen van een dijk, zoo deze geene [6]kruin bezit en men er die voorwerpen boven laat vallen. De klove tusschen de naburige diersoorten wordt dan bij die vergelijking voorgesteld door de breedte van den grondslag van den dijk.

Bestaat de helft der bevolking van een eiland uit blanken en de andere helft uit negers en is het voor elk hunner onverschillig, of zij al dan niet met kleurgenooten huwen, zoo zal de eerstvolgende generatie gemiddeld bestaan uit een kwart blanken, de helft mulatten en een kwart negers. Dit aantal mulatten bij die generatie kan, wel is waar, minder, maar even goed meer dan die helft bedragen, en bij die generatie is voor elken blanken de kans, om met een kleurgenoot te huwen < W < = 1/16 van het geheel bedragen. Dezelfde redenering, door ons voor de eerste generatie gedaan, voor de tweede doende, zoo zal men bevinden, dat bij de derde generatie het aantal zuiver blanken maar gemiddeld 1/16 W 1/16 = 1/256 van het geheel zal bedragen.

Dit ook doorgaande voor de negers en voor de kleurlingen, hetzij naar de blanken hetzij naar de negers overhellende, zoo zal men ontwaren, dat na slechts weinig generatien op zulk een eiland enkel mulatten gevonden zullen worden1.

De gevolgen der accidentele oorzaken, waardoor de kinderen eenigzins van hunne ouders en onderling verschillen, worden aldus door eene constante oorzaak tegengewerkt, [7]zoodat die gevolgen (namelijk de afwijkingen van het gemiddelde type) aldus zekere sterkte niet kunnen overschrijden. Bestaat er bij kleurgenooten zekere voorkeur voor elkander, zoo zal het gemengde ras niet zoo snel, maar niettemin bij de achtereenvolgende generatie steeds meer gaan predomineren, (hetgeen bijv. in *Brazilik* thans schijnt te geschieden). Slechts, wanneer de personen van elke kleur onmogelijk bij die eener andere kleur kinderen kunnen verwekken, zal de onderlinge betrekking der blanken, negers, mulatten enz. bij de achtervolgende generatien dezelfde blijven.

Zoo men aanneemt, dat voor een mannetje eener diersoort, hoe weinig ook, de mogelijkheid bestaat, om neiging tot paring met een wijfje eener naburige soort te bezitten, en om bij dit wijfje vruchtbare jongen te verkrijgen, zullen de bastaarden, ofschoon zeer langzaam, in aantal toenemen, en eindelijk, al is het ook na zeer langen tijd, alleen bestaan. Elk dier beide soorten bezit echter nog andere naburen, waarmede iets dergelijks geschieden kan, zoodat bijv. n diersoorten in n - 1 tusschensoorten zullen veranderen. Deze zullen op dergelijke wijze in n - 2 nieuwe tusschensoorten omgezet worden, en zoo voortgaande, er na een uiterst langen, maar eindigen tijd, slechts eene resulterende diersoort bestaan, hoe ver ook de beide uiterste soorten der primitieve reeks van elkander stonden.

Deze werking (de tegengestelde van die door *Darwin* aangenomen) wordt echter tegengewerkt, doordat er eene constante oorzaak bestaat, deels door tusschenkomst van den wil der dieren (de stelling van *Lamarck*), doch grootendeels buiten die tusschenkomst, gedurende het leven de organisatie der dieren, voor de omstandigheden waarin deze verkeeren, geschikt trachtende te doen worden.

Gesteld bijv. dat bij het op blz. 6 aangegeven voorbeeld de kinderen steeds de levenswijze hunner vaders volgen [8]en dat hierdoor gedurende hun leven hunne kleur, trekken enz. tot die dier vaders naderen (hetgeen overeenkomt met de nadering der bastaarden gedurende hun leven tot die der twee stamdiersoorten wier levenswijze zij kiezen), zoo zal bij de eerstvolgende generatie de helft der mulatten, gedurende den tijd tusschen hunne eigen geboorte en die hunner kinderen verloopen, de blanke en de andere helft de negertype wat naderen. Hetzelfde bij de volgende generatie plaats hebbende, zoo zal er eindelijk eene generatie ontstaan, waarvan de beide helften in uitzigt zoo weinig van elkander verschillen, dat de zoo even gemelde neiging der kinderen om gedurende hun leven tot den type hunner vaders te naderen, even sterk is als die om, (door voor hunne geboorte wat van de type hunner moeders over te nemen), alsdan van die hunner vaders af te wijken.

Klaarblijkelijk zal, wanneer de zucht tot paren van individuen, tot verschillende rassen behoorende, zwakker is, dan bij individuen van hetzelfde ras, dit tegen elkander opwegen van zooeven gemelde constante oorzaak en die op blz. 6 aangegeven, vroeger en bij grootere verschillen tusschen de na eenige generatikn bestaande rassen bestaan. Olie tracht bijv. steeds boven water te drijven, en roert men beide die vochten, zoo zal eindelijk de vermengende werking dier beroering gebalanceerd worden door de neiging der olie om op- en die van het water om nederwaarts te gaan. Hoe zwakker nu die beroering (vergelijkbaar met de werking der paring tusschen individuen van verschillend ras) is, hoe zuiverder de olie in het bovenste en het water in het onderste deel van het vat zullen zijn.

Met de kloven tusschen de diersoorten kunnen vergeleken worden, die tusschen de volken en die tusschen de belijders der verschillende godsdiensten bestaande.

Het geriefelijke voor menschen, om de eigenaardigheden [9]van een of ander volk aan te nemen, of om eenige bestaande godsdienst te belijden en aldus niet, zoo als bij het geosoleerd staan tusschen twee volken, of twee godsdiensten, voor een ieder een vreemdeling te zijn, is toch met de voorkeur der mannetjes voor de wijfjes van de meest op hen gelijkende soort te vergelijken.

Naarmate zekere verschillen in organisatie de neiging tot geslachtparing sterker verzwakken, zullen er kleinere maar meer diersoorten bestaan en, naarmate, bij minder beschaving, het verkeer tusschen de menschen en hun geest van zamenwerking geringer is, er meer natikn bestaan.

Volken ontstaan, doordat niet ieder mensch zijne afzonderlijke wetten kan bezitten en, zonder aansluiting aan anderen, voor zijne veiligheid kan zorgen; godsdienstige gezindheden, wegens de behoefte om gemeenschappelijk de eerdienst te verrigten; diersoorten, doordat de neiging tot paring niet reeds door de minste verschillen in organisatie (de sexuele niet in aanmerking genomen), uitgedoofd wordt en, doordat de voortplanting niet door hermaphroditen plaats heeft; doch, terwijl tot eene natie, of eene religie menschen kunnen behooren van zeer verschillende geestelijke, ontwikkeling en overigens onder verschillende levensomstandigheden verkeerende, is zoo iets bij de dieren eener zelfde soort veel minder mogelijk.

Voor de verdeeling eener diersoort in verschillende rassen dienen deelen er van onder andere levensomstandigheden te gaan verkeeren (hetgeen met het ontstaan van zelfstandige kolonikn bij de volken te vergelijken is). De neiging der organisatikn der dieren, om voor de levensomstandigheden, waarin deze dieren verkeeren, geschikt te worden, kan dan maken dat die rassen zooveel van elkander gaan verschillen, dat de neiging tot paring tusschen hen wordt uitgebluscht, even als bijv. tusschen de Engelsche en Amerikanen het gevoel van gemeenschappelijke nationaliteit. [10]

Gaan echter die kortelings ontstane diersoorten later weder onder dezelfde omstandigheden verkeeren, en met elkander vermengd leven, zoo zal noodwendig het omgekeerde van zooeven moeten plaats hebben.

Noodigt de aardoppervlakte de dieren steeds tot evenveel verschillende wijzen van bestaan uit, zoo zullen wel is waar accidentele oorzaken splitsing van soorten teweeg kunnen brengen, doch zamensmelting hier van gemiddeld even menigvuldig plaats hebben, doch, wanneer die mogelijke wijze van bestaan menigvuldiger worden, de soorten dit insgelijks doen.

Dit laatste schijnt nu het geval geweest te zijn. Primitief was toch de aardbodem overal met water van even groote diepte en even hooge temperatuur bedekt en hield de met dikke vochtblaasjes vervulde lucht de aarde in de schaduw gedompeld. Later ontstonden droog land, stranden, moerassen, bosschen en meer of minder diep en heet water, nog later de bloemen ontluikende zonneschijn, groote hoogten, diepe valleijen, uitgestrekte landen, groot verschil in gewassen en in temperatuur enz.

Men denke voorts niet, dat enkele exemplaren eener diersoort, in een ander land en klimaat overgebragt, zich aldaar steeds sterk vermenigvuldigen. Dit is somtijds het geval geweest, zoo als bijv. met de paarden en runderen in Z. Amerika, omdat deze dieren aldaar in zeer gunstige omstandigheden verkeerden en de beschermende hand van den mensch zich niet terstond van hen aftrok, doch in veel andere gevallen zijn de per scheepsgelegenheid naar vreemde gewesten overgebragte tamme dieren aldaar uitgestorven.

Terwijl geheel gemis aan neiging tot paring maakt, dat, ofschoon op verschillende wijze levende dieren van verschillende soorten, met elkander vermengd, dezelfde landstreek kunnen bewonen, zonder dat die soorten te zamen smelten, [11]is dit niet zoo goed mogelijk bij dieren van aangrenzende rassen, omdat tusschen deze er nog eenige neiging tot paring bestaat.

Bij die rassen zal dan iets plaats hebben overeenkomende met hetgeen op blz. 8 aangevoerd is, namelijk, er zal na een aantal generatikn twee verscheidenheden, minder dan de twee rassen, toen deze met elkander vermengd gingen leven, van elkander verschillende, ontstaan.

Zoo men het aantal der tusschen die beide verscheidenheden gelegen kruislingen vermenigvuldigt met derzelver afwijkingen van de eene of andere verscheidenheid, zal eenmaal dit product niet meer vergrooten, door het geboren worden van nieuwe kruislingen, als verminderen, doordat gedurende hun leven al die kruislingen, deels tot de type der eene, deels tot die der andere verscheidenheid naderen.

Laatstgemelde terugbrenging ontstaat, doordat de dieren, het zuivere type der verscheidenheden *m* bezittende voor de levensomstandigheden waarin zij verkeeren (niet meer zijnde die der beide primitieve rassen) beter georganiseerd zullen zijn dan die kruislingen.

De dieren schikken niet alleen hunne organisatie naar de levensomstandigheden waarin zij verkeeren, maar zoeken tevens naar levensomstandigheden voor hunne organisatie geschikt (even als bijv. een plotseling verrijkt mensch, niet slechts zijne behoeften grooter doet worden, maar tevens door werkeloosheid en zorgeloosheid zijne voor hem te aanzienlijke inkomsten vermindert).

De kruislingen, door paring dier beide primitieve rassen *n* ontstaan, zullen dit ook eenigzins doen en aldus wel is waar, zich niet geheel in voor hunne organisatie geschikte levensomstandigheden bevinden, maar ook niet meer geheel in die der uiterste van hen het meeste afwijkende leden van een dier beide primitieve rassen verkeeren.

Voor zooverre nu die kruislingen door achtervolgende [12]paringen de organisatie dier uiterste leden dier beide rassen meer tot elkander doen naderen, moet klaarblijkelijk, het opzoeken van levensomstandigheden voor de veranderde organisatie meer geschikt, de levensomstandigheden dier uiterste leden der beide rassen *n* meer tot elkander doen naderen en deze alsdan in de bovengemelde verscheidenheden *m* veranderen.

Hiermede kan vergeleken worden, hetgeen bij twee volken, in karakter, geest, beschaving enz. van elkander verschillende en elk voor die qualiteiten geschikte instellingen bezittende, plaats heeft, wanneer zij met elkander in aanraking komen. Alsdan nemen zij wat van elkanders zeden en qualiteiten over, beginnen aldus wat meer op elkander te gelijken en schikken tegelijk hunne instellingen naar hunne nieuwe qualiteiten.

Even als echter zulk een verkeer tusschen twee volken, hen slechts tot zekeren graad meer op elkander doet gelijken, zoo zal van de bovengemelde verscheidenheden *m* de gelijkenis zekeren grens, bepaald door de sterkte hunner onderlinge paring, niet kunnen overschrijden. Niet alleen zoeken, wanneer eene diersoort door eene andere teruggedrongen wordt en zij in aantal individuen vermindert, deze (zie blz. 11) plaatsen op, waar zij beter dan vroeger het bestaan hunner soort kunnen verdedigen, maar bij de door overmaat van geboorten boven sterfgevallen in aantal toenemende indringers heeft het tegenovergestelde plaats. Hoe verder deze aldus dringen, hoe moeijelijker dit geschiedt, zoodat er eindelijk een toestand van evenwigt zal ontstaan waarbij aanval en verdediging tegen elkander opwegen. Het is bijv. mogelijk, dat de Indianen der Vereenigde Staten, in aantal zeer verminderd, zich eindelijk binnen voor den landbouw van onwaarde en weinig genaakbare streken als jagers en visschers zullen kunnen staande houden, en dat de olm en andere grotdieren vroeger buiten de holen leefden, [13]maar in deze alsware teruggetrokken zijn, eigenschappen, hen geschikt makende, om die duistere verblijfplaatsen te bewonen, verkregen hebben, en dat thans bij die diersoorten het aantal geboorten tegen dat der sterfgevallen opweegt.

Niettegenstaande sedert eenige eeuwen binnen het beschaafde Europa het schadelijke wild met vuurwapens bestreden wordt, weet het zich, in aantal verminderd, binnen weinig genaakbare plaatsen vrij wel staande te houden.

Dat, wanneer hoogere rassen met lagere in aanraking komen, laatstgemelde uitsterven, is onjuist. Het ongedierte bijv. volhardt met onze ligchamen in aanraking te komen en sterft niet uit. Somtijds worden de bewoners van eenig land door veroveraars hiervan aan zich dienstbaar gemaakt en sterven zij, zooals bijv. de Heloten in het Oude Lacedemon, niet uit. Het lot der plantetende dieren, na de optreding onder hen der carnivoren, kan hiermede vergeleken worden.

Tijdens den inval der Anglo Saxen in Groot-Brittanje zijn de Celten door hen teruggedrongen, maar niet uitgeroeid, en die laatste volkstam neemt thans in Wallis in aantal individuen niet af, maar integendeel toe.

Een deel der Indianen van Mexico heeft zekeren graad van beschaving verkregen en, in plaats van uit te sterven, neemt het in invloed toe en heeft zelfs iemand uit zijn midden den presidentszetel beklommen.

Door opneming in andere stammen, door vermenging hiermede, door verandering van naam en gewoonten kunnen buitendien volkstammen schijnbaar van den aardbodem verdwenen zijn en wegens het verkrijgen van andere organisatien dit met de diersoorten der voorwereld insgelijks het geval geweest zijn.

Uitsterving van diersoorten en menschenstammen kan naar ons inzien slechts bij uitzondering en wel voornamelijk, daar waar geschikte ruimten om er binnen terug [14]te trekken en verschil in localiteiten gemist worden, plaats hebben.

Wordt ergens het klimaat kouder, zooals bijv. dat van Europa gedurende en na het tertiaire tijdperk, zoo zal de vegetatie er minder weelderig worden en aldus minder voedsel aan de plantetende dieren aanbieden. Een deel hiervan zal zich alsdan terugtrekken naar warmere oorden en van de overblijvende de organisatie voor het koudere klimaat van lieverlede geschikt gemaakt worden.

Voor de vleeschetende dieren zal dit eveneens doorgaan, aangezien de veelvuldigheid van derzelver voorkoming van die der plantetende afhangt, en zoo iets is nu vergelijkbaar met hetgeen in eenig door een vreemden stam veroverd land plaats heeft, wanneer voor een deel der inwoners imigratie mogelijk is. Dit deel gaat alsdan in een vreemd land hetzelfde vrije leven van vroeger voeren; terwijl de achterblijvers zich onderwerpen en voor den slavenstaat geschikt worden.

Zoo bij elke generatie een ieder slechts wist hetgeen hij van de vorige generatie leerde en er niets van zijne eigen vinding bijvoegde, zou de wetenschap gedurende de achtereenvolgende generatien steeds achteruit gaan, daar toch de onderwijzers slechts een deel hunner kennis in den geest hunner leerlingen kunnen doen overgaan.

Nu verkeert misschien de overdragt der deugd der organisatie van ouders op hunne kinderen, gedurende het vruchtleven dezer, in een geval met dat van het onderwijs vergelijkbaar. Deugd veronderstelt toch iets dat verstoorbaar is en dat aldus eene neiging bezit om te verminderen, wanneer er toevallige veranderingen bij ontstaan, zooals bijv. bij de bijna goed gerangschikte letters van een woord, zoo men eenige dier letters blindelings verzet. De kans, dat van de juiste rangschikking verder afgeweken wordt, is alsdan veel grooter, dan die dat er toe genaderd wordt. [15]

Om zelfs op eene zeer gebrekkig wijze te bestaan, moeten de dieren eene organisatie bezitten, zoo weinig van die het beste voor de omstandigheden, waarin zij verkeeren, geschikt, afwijkende, dat men toevallige afwijkingen er bij naar de eene of andere zijde, kan vergelijken met de blindelingsche verzettingen der bijna goed gerangschikte letters van eenig woord. Iets waarvoor grootere kans bestaat heeft nu op den langen duur zoo goed als zeker het veelvuldigste plaats, zoodat, zoo geene constante oorzaak zulks tegenging, de herhaalde toevallige afwijkingen der jongen van hunne ouders na eene reeks van generatien de organisatie der dieren zoo slecht zou maken, dat zij onmogelijk meer zouden kunnen bestaan.

Kan die constante oorzaak nu deze zijn, dat de zeer enkele toevallig wat beter dan hunne ouders georganiseerde jongen, gemiddeld meer nakomelingen dan de andere verkrijgen en zulks bij de volgende generatien insgelijks liet geval is (de zoogenaamde Darwinsche natuurkeus).2

Naar ons inzien niet. Wat zou bijv. Darwin zeggen, zoo men voorstelde de Engelsche wetten voor den veranderenden maatschappelijken toestand van Engeland geschikt te maken door de volgende politieke keus? De ministers stellen in den blinde gedane wijzigingen der wetten voor en het parlement neemt onder die geheel ondoordacht en dus natuurlijk slechte wijzigingen betrekkelijk betere aan, naarmate eene grootere meerderheid er zich voor verklaart. Die meerderheid bij die politieke keus zou dan overeenkomen met bovengemelden overheerschenden invloed op [16]de nakomelingschap der betrekkelijk beter georganiseerde dieren. Klaarblijkelijk zou zulk eene politieke keus van de Engelsche wetten weldra louter onzin maken.

Hoe volmaakter de organisatie van een dier is, hoe meer gemiddeld die zijner jongen voor de zijne zal onderdoen, want waar het meeste te bederven valt, zal de blinde werking van het toeval gemiddeld het meeste bederven. Na eenige generatien zal aldus, hetgeen bij sommige individuen der eerste generatie eene deugdzame eigenaardigheid was, van lieverlede verbasteren en eindelijk niet meer deugdzaam zijn. Bij de generatie, waarbij dit laatste het geval is, bezitten de die eigenaardigheid vertoonende individuen aldus niets meer voor boven hunne soort en tevens tijdgenooten en zullen zij aldus gemiddeld niet meer jongen dan deze verkrijgen. Om dit te vergelijken met een voorbeeld op zedelijk gebied, zoo merken wij op, dat iemands zuinigheid, door zijne nakomelingen op eene onberedeneerde wijze nagevolgd, bij hen zal ontaarden in eene soort van gierigheid, in benarde omstandigheden niets voor hebbende boven gemis van zuinigheid.

Gaat eenige diersoort een kouder klimaat bewonen, zoo zullen de individuen er van, met eene dikkere vacht dan de anderen voorzien, met betrekking tot de nieuwe omstandigheden, waarin zij verkeren, volmaakter dan deze zijn, zoo hunne gansche organisatie in harmonie is met die dikkere vacht. Zoo echter bij hunne nakomelingen die harmonie van lieverlede verdwijnt, kan het zijn, dat het nut dier overgekrfde dikkere vacht zulks ook doet.

Wordt bijv. een zwaarder pantser bij een oorlogschip aangebragt, zonder dat de constructie en bevrachting er van met dit zwaardere pantser in harmonie gebragt worden, zoo zal zulk een vaartuig te diep in het water zinken, een tragen gang bezitten, door de geschutpoorten water ontvangen en in het gevecht ten slotte welligt [17]minder goed voldoen dan toen het nog ligter gepantserd was.

Darwin gewaagt van de accumulatie van gelijksoortige wijzigingen gedurende achtereenvolgende generatikn. Zoo echter de deugd dier wijzigingen niet gepaard is met eene constante oorzaak, waardoor die accumulatie plaats heeft, wordt deze toevallig en onwaarschijnlijk. Ziet men bijv. de nakomelingen van twee blonde menschen gedurende achtervolgende generatikn steeds blonder worden? Neen het tegendeel heeft eerder plaats, want, zelfs zoo de voortplanting door hermafroditen geschiedde, zou die toevallige accumulatie, evenmin plaats hebben, als het blindelings achtereen trekken van witte ballen uit eene bus, evenveel ballen van die kleur als zwarte ballen bevattende.

Bloedverwanten zullen dikwijls gelijksoortige eigenaardigheden bij hunne organisatie bezitten, en ware het nu dat uit een de opeenstapeling hiervan bij de latere generatikn voor het menschdom uit een physiologisch oogpunt niet nadeelig ware, zoo zouden huwelijken tusschen bloedverwanten onmogelijk eene ligchamelijke verbastering van het nageslacht kunnen voortbrengen. Dit wordt echter beweerd het geval te zijn en zou gedeeltelijk ontstaan kunnen, doordat alsdan niet, zooals bij huwelijken tusschen geheel vreemden, man en vrouw nog al vaak tegenovergestelde vicieuse afwijkingen van eene goede organisatie bezitten, en bij hunne kinderen die tegenovergestelde gebreken elkander alsware opheffen.

Dit kan ook de reden zijn der deugd der organisatie van kruislingen van twee tamme rassen. Het paren bijv. van langbekkige en kortbekkige duiven kan goedbekkige jongen in het leven roepen.

In den wilden staat zijn het alleen accidentele oorzaken, welke de organisatie der dieren minder geschikt voor de levensomstandigheden dezer maken.

In den tammen staat daarentegen leidt hiertoe eene [18]constante oorzaak, namelijk de kunstkeus. Terwijl aldus in den wilden staat twee rassen van elkander onderscheiden zijn, omdat zij niet in dezelfde omstandigheden verkeeren, zijn in den tammen staat twee door dwang gevormde verscheidenheden aan dezelfde omstandigheden blootgesteld. Deze kunnen nu voor den tammen kruisling nog gunstig zijn, terwijl de wilde kruisling geene voor zijne organisatie geschikte levensomstandigheden kan vinden.

Op blz. 16 hebben wij aangegeven, hoe eene gunstige wijziging, gedurende de overerving er van, bij de achtervolgende generatikn door de werking van het toeval hare deugd kan verliezen. Bij de kunstkeus is dit bij eene opeenstapeling van gelijksoortige wijzigingen insgelijks het geval voor de dieren zelf, doch niet voor het gebruik, welke wij van deze wenschen te maken.

Wenscht men bijv. het op blz. 16 gemelde met een zwaarder pantser voorziene oorlogschip als drijvende batterij slechts binnengaats te gebruiken, zoo kan die onberedeneerde verzwaring van het pantser nuttig zijn, doch zij is dit dan slechts, omdat men aan het schip eene bestemming geeft in strijd met zijne primitieve.

Een vleezig en zelfs nog al vet beest kan zeer gezond zijn, terwijl zijne nakomelingen, waarbij die eigenaardigheid voortgeplant is, zulks niet meer zijn, en zelfs zoo deze nog vleeziger en vetter dan hun voorzaat worden, het ware wanstaltigheden worden. Daar echter, zie blz. 7, eene constante oorzaak gedurende het leven der dieren die wanstaltigheden tracht te verminderen, en aldus verwilderde tamme rassen de organisatie hunner wilde voorouders tracht terug te geven, kan de uit ons oogpunt beschouwde veredeling der rassen, door middel der kunstkeus, slechts tot zekere hoogte gedreven worden.

Die grens ligt echter verder zoo men de levenswijze dier dieren geschikt tracht te maken voor de eigenaardige [19]organisatie, welke zij verkregen hebben, of zoo men deze door zeker rigime te voorschijn tracht te roepen. De Engelschen noemen dit laatste entrainement en passen dit niet alleen op de tamme dieren, maar ook op menschen toe, die zij tot jockeys, boxers enz. bestemmen.

De kunstkeus alleen is even onmagtig om dieren voor de hen door ons menschen opgelegde levensomstandigheden geschikter te maken, als de natuurkeus om hen geschikter te doen worden voor de omstandigheden van het vrije natuurleven.

De sexuele keus, waardoor de best georganiseerde mannetjes, vaders van meer jongen worden dan de anderen, kan voor de verbetering der organisatie der latere generatikn geen ander gevolg hebben, dan hetgeen eigenlijk (zie de noot dier blz.) op blz. 15 gesteld is, namelijk dat de best georganiseerde hermaphroditen meer nakomelingen dan de anderen bekomen.

Gewis zou dit van elke opvolgende generatie de gemiddelde organisatie der exemplaren iets beter doen worden, dan die der voorgaande en zoo voort, totdat (bij niet verandering der levensvoorwaarden), de volmaaktheid bereikt zou zijn, zoo de jongen (behoudens het onderscheid wegens verschil in leeftijd) volmaakt naauwkeurige copijen hunner ouders waren. Alsdan zou echter bij elke generatie het eene individu geene betere organisatie dan het andere kunnen bezitten dan door omstandigheden na de geboorte er van plaats hebbende en wel door omstandigheden de vrucht van eene constante oorzaak, de organisatie der dieren trachtende te verbeteren, daar, even goed na de geboorte als gedurende het vruchtleven, afwijkingen, door het toeval teweeg gebragt, (zie blz. 15) gemiddeld ten nadeele dier organisatikn zullen strekken.

Het schijnt dat, naarmate dieren jongen kunnen verwekken, beter georganiseerd voor de levensomstandigheden hunner ouders, de vruchtbaarheid dezer laatste gemiddeld [20]wat grooter is. Van daar dat gekruist wordende soorten en bastaarden in het algemeen onvruchtbaar zijn en gekruist wordende tamme rassen en tamme kruislingen in het algemeen in vruchtbaarheid uitmunten (zie blz. 17). Dit zou maken, dat bij de opvolgende generatikn, de op blz. 15 gemelde overheerschende werking der goed georganiseerde individuen, wat grooter werd, doch desniettemin zal de natuurkeus evenzeer onvoldoende blijven, om de organisatie der diersoorten voor hunne levensomstandigheden geschikter te maken, als bij de politieke keus, op blz. 15 gemeld, het bestaan eener wat sterkere meerderheid om de verbastering der wetten te verhinderen.

Ook op zedelijk en maatschappelijk gebied tracht eene constante oorzaak het een voor het ander geschikt te maken.

Verarmde menschen trachten bijv. hunne behoeften te verminderen, plotseling rijk gewordene, om zich de beschaving der vermogenden te geven, handwerkslieden om hun ambacht beter uit te oefenen, gehuwden, wier huisgezin vergroot, om ruimer te wonen, volken, betrekkelijk hunne regering in beschaving gestegen, om eene vertegenwoordiging te verkrijgen enz.

Gebrek aan goeden wil en traagheid kunnen de neiging der menschen, om alles ten beste voor zich te schikken, om zich naar de omstandigheden te voegen en voordeelige omstandigheden op te zoeken, gering maken, doch, zoolang de menschen zich niet geheel blindelings aan hunne hartstogten overgeven, bestaat die neiging bij hen. Zou deze nu, zelfs bij zeer groot gebrek aan doorzigt der menschen, ten gevolge hebben, dat deze zich werkelijk voor hunner levensomstandigheden geschikt maken? Naar ons inzien wel, zoo de werking der accidentele omstandigheden en de verandering der omstandigheden vroeger opgedane ondervinding niet somtijds grootendeels nutteloos maakten en aanleiding tot dwalingen gaven. Bleven [21]die omstandigheden steeds dezelfde, zoo zou zelfs de domste mensch, hoe langzaam ook, juist te weten komen, wat voor hem nuttig en wat voor hem schadelijk is, en het begrijpen hiervan, kort na verandering dier omstandigheden, stelt dan ook daar, hetgeen men doorzigt noemt.

Zelfs tracht in het maatschappelijke het eene voor het andere geschikt te worden door de collectieve werking der menschen, en zonder dat deze zulk een doel voor oogen hebben. Dit is bijv. het geval met het verdwijnen van primitief onregtvaardige toestanden, zoo de omstandigheden niet zoodanig veranderen, dat, bij het niet bestaan dier neiging tot geschiktwording, die onregtvaardigheden sterker worden. Wordt bijv. een volk in slavernij gedompeld en verdierlijkt het hierdoor zoodanig, dat zelfs de minste vrijheid tot ledigheid en losbandigheid aanleiding geeft, zoo is die toestand van slavernij niet langer iets onregtvaardig.

Neemt echter daarna de graad van beschaving tegelijk bij de meesters en slaven toe, zoo wordt die slavernij weder een kwaad, omdat willekeurige behandeling dit bij een hoogeren graad van beschaving is. De heerschappij, door de meer geestelijk ontwikkelden over de betrekkelijk hen minder beschaafde menschen uitgeoefend, dient alsdan niet in sterkte, maar wel in karakter te veranderen.

Zoo thans eene patentbelasting ingevoerd werd, zouden de winkeliers en industriklen onregtvaardig behandeld worden, doch later de tijd die onregtvaardigheid van lieverlede doen verdwijnen, daar alsdan het aantal winkeliers en industriklen zoo lang zou verminderen, totdat elk derzelve, betrekkelijk den bloei van het gansche land, evenveel zou verdienen als voor den invoer dier belasting. Wij zeggen betrekkelijk den bloei van het gansche land, omdat die patentbelasting handel en industrie [22]zou doen inkrimpen en aldus dien bloei tot zekeren grens zou doen verminderen. Dit echter niet in aanmerking nemende, zoo zou alsdan, bij overname eener zaak, de kooper er zooveel minder voor betalen, dan voor den invoer dier patentbelasting, als ten bedrage dezer belasting gekapitaliseerd, en het oprigten eener nieuwe zaak, slechts dan plaats hebben wanneer, bij gelijke kosten van oprigting, de winsten, na aftrek der patentbelasting, even groot als de winsten voor den invoer dier belasting zouden worden.

Wanneer eene partij, hoe zwak ook, gegronde grieven bezit, zal zij trachten deze te doen verdwijnen, en er hiervoor aldus eene constante oorzaak bestaan. De veroordeelen der meerderheid, waardoor deze de schade aan het publiek belang door het bestaan dier grieven teweeggebragt, over het hoofd ziet, worden daarentegen door den tijd verminderd.

Ook bij de dieren, ofschoon minder dan bij ons menschen, en minder bij de laag dan bij de hoog ontwikkelde dieren, maakt de werking der accidentele omstandigheden en de verandering der omstandigheden, dat de op blz. 7 gemelde poging tot geschiktwording hunner organisatikn gedurig tegengewerkt wordt, en aldus slechts tot zekeren grens haar doel kan bereiken. Hoe digter toch bij de volmaaktheid de organisatie van een dier is, hoe zwakker zooeven gemelde poging tot verdere volmaking er van zal zijn, (even als bijv. iemand, die bijna het noodige bezit, minder ijverig zal zijn om het alsdan nog ontbrekende te bekomen), en hoe meer die variatien der omstandigheden die organisatien onvolmaakter zullen trachten te doen worden.

Er zal aldus zekere nadering tot den volmaakten toestand zijn, waarbij die twee tegengesteld werkende oorzaken even krachtig zullen werken.

Bij dien toestand van evenwigt zal de nadering tot [23]de volmaaktheid der organisatie der dieren minder zijn, wegens het niet steeds op aarde voortleven derzelfde individuen. Op blz. 15 hebben wij toch gezegd, dat de jongen slechts gedeeltelijk de deugdzame eigenschappen der organisatie hunner ouders erven, hetgeen beschouwd kan worden te ontstaan door de werking van accidentele omstandigheden gedurende het vruchtleven.

De organisatien der dieren en planten trachten ook voor periodiek veranderende omstandigheden geschikt te worden. De dieren hebben bijv. hun slaaptijd geregeld naar de lengte der nachten en de op hooge breedten groeijende planten, kunnen de winterrust niet ontberen.

De geschiktwording dier organisatie geschiedt echter traag, zoodat eerst langen tijd, nadat de nieuwe levensomstandigheden ontstaan zijn, zij den hierboven gemelden niet te overtreffen graad van geschiktheid kan voortbrengen. De planten bijv. zijn ontstaan, terwijl op alle breedten er eene vochtige en eene hooge temperatuur bezittende lucht, ofschoon welligt weinig of geen zonneschijn bestond, en welligt is de sedert verloopen tijd nog te kort geweest om die planten in koude klimaten weelderig te doen groeijen.

Accidentele oorzaken kunnen iets kenmerkend bij de organisatie van vele individuen eener diersoort voortbrengen en door overerving zullen zulke meestal vicieuse eigenaardigheden zich bij de opvolgende generatikn voortplanten. De op blz. 7 gemelde geschiktmakende oorzaak zal dan wel is waar zulke toevallige eigenaardigheden van lieverlede doen verdwijnen; doch tevens sneller hen voor die dieren nuttiger maken en alsware eene primaire en tegelijk eener snellere secundaire verbetering van de organisatie dezer dieren voortbrengen.

De wapens der dieren bestaan bijv. in klaauwen, hoeven, horens, schilden enz. en voor de gemiddelde levensomstandigheden [24]van elke diersoort kan eene zekere verhouding tusschen den graad van ontwikkeling van elk dier wapens de voordeeligste voor haar zijn. De verschillen der levensomstandigheden der diersoorten wettigen echter niet zulke verschillen in bewapening en in het algemeen in uitzigt, als men bij die soorten opmerkt. Die groote verschillen moeten aldus de vruchten van accidentele omstandigheden zijn, doch terwijl de oorzaak, waardoor de organisatien dier soorten voor derzelver levensomstandigheden geschikt worden, bovengemelde verhoudingen tracht daar te stellen, verbetert zij tevens elk dier wapens en plooit zij er na de levenswijze van derzelver dragers.

Op maatschappelijk gebied is dit eveneens het geval. Thans en bij toekomstige hoogere trappen van beschaving nog meer, zal bijv. gelijkheid van munt in alle beschaafde staten iets zeer wenschelijk zijn. In sommige Europesche staten is men dan ook reeds begonnen hier werk van te maken, doch, waar men nog ter naauwernood aan zoo iets denkt, tracht men de munt tiendeelig te maken en aldus eene secundaire verbetering daar te stellen.

Als zulk eene secundaire verbetering kan thans gelden, het oprigten van goede bewaarscholen en als primaire verbetering het onderwijs der kleine kinderen door hunne moeders.

Hoe grooter de gemeenschap tusschen de volken zal worden en hoe hooger de wetenschap zal staan, hoe meer de behoefte aan eene universele wetenschappelijke taal gevoeld zal worden. Die primaire verbetering zal, hoe langzaam ook ontstaande, niet uitblijven, doch als eene secundaire verbetering kan de beschaving der verschillende volkstalen en het geschikt maken dezer voor de uitdrukking van abstracte en wetenschappelijke denkbeelden aangemerkt worden. Dit toch is bij den thans [25]bestaanden toestand het eenige middel om de wetenschap en de bellettri in elk rijk binnen een uitgestrekten kring te verbreiden.

Gedurende de middeleeuwen diende het Latijn als wetenschappelijke taal, omdat de moderne talen toen nog in staat van kindschheid verkeerden. Thans zou het eerste door zoo even gemelde secundaire verbetering tegengewerkt worden, terwijl zulk eene aanwending van het Latijn, voor het voortbrengen der primaire verbetering van gering nut zou zijn, omdat het nationale gevoel der volken nog te sterk is, om hen die laatste verbetering sterk te doen wenschen en om hen de volkstalen tot ondergeschikte rollen te doen bestemmen3.

Dat toevallig de Europesche volken gedurende de middeleeuwen het Latijn konden aanwenden om wetenschappelijke denkbeelden uit te drukken, heeft echter het hier voor geschiktmaken der moderne talen vertraagd. Hiermede kan nu vergeleken worden de hulp door den wind en de insecten aan de planten, ter overbrenging van het stuifmeel van de meeldraden der mannelijke bloemen naar de stampers, verleend. Deze hulp maakt dat de oorzaak, de organisatie der planten verbeterende, slechts weinig tracht om de onderlinge plaatsing der meeldraden en stampers doelmatiger te doen worden.

Voor het eten van elk der onderscheidene soorten van organische stof, zooals bladeren, vruchten, dood en levend vleesch enz. zijn er diersoorten geschikt geworden. Bestonden er alleen plantetende dieren, zoo zou het [26]totale aantal dieren veel geringer dan thans zijn, evenals bijv. Engeland minder bevolkt zou zijn, zoo van deszelfs rijkdom aan delfstoffen geen gebruik gemaakt werd. Onwaar is het echter dat, bij gemis van carnivoren, de plantetende dieren steeds menigvuldiger zouden worden.

Hoe hooger de stand van beschaving der menschen zal worden, hoe minder het klimaat op hunne organisatie van invloed zal zijn en dus hoe meer zij in alle landen op elkander zullen gaan gelijken. Wanneer in de verre toekomst dit in hooge mate het geval zal zijn, zal welligt gelijkheid in geestontwikkeling grootendeels de keuze bij huwelijken bepalen.

Het kan zijn dat de neiging, om voor de bestaande omstandigheden eene geschikte organisatie te verkrijgen, ook bestaat bij organische wezens andere hemelbollen bewonende, hoe of de natuur dier bollen ook zijn moge, en dus welke omstandigheden die wezens er ook mogen aantreffen. Naarmate die omstandigheden op zulk een bol meer verscheiden en veranderlijk zijn, zullen de er op wonende wezens, naar aanleiding van hetgeen op blz. 20 en 22 gezegd is, minder geschikt voor die omstandigheden zijn en aldus meer lijden, maar tevens (zooals later verklaard zal worden), meer in geestontwikkeling toenemen.

Onze aarde kan nu misschien, wegens de ongelijkheid in verhitting welke zij, wegens hare betrekkelijke nabijheid van de zon ondervindt en, wegens de verschillen in aantrekking door zon en maan op de onderscheidene deelen van hare gesmolten kern uitgeoefend, betrekkelijk andere hemelbollen eene sterke verscheidenheid en veranderlijkheid van omstandigheden voortbrengen. Dat de zon bestemd is, om haar licht en warmte mede te deelen is evenmin juist, alsdat de menschen voor het hun bloed opzuigend ongedierte bestemd zijn, en [27]het is zelfs de vraag, of het bezit der planeten van zwak elliptische banen en van eene betrekkelijk digte groepering om de zon, van geen accidentelen en tijdelijken aard is, en, of die planeten zich niet eenmaal zullen verspreiden en in derzelver normalen toestand zeer lange en zeer sterk elliptische banen om elkander, of om andere hemelligchamen bezitten. Alsdan dienen, derzelver bewoners zich naar geheel andere omstandigheden, dan de thans er bij-bestaande (waaronder behoort de gemiddelde uitwerking van de gesmolten aardkern op de aardkorst) te schikken.

Tegelijk met de oorzaak, dc organisatie der dieren, voor de levensomstandigheden, waarin deze verkeeren (hetzij daardoor die organisatie hoog of laag, ingewikkeld of eenvoudig wordt) geschikt, of anders gezegd die dieren betrekkelijk volmaakter trachtende te doen worden, poogt eene tweede constante oorzaak die organisatikn hooger op te voeren, dat is hen passende voor de stijgende geestontwikkeling der hen bezittende wezens te doen worden. Die tweede oorzaak vermindert meer de betrekkelijke volmaaktheid dier organisatikn, naarmate zij sterker gedrongen wordt, te werken, evenals bijv. het sterker groeijen van jongelieden deze teringachtiger doet worden.

Zoo bijv. een dier hoogere levenstoestanden opzoekt verheft zich zijn geest en dien ten gevolge ook zijn ligchaam, maar, wegens de werking der traagheid, kan die verheffing (evenmin als de geschiktwording voor veranderde omstandigheden) in korten tijd in genoegzame mate geschieden. Vrij geschikt zijnde voor zijne vroegere levensomstandigheden, wordt het dier aldus ongeschikter voor de nieuwe omstandigheden en aldus betrekkelijk onvolmaakter. Gaat het even snel voort met naar hoogere levensomstandigheden te zoeken, zoo zal zijne organisatie zich eindelijk wel even sterk als die omstandigheden verhoogen, maar steeds evenveel hierbij ten [28]achteren blijven en dit in sterkere mate doen, naarmate die zucht naar hoogere levensomstandigheden sterker is. Die achterblijving kan bijv. vergeleken worden met de spanning der lijn, waarmede een paard eene schuit voorttrekt, hoe harder het paard loopt, hoe grooter de spanning dier lijn wordt. Vandaar dat, van de op deze aarde levende wezens, die het traagste opwaarts zijn gestegen, zooals de infusiediertjes en dergelijken, de volmaaktste en wij menschen de betrekkelijk onvolmaaktste zijn.

De verhooging der organisatie der dieren geschiedt naar ons inzien, evenals, (zie blz. 7), de geschiktwording er van voor de bestaande omstandigheden, deels door den wil (of anders gezegd door zekere soort van eigen denking der dieren) deels zonder, maar wel op aansporing hiervan, eene wijze van verhooging dier organisatie door den schrijver der *Natuurlijke geschiedenis der Schepping* de geheimzinnige inwendige aandrift genaamd4. Een paard alleen kan geen spoortrein voorttrekken, hierin moet het door de stoomkracht geholpen worden, doch geschiedt dit laatste slechts in zulk eene mate, dat de trein iets trager zou bewegen dan het paard zulks verlangt, zoo zal dit niet alleen tot die beweging bijdragen, maar zelfs de impulsie er toe geven. De beweegkracht, alsdan door het paard uitgeoefent, kan vergeleken worden met de verhooging der organisatie der dieren, ten gevolge van de werking van hun wil, alsmede met de genezing van patiknten ten gevolge der geneeskundige behandeling. De beweegkracht, in zulk een geval door den locomotief geleverd, is daarentegen vergelijkbaar met de verhooging der organisatie der dieren en met de genezing der patiknten buiten hun toedoen door de Natuur.

Hoe lager, bij gelijkheid van geestelijken aanleg, de [29]geestontwikkeling en dus gemiddeld ook de ligchamelijke organisatie van eenig dier is, hoe geringer de invloed van zijn wil betrekkelijk die der Natuur op de veranderingen zijner organisatie zal zijn; terwijl bij de planten uitsluitend de Natuur, zoo voor derzelver geschiktwording, als voor de verhooging van derzelver organisatie zorgt.

De zucht naar het hoogere werkt bij de menschen als een harstogt, de leiding der rede behoevende, omdat de vooruitgang anders niet steeds in de goede rigting, of wel te snel geschiedt, zoodat de geschiktwording voor meer nederige levensomstandigheden er te veel aan opgeofferd wordt. Hoe menigmalen wordt toch aan de menschen niet gezegd, dat aanzien, magt, rijkdom en zelfs kennis hen niet gelukkiger kunnen maken, dat zij met een bescheiden lot tevreden moeten zijn, en toch trachten zij opwaarts te gaan, en hebben zij in zooverre gelijk, dat zij betrekkelijke volmaaktheid en geluk niet met volstrekten stilstand willen koopen.

Een geoefende timmermansknecht zal baas worden, maar hiervoor de noodige kennis en kapitaal missende, in zijne nieuwe positie meer bekrompen moeten leven dan in de vorige en misschien zelfs van het huwelijk moeten afzien. Stelt men nu, dat al de kinderen van zulk soort bazen insgelijks bazen worden en dat de kinderen van hen, die knecht gebleven zijn, knechten worden, hoe kunnen dan bij gene de geboorten de sterfgevallen en bij deze laatste de sterfgevallen de geboorten overtreffen? Zoo iets zou niettemin noodig zijn, om uit eene generatie, uit enkel knechten bestaande, andere generatikn te doen voortspruiten steeds en meer en meer en eindelijk uitsluitend uit bazen zamengesteld, [30]zoo er geen drang naar het hooge bij de menschen bestond.

Evenmin zal nu een zeehond, de levenswijze van een otter trachtende aan te nemen en in organisatie wat tot die van zulk een dier naderende, het beter hebben en meer jongen verkrijgen dan zijne makkers, welke bij hunne oude gewoonten gebleven zijn. De verhooging der organisatie der dieren door de Natuurkeus veronderstelt echter zoo iets en kan aldus niet bestaan.

Naar ons inzien heeft die verhooging plaats gehad, op eene wijze, in hoofdzaak overeenkomende met de hypothese door den schrijver der Natuurlijke geschiedenis der schepping op blz. 62 en volgende van het vervolg van zijn werk voorgesteld.

Gesteld dat de hoogten van organisatie der verschillende thans bestaande diersoorten aangeduid worden door de lengten der loodlijnen onder de horizontale lijn *a* van vorenstaande figuur, en dat, voor de aanduiding dier hoogte, elke diersoort hare bepaalde loodlijn bezit en wel eene meer naar den linkerkant, naarmate op hetzelfde oogenblik die diersoort eene hoogere organisatie bezit, betrekkelijk die der anderen. Zoo nu, tijdens het geologische tijdvak, waarin het organische leven op deze aarde begonnen is noemenswaardig te worden, al de diersoorten, zoo ligchamelijk als geestelijk, uiterst, weinig ontwikkeld waren, maar in geestelijken aanleg verschilden, zullen die van grooteren aanleg, zoowel ligchamelijk als geestelijk, sneller dan die van minderen aanleg voorwaarts gegaan zijn en aldus de loodlijnen, derzelver ligchamelijke ontwikkeling bij vorenstaande fig. aanduidende, meer links dan die van die diersoorten van lageren aanleg gelegen zijn. De loodlijnen, begrepen tusschen de horizontale *a* en de schuine lijn *b*, zullen dan de hoogten, welke de ontwikkeling der organisatie der verschillende diersoorten [31]op een gegeven tijdstip bereikt hebben, aangeven.

Zij, welke zich dan het meeste ontwikkeld hebben, zullen klaarblijkelijk achtervolgens de meeste veranderingen hebben ondergaan en het meeste aantal keeren schijnbaar uitgestorven zijn.

Op blz. 22 hebben wij gezegd dat, naarmate die soorten sneller in organisatie veranderen, deze gemiddeld minder geschikt voor de omstandigheden, waarin die diersoorten verkeeren, zal zijn. Van daar dat, gedurende zulke snelle veranderingen, diersoorten, of somtijds werkelijk uitsterven, of althans minder individuen tellen dan wanneer de verandering van derzelver organisatie trager is. Van daar welligt het gemis aan overgangsvormen tusschen de gedurende den voorhistorischen tijd bestaande diersoorten, waarvan de schaarsche overblijfselen voor den dag gekomen zijn. Van elk dezer soorten is de stamboom te vergelijken met eene rivier, een snelleren stroom bezittende, naarmate derzelver bedding kleiner is. De grootte dezer komt dan overeen met het aantal individuen eener diersoort en de stroomsnelheid met de snelheid waarmede de organisatie te dier soort verandert.

Op een later tijdstip dan het bovengemelde zullen de loodlijnen, tusschen de horizontaal *a* en de schuine lijn *b'* begrepen, de hoogten, welke de organisatie der verschillende alsdan bestaande diersoorten bereikt hebben, aanduiden, en, wanneer eenmaal de aard en beperktheid onzer planeet de verdere verhooging der alsdan aanzienlijk geworden ontwikkeling der diersoorten steeds sterker zal tegenwerken, de tijdvakken, gedurende welke eene soort een zeker bedrag in organisatie en geestontwikkeling klimt, al grooter en grooter worden.

Veronderstellende dat bij het punt *b'* de meest beschaafde hedendaagsche Europeanen staan, zoo zullen zeer [32]digt links van het snijpunt der lijnen *b'* en *a* de thans bestaande infusiediertjes staan en al de andere diersoorten, gerangschikt naar hare hoogte, van geestelijke ontwikkeling, tusschen dit snijpunt en het punt *b'* verondersteld moeten worden te staan.

Een dier diersoorten zal nu staan bij het punt waar eene horizontale lijn, uit het punt *b* getrokken, de schuine lijn *b'* snijdt en deze soort bij minderen geestelijken aanleg, thans even sterk ligchamelijk en geestelijk ontwikkeld zijn als de bij het punt *b* staande voorouders der beschaafde volken van Europa in een uiterst ver verleden.

Klaarblijkelijk heeft de ontwikkeling der diersoorten op eene meer zamengestelde wijze plaats gehad dan hierboven aangegeven is. Zoo kunnen bijv. accidentele oorzaken gemaakt hebben, dat eene diersoort tijdelijk trager in ontwikkeling is toegenomen dan eene andere van wat minderen aanleg, en alzoo tijdelijk lager dan deze in geestelijke ontwikkeling heeft gestaan. Iets dergelijks ontwaart men ook in de geschiedenis der volken. De Chinezen bijv. bezitten klaarblijkelijk minder aanleg dan de Duitschers, en niettemin waren zij voor achttien eeuwen beschaafder dan de Germanen. Deze hebben echter de Chinezen veel meer dan ingehaald, en het schijnt dat de geestelijke aanleg dezer laatste hunne beschaving thans weinig verder vermag te voeren, iets dat in de verre toekomst ook voor de Europeanen het geval zal worden, wegens de op blz. 31 gemelde die vergrooting in beschaving tegenstrevende invloed der woonplaats der menschelijke ligchamen.

Buitendien zullen de bij de diersoorten van hoogeren aanleg als ware sterker gegroeide stamboomen, door de bovengemelde loodlijnen van fig. blz. 29 aangeduid, zich vertakt hebben en wel in meer takken, naarmate het verschil in ontwikkeling tusschen de gelijktijdig bestaande [33]diersoorten grooter werd, omdat toen de verscheidenheid der door de aardkorst opgeleverde levensomstandigheden zulks ook werd.

Somtijds zelfs zullen de stam, of eenige der takken uitgestorven zijn, somtijds de naburige takken van stamboomen meer of minder te zamen gegroeid zijn. Iets dergelijks ontwaart men ook bij menschenrassen. Deze zenden vertakkingen uit, zooals bijv. de Engelschen, waaruit de Amerikanen, de Nederlanders, waaruit de Kaapsche boeren voortgesproten zijn, en ook vermengen zij zich geheel, of gedeeltelijk met elkander, zooals bijv. de Angelsaxen met de Celtische Schotten, de Franken met de Gallikrs enz. De lage stand der geestontwikkeling der dieren betrekkelijk die der menschen, maakt echter dat, bij gene naburige soorten slechts door onderlinge paring eigenaardigheden van elkander kunnen overnemen, terwijl bij de menschenrassen dit ook door het maatschappelijke verkeer kan geschieden.

Slechts indirect en wel door strijd kan de eene diersoort de andere in geestontwikkeling doen toenemen, terwijl, wegens de zamenwerking der menschen en van deze en de tamme dieren, dit ook bij hen door onderwijs kan geschieden. Voorts bezitten de dieren niet zoo als de menschen de middelen, om door kunst voor zich de verschillen in klimaat, bodemgesteldheid enz. minder te doen worden, en (zie blz.26) ten gevolge hiervan, hier en elders meer op elkander te gaan gelijken. Naarmate echter de geestontwikkeling eener diersoort hooger staat, is derzelver organisatie minder gevoelig voor verschillen in levensomstandigheden, of liever geschikter voor eene grootere verscheidenheid hiervan en is, evenals bij volken van hoogere beschaving, het leven bij zulk eene diersoort meer gevarieerd.

De op blz. 30 gemelde hypothese wordt door de paleontologie bevestigd, daar deze toch leert, dat, hoe ouder [34]de sedimentaire lagen zijn, hoe lager de hoogst ontwikkelde dieren zijn wier overblijfselen zij bevatten, alsmede dat van twee opvolgende sedimentaire lagen de lagere dier vormen in ontwikkeling minder dan de hoogere verschillen. Bij fig. blz. 29 wordt dit laatste aangeduid door het kleiner zijn der verticale distantikn tusschen de schuine lijnen *b* en *b'*, naarmate men de snijpunten dier lijnen met de horizontaal *a* nadert.

Het is mogelijk, dat thans bestaande diersoorten in enkele gevallen toevallig zoo gelijken op er mede in ontwikkeling gelijkstaande fossile soorten van hoogere en aldus individuen van meer aanleg bezittende stamboomen, dat men hen voor dieren van zeer naverwante soorten aanziet. Evenzoo waande eene Engelsche touriste, bij het zien der Fellahs van Opper-Egypte, zich in de tijden der aartsvaders verplaatst en aldus de voorouders der thans, wegens hun grooten aanleg, zoo beschaafde Israklieten te ontmoeten. Even als de thans bestaande diersoorten eene reeks vormen van af de laagst staande infusiediertjes tot de Frankrijk, Duitschland en Engeland bewonende menschen, zoo ontwaart men thans op onze aarde volken op allerlei trappen van beschaving staande en in geestelijken aanleg nog al verschillende, zooals de wilden van Zuid-Australik, de Maories, de Ashantijnen, de Kabijlen, de Japanezen, de Columbianen, de Russen en eindelijk de Franschen.

Eene eeuw geleden stonden deze laatste minder hoog in beschaving dan thans en evenaarden zij hierin de Russen van heden. Even als thans in Rusland, was toen in Frankrijk de lage volksklasse in onwetendheid gedompeld, de burgerij in snelle opkomst en de adel nog bevoorregt.

Tijdens de bloedige burgeroorlogen der Ligue waren de Franschen nog minder beschaafd dan gedurende de vorige eeuw en in beschaving evenaarde zij de thans bestaande en in bloedige twisten gedompelde Columbianen. [35]

Tijdens den bloei van het leenstelsel en de zamenspanningen der leenmannen tegen de koningen was de beschaving der Franschen nog lager dan tijdens de Ligue en kon zij met die der Japanezen van heden gelijkgesteld worden.

Ten tijde van Cesar was de beschaving der Gallikrs niet hooger dan die der hedendaagsche Arabieren van Algerik en vervulde *Vincengetorix*, de kampioen der nationaliteit in den krijg tegen de beschaving, eene rol, veel op die door *Abdelkader* gespeeld, gelijkende. Bij de oudere Gallikrs deden de Druoden ter eere der Goden binnen teenenpoppen menschen verbranden, en thans ziet men de Ashantijnen menschen offeren ter eere hunner goden en overleden vorsten.

Gaat men nog verder terug, zoo ontmoet men digt bij Frankrijk de ruonen der meerdorpen, namelijk die der woningen van een volk dat, even als thans de Maories, sterkten bouwde, stoffen weefde en onbekend was met het gebruik der metalen, even als thans de Maories nog zouden zijn, zoo er geen Europeanen op hunne eilanden geland waren.

Eindelijk in Frankrijk een laatsten terugtred doende, zoo ontmoet men aldaar de tijdgenoten van den mammouth en van den holenbeer, namelijk een volk wiens beschaving wel niet hooger dan die der thans minst ontwikkelde stammen van Australik gesteld kan worden.

Bij volken van minder geestelijken aanleg ontbreekt de toename in beschaving door eigen ontwikkeling niet. Toen bijv. de hooger in aanleg dan de oude Mexicanen zijnde Spanjaarden onder Cortes in Mexico kwamen, waren zij gedurende de toen laatst verloopen eeuwen meer in beschaving dan de Mexicanen toegenomen, doch de oorkonden dezer laatste maakten melding van hervormers en van het ontstaan van vrij groote rijken aldus van toename in beschaving.

Constante oorzaken van verschil in zeden, godsdienst [36]wetenschap, moraal en uitzigt der menschen zijn den trap van geestontwikkeling of beschaving, de grond en luchtgesteldheid en den volksaard. Accidentele omstandigheden maken echter, dat, even als bij de diersoorten, (zie blz. 22), die onderscheidene zaken bij de volken meer uiteenloopen, dan ten gevolge dier verschillende constante oorzaken, even als bijv. bij personen van denzelfden leeftijd, beroep en woonplaats, de wijze waarop zij gekleed gaan, zoo zij zich niet op de voor hen doelmatigste wijze kleeden, maar onafhankelijk van elkander ook hunne grillen en individuele opvattingen van schoonheid raadplegen.5 Wel tracht de op blz. 20 gemelde tot geschiktwording leidende oorzaak, die onderscheidene zaken zoo doelmatig mogelijk voor de volken, met inachtneming van derzelver stand van beschaving, karakter en landsklimaat te doen worden, doch gedurig worden zij hierin door op nieuw ontstaande accidentele omstandigheden gestoord. Dit een en ander maakt nu, dat er tusschen eenig thans bestaand volk, en de op een even hoogen trap van ontwikkeling als dit staande voorzaten van een thans beschaafder volk zekere gelijkenis, maar tegelijk ook zeker verschil bestaat, waarvoor men bijv. de Gallikrs met de Kabijlen van heden kan vergelijken. Evenzoo zullen de thans bestaande grootste apensoorten tegelijk gelijken op en verschillen met de voorouders der Europeanen, toen deze op den trap van geestontwikkeling dier hedendaagsche apen stonden.

In elke maatschappij bestaan er voor menschen, op dezelfde hoogte van geestontwikkeling staande, verschillende geschikte werkkringen, terwijl er beroepen bestaan [37]voor de meest en anderen voor de minst beschaafde leden van een zelfde volk geschikt.

Gesteld nu dat leden van een zeer onbeschaafd volk beroepen kiezen, dat de meest ontwikkelde onder hen krijgsman en priester en de minst ontwikkelde landbouwer en lastdrager worden: voorts, dat die beroepen erfelijk zijn en eindelijk, dat zulk een volk van lieverlede in beschaving klimt tot die thans in Nederland bestaande, wat zal er dan plaats hebben?

De met dierenvellen omhangen en met knods en werpspies gewapende krijgslieden van voorheen verkrijgen tot nakomelingen soldaten in laken gekleed en met achterladers gewapend. De met amuletten omhangen priesters herkennen hun toga en bef dragende nakomelingen niet. Van den in eene uit boomtakken zamengestelde hut wonende en met een ruw steenen werktuig den bodem omwroetende landbouwer van voorheen, bewonen de nazaten hofsteden en wordt door hen de voor den ploeg gespannen paarden gemend, terwijl van den naakten lastdrager de nakomelingen gekleed zijn, handwagens voortduwen, of wel als koetsier fungeren. Buitendien zijn de beroepen in aantal vermeerderd, de onbeschaafde krijgsman van voorheen bezit tot nakomelingen infanteristen, artilleristen, mineurs enz.; van de fetische priesters stammen af professoren in de theologie, aalmoezeniers en monniken, de primitieve landman bezit tot nazaten wijngaardeniers, bouw- en weiboeren en de lastdrager van voorheen, koetsiers, fabriekarbeiders, matrozen enz. Een hiermede vergelijkbaar, maar veel grooter verschil bestaat er nu tusschen de thans bestaande diersoorten en de alleroudste uiterst weinig ontwikkelde stichters hunner stamboomen. De wijzen waarop de dieren hun voedsel magtig worden, kunnen namelijk met de beroepen der menschen vergeleken worden.

Zeer verschillende wijzen van voeding kunnen van [38]dieren evenveel geestontwikkeling vorderen, doch dit is volstrekt niet altijd het geval. Meer geestontwikkeling wordt er bijv. vereischt bij dieren, welke moeten klauteren, om vruchten en noten te plukken, dan bij die zich met gras en kruiden voedende, meer, wanneer zij vleesch moeten eten en aldus vlugtende en zich verbergende prooijen moeten vangen, dan wanneer zij slechts naar plantenvoedsel te zoeken hebben, meer, wanneer hunne prooijen grooter zijn en dus schaarser voorkomen, dan, wanneer deze uit overal fladderende insecten bestaan, meer, wanneer zij, vleeschetende zijnde, het land, dan wanneer zij de zee bewonen enz.

De primitieve op blz. 30 gemelde uiterst weinig ontwikkelde diersoorten kunnen nu verschillende wijzen van voeding en alzoo ook van leven (natuurlijk veel minder van elkander verschillende, dan die der heden bestaande diersoorten) aangenomen hebben. Van die primitieve diersoorten kunnen er nu twee zeer weinig in aanleg verschild hebben en de eene plant- en de tweede vleeschetende geworden zijn, echter met dien verstande, dat de laatste slechts gemakkelijk te vangen prooijen te bemagtigen had.

Van elk tijdperk moeten echter de hoogst ontwikkelde diersoorten doorgaans de krachtigste en best gewapende diersoorten van dit tijdperk geweest zijn.

Zoo nu elk dier primitieve diersoorten derzelver wijze van voeding op hare nakomelingen overgedragen heeft, deze weder op de hare enz. tot op heden, zoo is het gemakkelijk te begrijpen, dat hare zoo veel meer dan zij ontwikkelde nazaten, een veel minder dan voorheen uniformen bodem bewonende, veel meer dan zij van elkander in organisatie en wijze van leven moeten verschillen.

Aan de thans bestaande roofdiersoorten staan die van het katten en hondengeslacht hooger dan de insectenetende zoogdiersoorten alsmede dan de gras en kruidenetende [39]diersoorten, doch dat zij hooger staan dan de verschillende op boomen klauterende en noten bolsterende apensoorten is zeer twijfelachtig.

Dieren, in gedaante en levenswijze veel verschillende, kunnen in aanleg en geestelijke ontwikkeling zulks veel minder doen dan met andere dieren, waarmede zij in uitzigt meer overeenkomen. Olifanten moeten bijv. in geestontwikkeling minder met honden dan met rinocerossen verschillen. Die laatste dieren leven toch niet zooals de eerste gezellig bij elkander, en buitendien zijn zij ontembaar en bezitten zij niet de geestontwikkeling voor het gebruik maken van een langen snuit gevorderd wordende.

Voor de diersoorten van hetzelfde geslacht kunnen de voorouders hun bloed eenigzins met elkander vermengd hebben, en, zoo zij van eene enkele soort afstammen, moet deze nog al lager dan hen gestaan en betrekkelijk zeer veel vroeger dan hen bestaan hebben.

Zoo bijv. de verschillende soorten van het kattengeslacht afgestamd zijn van eene enkele soort van katachtige dieren, moeten deze, in eene even ontwikkelde en verscheiden natuur als hunne nazaten, geleefd hebben. Het is aldus moeijelijk te verklaren, hoe voor de verschillende groepen dezer, de levensomstandigheden zoo zeer met elkander zijn gaan verschillen, dat, naar aanleiding van hetgeen op blz. 9 gezegd is, elk dier groepen zoo in soortkenmerken van de andere moest gaan verschillen, dat de lust tot paring met deze verdween6. [40]Zoo echter die gemeenschappelijke stamvaders der katachtige dieren ver achterwaarts van hen staande zeedieren geweest zijn, laat zoo iets zich beter verklaren, doch het is de vraag, of de geslachtkenmerken eener diersoort niet geheel onafhankelijk van den invloed der andere soorten van ditzelfde geslacht, door de op blz. 7 gemelde neiging tot geschiktwording voor gelijksoortige levensomstandigheden, in verschillende landen kunnen ontstaan.

De noodzakelijkheid om bijv. in streken, sterk door groote plantetende dieren bewoond en aldus in het bezit eener weelderige vegetatie zijnde, hunne prooijen in eene hinderlaag af te wachten en hen te bespringen, kan dezelfde geslachtkenmerken gegeven hebben aan de leeuwen in *Afrika*, aan de gestreepte tijgers in *Azik*, en aan de jaguars in *Z.-Amerika*. Dezelfde strijdwijze heeft bijv. aan de tirailleurs der verschillende legers vrij gelijksoortige uitrusting en bewapening doen geven, zonder dat het eene leger daarvoor het voorbeeld van het andere noodig had. De ondervinding, door elk leger opgedaan, was hiervoor voldoende.

De onjuistheid onzer laatste stelling zou alleen aangetoond worden, zoo bijv. onder de geslachtkenmerken der katachtige diersoorten er gebreken voorkwamen, door accidentele oorzaken ontstaan, door overerving voortgeplant en door de meergemelde oorzaak van geschiktwording van lieverlede uitgeroeid wordende. Zulke gebreken kunnen aan elke diersoort van een geslacht moeielijk anders dan bij het bestaan van bloedverwantschap tusschen hen medegedeeld zijn, even als bijv. het bezit van beerenmutsen door tirailleurs van verschillende legers moeijelijk anders dan door navolging te verklaren is.

Zoo daarentegen de diersoorten van een geslacht, door in ontwikkeling toe te nemen, eene gemeenschappelijke vroegere wijze van leven voor eene nieuwe vaarwel gezegd [41]hebben, kunnen zij, wegens de werking der traagheid, allen nog eene zelfde eigenaardigheid, goed voor die vorige, maar ondoelmatig voor die nieuwe wijze van bestaan, bezitten. Zulke veranderde eigenaardigheden (zooals bijv. de zwemvliezen der pooten der nimmer zwemmende fregatvogels) vormen alsdan gebreken, welke echter veel minder zeker dan de hierboven gemelde op bloedverwantschap tusschen die verschillende diersoorten wijzen. Evenzoo vindt men bijv. in vele legers heden nog kurassiers, ofschoon de thans bestaande vuurwapenen het nut der kurassen hebben doen verdwijnen. Deze bestaan echter, niet doordat de departementen van oorlog van verschillende staten eene gril eener hunner nagevolgd hebben, maar wel, doordat allen te traag geweest zijn, om het vroeger wel, maar thans niet meer doelmatige bij tijds afteschaffen.

Om de op blz. 30 ontwikkelde hypothese te bewijzen, zouden de geraamten van althans eenige leden van elk der vroegere generatien van elken stamboom opgedolven moeten worden en men, bij die stamboomen steeds achterwaarts gaande, gemiddeld tot steeds lagere, maar in wijze van voeding eenigzins met elkander overeenkomende diervormen moeten komen.7 Om het onmogelijke, vooral voor de overblijfselen van landdieren, hiervan na te gaan, behoeft men slechts te bedenken, dat van die dieren het verrotten der beenderen slechts kan worden belet, wanneer hunne lijken overdekt worden met veen, vulcanische asch, opgestoven zand, of in holen nederploffende kalk en wanneer zij door beken of rivieren naar opslibbende, of verzandende meeren, of zeevakken gevoerd worden. [42]

Wij hebben zooeven gesproken van gemiddelde verlaging, daar bij uitzondering de latere generatien eener diersoort eene lagere organisatie dan derzelver voorouders kunnen verkrijgen. De Schrijver der Sporen der Natuurlijke geschiedenis der schepping, stelt bijv. dat de nazaten van althans sommige der groote landhagedissen van het secundaire tijdvak gedurende het tertiaire tijdvak de slangenvorm aangenomen hebben.

Nu kan het zijn dat, toen de magtige landzoogdieren en landvogels in groote hoeveelheden optraden, het land als ware door twee legers veroverd geworden is en dat hierdoor die landhagedissen tot binnen holen en digt struikgewas terug gedrongen en in aantal vermindert zijn.

De drang tot geschikt wording voor nieuwe en lagere levensomstandigheden kan toen laatstgemelde dieren sterker achter, dan die tot het hoogere voorwaarts hebben doen gaan, zoodat eene resulterende verlaging en voor de nieuwe levenswijze der dieren betrekkelijke verbetering hunner organisatie later op die terugdringing gevolgd is en het cijfer der geboorte weder op dat der sterfgevallen gebragt heeft, zie blz. 12.

Iets hiermede vergelijkbaar wordt ook bij den strijd tusschen de volken waargenomen.

Verovert bijv. een dezer het grondgebied van eenig ander volk en dringt het dit terug tot binnen woeste bergstreken, zoo zal laatstgemeld volk, om zich in zijne nieuwe positie beter te handhaven en er voor geschikt te worden, op een lager standpunt van beschaving dan vroeger moeten gaan staan, en, in plaats van te leven van landbouw en handel, zulks grootendeels van stroopen moeten gaan doen. In zulk een geval kunnen bijv. de Montenegrijnen, na den inval der Turken in het Illyrische schiereiland, verkeerd hebben. Thans echter kan die drang tot geschiktworden voor zekeren toestand bij hen weder zwakker dan die tot verhooging geworden [43]zijn en zij aldus, na een tijdelijke achteruitgang, thans weder in beschaving stijgen.

Wanneer een volk een ander, of leden daarvan, op gelijken trap van beschaving als dit eerste volk staande, gaat overheerschen, zooals bijv. plaats heeft bij volken, hunne krijgsgevangenen tot slavernij veroordeelende, zal de neiging tot geschikt wording voor nieuwe toestanden dit eerste volk in beschaving vooruit en het tweede achteruit doen gaan.

Bij beiden te zamen genomen kan dan die dwang tot geschiktwording den graad van beschaving even groot laten. Staat het eerste volk in beschaving hooger dan het tweede, iets dat gemiddeld plaats zal hebben, zoo zullen die voor en achteruitgang beide kleiner worden en zelfs kunnen omkeeren, omdat bijv. het contact met zijne meer beschaafde meesters, de levensomstandigheden van het in dienstbaarheid gebragte volk sterker kan verhoogen, dan die dienstbaarheid, op zich zelf genomen, het verlaagt. Dit bijv. was het geval met de uit Afrika naar N. Amerika gevoerde en aldaar tot slavernij veroordeelde negers.

Heeft daarentegen het omgekeerde plaats, zoo zal de verhooging in beschaving van het overheerschende volk en die in barbaarschheid van het dienstbare sterker zijn dan in het eerste geval.

Zoo iets heeft plaats gehad na den inval der barbaren in de wingewesten van het Romeinsche rijk, en zoo men nu zamen voegt de beschaving der barbaren en die der onderdanen van Rome voor dien inval, en die som vergelijkt met die na den inval, is het de vraag of de eerste som veel kleiner dan de tweede geweest is, tengevolge dat accidentele omstandigheden de verlaging der eene natie grooter dan de verhooging der andere hebben doen worden. Buitendien bedenke men wel, dat de beschaving, niet enkel uit intellectueele, maar tevens uit morele ontwikkeling bestaat. Beide trachten nu op eene overeenkomstige [44]hoogte te gaan staan, zoodat de intellectuele ontwikkeling, door onderwijs bevorderd wordende, de zedelijke ontwikkeling absoluut grooter zal doen worden, ofschoon het de vraag is, of de eischen der maatschappij dan niet eveneens gestegen zijnde, de menschen alsdan beter hier aan zullen voldoen en betrekkelijk deugdzamer en volmaakter dan vroeger zullen zijn.8

Verhooging, zoowel in zedelijke als in intellectuele ontwikkeling, vereischt zekere inspanning, en zelfs wordt zekere inspanning, waaraan wij allen gewoonlijk behoefte hebben, vereischt, om de geestontwikkeling niet te doen dalen. Ontstaat er nu door zekere verzadiging van rijkdom en magt, gebrek aan veerkracht en matheid, zoodat men zich zelf die inspanning niet gunt, zoo daalt eerst de zedelijke ontwikkeling en sleept zij de intellectuele in haren val mede.

Dit bijv. was het geval in de Romeinsche wingewesten ten tijde van den inval der barbaren.

In morele ontwikkeling stonden deze welligt hooger dan de door hen overwonnen volken, even als tijdens het begin der Romeinsche republiek zulks bij de zegevierende Romeinen het geval was. Bij deze stond toen de morele ontwikkeling hooger dan de intellectuele. Dat voorts toeneming in beschaving en dus ook in absolute welvaart en rijkdom met zedebederf gepaard zou gaan, is geheel bezijden de waarheid. De beschaving toch versterkt de maatschappelijke banden en dus ook het onderling hulpbetoon en de beredeneerde opoffering voor de publieke zaak. Zij maakt dat men meer om de toekomst geeft en aldus minder aan de neigingen van het oogenblik toegeeft, zij verhoogt de werkzaamheid en vervangt [45]den blinden moed door eene uit plichtbesef ontstaande dapperheid.

De hooger geestelijk ontwikkelde menschen overheerschen de minder dan zij geestelijk ontwikkelden, hetgeen bewezen wordt door de betrekking tusschen meesters en dienstboden, door die tusschen de hooger standen en de lagere volksklassen, door het kiezen van hoofden onder de meer beschaafden door het gepeupel en door de betrekkingen tusschen de Europeanen en de inboorlingen hunner kolonien.

Dit heeft eveneens plaats bij de dieren, doch bij deze bestaat er geene zamenwerking tusschen de heeren en de onderdanen, maar slechts een leven der eersten ten koste der laatsten.

Zoo bijv. verslinden de roofvogels de lager dan zij in geestontwikkeling staande granen etende vogels, vele kleine vogels verslinden insecten, zeevogels visschen, deze weder weekdieren; terwijl, wanneer de lager staande dieren eene grootere ruwe kracht bezitten dan de hooger staande waarmede zij in contact komen, deze laatste middelen bezitten om, of gene te ontwijken, of zoodanig aan te vallen dat hunne kracht nutteloos wordt.

Even als eene gansche kudde schapen eene grootere totale ruwe kracht bezit dan een wolf en niettemin deze eenige van de schapen rooft, zonder dat deze makkers door collectieve handeling zich hiertegen weten te verzetten, zoo overheerscht een betrekkelijk klein aantal Europeanen millioenen Hindoes of Javanen en in beide gevallen heeft de duur van die en de berusting in die overheersching haar gerechtvaardigd. Klaarblijkelijk zouden toch de schapen, zoo zij vonden op eene voor hunne eigene geestontwikkeling door de wolven te vernederen de wijze behandeld te worden, zie blz. 43, hunne positie omhoog trekken, even als bijv. de Israklieten zulks gedurende en na de middeleeuwen, de meest beschaafde

[46]Galliers (onder anderen die tot geestelijken stand behoorende), zulks na den vermeestering van Gallie door de Franken en zooveel tot groot aanzien gekomen vrijgelaten slaven, zulks onder de Romeinsche keizers gedaan hebben.

Dat de roofdieren beter gewapend zijn dan de dieren welke zij bemagtigen, spruit althans in de meeste gevallen voort uit hunne meerderheid in geestontwikkeling, want op blz. 28 hebben wij aangegeven, hoe de impulsie tot verhooging der organisatie door den eigen wil der dieren ontstaat. Buitendien zouden de wapens der roofdieren hen van weinig nut zijn, zoo eene hoogere geestelijke ontwikkeling dan die van de door hen bemagtigde dieren, hen niet in staat stelde er een doelmatig gebruik van te maken.

Een rund met de tanden en klaauwen van een leeuw, en zich alleen met vleesch kunnende voeden, zou van honger sterven, zoo hij niet even als dit roofdier prooijen wist op te sporen, zijn sprong wist te meten, en de opvoeding zijner jongen zoover wist te drijven, als dit bij de roofdieren het geval is.

Beschaafde volken overwinnen wilde stammen, door tegenover de pijlen en lanzen en onzamenhangende werking dezer stammen, te stellen vuurwapens en zamenwerking. Voor dit laatste wordt er eene hoogere geestelijke ontwikkeling gevorderd dan die der wilden, en eigenlijk is zulks voor het gebruik van vuurwapens ook het geval, wegens de noodzakelijkheid om het geschut te transporteren, de vuurwapens te repareren, buskruid te vervaardigen enz.

Waren de dieren ligchamelijk onsterfelijk, stoorde geene accidentele oorzaken van de op blz. 22 gemelde constante oorzaak tot geschiktwording gedurig de werking en bestond er geen drang tot verhooging der geestelijke ontwikkeling, zoo zou eindelijk elke diersoort, over anderen [47]in ontwikkeling lager dan zij staande soorten, eene heerschappij, geevenredigd met derzelver overmaat van geestelijke ontwikkeling, uitoefenen, en zij daarentegen door anderen, hooger dan zij staande diersoorten, op hare beurt in reden van het verschil tusschen hare geestontwikkeling en die dezer hooger staande soorten overheerscht worden.

Geen dier zou dus alsdan eenige reden bezitten om over zijn toestand ontevreden te zijn en de aarde worden een eentoonig paradijs, waarin van vooruitgang geene sprake meer zou zijn.

De drang tot vooruitgang maakt echter, dat, bij eene volgens de opgegeven wijze bepaalden graad van overheersching, de overheerschte soorten de over haar uitgeoefende heerschappij gemiddeld even sterk zullen trachten te verzwakken (zooals bijv. door het beter ontvlugten van roofdieren) als de heerschappij voerende soorten haar nog sterker zullen trachten te doen worden (zooals bijv. door het behendiger vangen van prooijen door roofdieren). Hierdoor zal er tusschen die heerschers en beheerschter een strijd ontstaan, van beide zijden met gemiddeld evenveel kracht gevoerd wordende en waarin aldus gemiddeld aan beide zijden evenveel voordeel behaald zal worden, zoodat de verschillen in geestontwikkeling tusschen beide soorten even groot blijvende, de heerschappij der eene over de andere zulks gemiddeld ook zal doen.

De inspanning, door zulk een strijd gevorderd, bij beide partijen alsdan even groot zijnde, zal beider geestontwikkeling even veel doen stijgen en aldus bovengemelde verschillen hierin even groot laten. De overheerschte soort wordt door zulk een strijd in geestontwikkeling en dus ook in positie verhoogd, maar daarom niet gelukkiger. De handwerksman, die niet alleen voor zijn gezin moet zorgen, maar ook zijne geldelijke belangen [48]tegenover zijne bazen of werkgevers moet verdedigen, zal bijv. niet gelukkiger zijn dan den onbezorgden minder ontwikkelden slaaf, en het roofdier, dat beter dan vroeger prooijen kan vangen, het niet ruimer en rustiger dan toen hebben, zoo (zie blz. 38) die prooijen moeijelijker te vangen geworden zijn.

De verhouding tusschen de geboorten en de sterfgevallen zal aldus na zulk eene verhooging bij die roofdieren niet gunstiger voor eerstgemelde worden.

Daar echter door zulk een strijd gebrek aan geschiktheid voor de omstandigheden, waarin de dieren verkeeren, levendiger dan anders gevoeld zal worden, zoo zal hij tevens strekken om de organisatie dier dieren sterker dan anders voor die omstandigheden geschikt te doen worden.

Zoo van de overheerschte soort, tijdens zulk een strijd, de positie te laag voor de geestontwikkeling is, zal dit te laag zijn dier positie die ontwikkeling trachten te verminderen, terwijl de strijd ze tracht te vergrooten. Bij de overheerschende soort de positie te hoog voor de geestontwikkeling zijnde, zoo zal gene lager en deze ontwikkeling hooger worden en beiden trachten zich naar elkander te schikken. De strijd nog in het bijzonder die geestontwikkeling trachtende te verhoogen, zoo zal dit dan bij die diersoort wegens twee oorzaken geschieden. Bij beide die soorten te zamen genomen zal aldus, even als in het vorige geval, de strijd de geestontwikkeling en dus ook de positie verhoogd hebben.

Na de nederzetting der Germanen in de vroegere Romeinsche wingewesten zijn bijv. de eerste meer in beschaving gestegen dan de vroegere onderdanen van Rome er in gedaald zijn.

Zelfs wanneer twee diersoorten even hoog staan en even magtig zijn, zullen zij strijden om elkander te overvleugelen en, wegens de hiervoor gevorderde inspanning, beiden in geestontwikkeling verhoogen. [49]

Iets dergelijks bestaat ook op maatschappelijk gebied, zooals bij de concurrentie der verschillende industrikn, der arbeiders en bazen, der politieke en religieuse partijen, der spelers, legers en zelfs der regeringen en volksvertegenwoordigers, want, al handelen geen dezer beiden in strijd met de wet, zoo trachten zij niettemin op elkanders gebied te dringen en, bij gelijke inspanning van beide zijden, zal de verhouding van beider magt gemiddeld constant blijven, maar beiden in talent toenemen.

Hoe digter opeengehoopt de dieren binnen zekere streek zijn, hoe moeilijker elk derzelve het noodige voedsel zal kunnen bekomen, en daar dit integendeel gemakkelijker zal geschieden, wanneer hunne organisatie beter voor de omstandigheden, waarin zij verkeeren, geschikt is, zoo zal, naarmate dit laatste meer het geval is, bij den toestand, waarbij elk dier gemiddeld het noodige heeft, (namelijk die waarbij er niet meer dieren geboren worden dan sterven), deze binnen zulk eene streek meer opeengehoopt zijn.

De eene helft der dieren van elke soort zal, bij het bestaan van dien toestand, wat meer en de andere helft er van wat minder dan dit noodige bezitten, en bleven zij dan steeds op deze aarde voortleven, zoodat er geen nieuwe zouden geboren worden en waren zij niet gedurig aan de werking van storende accidentele oorzaken blootgesteld, zoo zou elk dier dieren in een standvastigen toestand komen, waarbij het juist het noodige zou bezitten. Alsdan toch zouden de in overvloed levende, wat minder goed voor hunne middelen van bestaan gaan zorgen en tegelijk hunne organisatie zich naar dien overvloed schikken, zoodat deze er van lieverlede minder misbaar voor zou worden, totdat zij eindelijk met een gemiddelde zorg voor hun bestaan, niet meer dan het noodige zouden hebben.

Evenzoo zal een arm geworden mensch harder gaan [50]werken, ten einde minder te kort te komen, maar tegelijk zijne behoeften verminderen. Hoe minder hij nu te kort komt, hoe geringer die overmaat van arbeid zal worden, om geheel te verdwijnen, wanneer hij geen gebrek meer heeft, althans zoo die meerdere werkzaamheid niet eene behoefte voor hem wordt.

Hoe zamengestelder de levensomstandigheden van dieren zijn, hoe meer tijd de op blz. 7 gemelde constante oorzaak noodig heeft, om hunne organisatie voor hunne levensomstandigheden geschikt te maken. Van daar, dat er reeds voor het leven in den Oceaan goed georganiseerde visschen bestonden, tijdens dat er nog slechts gebrekkig georganiseerde landdieren aanwezig waren.

De ten gevolge der snelheid, waarmede (zie blz. 27) derzelver ontwikkeling stijgt, ontstaande ongeschiktheid der organisatie der diersoorten voor de omstandigheden waarin deze verkeeren, maakt dat alsdan accidentele oorzaken gemakkelijker, even als op blz. 23 gezegd is, verschillen tusschen de soorten kunnen daarstellen. Naarmate toch verschillende diersoorten, in dezelfde omstandigheden verkeerende, allen hiervoor minder geschikte organisatien bezitten, kunnen deze bij grootere onderlinge verschillen allen even goed voldoen.

Wordt daarentegen de ongeschiktheid der organisatie van elk dier diersoorten uiterst gering, zoo zullen zij uiterst weinig van elkander moeten verschillen en aldus, wanneer eenmaal de organisatien der diersoorten opgehouden zullen zijn met in ontwikkeling te stijgen, er kleinere verschillen tusschen de nabij in dezelfde levensomstandigheden verkeerende dieren bestaan dan thans.

Het zoo evengemelde bestaat ook op maatschappelijk gebied, want toch iets, bijv. een werktuig, tot zeker doel dienende, kan slechts op eene wijze geconstrueerd zijn en tegelijk volmaakt voldoen; terwijl er eene grootere verscheidenheid van allen even goed voldoende constructien [51]mogelijk is, naarmate deze allen minder voldoen. Het is dan zelfs wenschelijk zulk een verscheidenheid toe te laten, daar men dan, door na te gaan waarin elk derzelver uitmunt, gemakkelijker meer volmaakte constructien kan vinden. Op de instellingen, de manieren van leven en zelfs op de karaktertrekken der menschen is dit ook van toepassing.

De wederkeerige versterking van het geschikt worden voor zekere daden van eenig deel der organisatie der dieren en het verrigten van zulke daden beslist het pleit tusschen de beweringen, dat bijv. vogels vliegen, omdat zij vleugels hebben, of wel deze bezitten om te kunnen vliegen. Beide beweringen zijn waar. De allereerste pogingen om zich van den bodem te verheffen, ten gevolge van den op blz. 27 gemelden drang, leiden namelijk tot vorming der eerste rudimenten van vleugels en, wegens de zeer trage toeneming der poging om te vliegen gedurende eene reeks van generatien, bleven bij elk dezer de werktuigen, voor het in zulk eene mate vliegen, als door elk dier generatien gewenscht werd, zeer weinig in gebreke.

Iets hiermede vergelijkbaar heeft ook op maatschappelijk gebied plaats. Zoo zou men bijv. kunnen vragen: genieten de studenten hooger onderwijs (wel te verstaan in de gezonde beteekenis van dit woord) omdat er universiteiten bestaan? of wel: bestaan er universiteiten om studenten hooger onderwijs te doen genieten? Klaarblijkelijk konden de Batavieren geene universiteiten stichten, al gevoelden zij de noodzakelijkheid om hunne jeugd eenig onderwijs te doen genieten.

De pogingen hiertoe door onze onbeschaafde voorouders aangewend, kunnen nu vergeleken worden met die, welke de vetganzen of manchots tot vliegen doen.

Evenmin als bij de organisatie eener diersoort, staan in de Maatschappij, wegens de werking van accidentele [52]oorzaken, de verschillende zaken op dezelfde hoogte. Ten gevolge van den drang tot geschiktwording van het een voor het ander, trekt hetgeen het hoogste staat het tegelijk lager staande omhoog en omgekeerd, terwijl, wegens den op blz. 27 gemelden drang tot verhooging, het gemiddelde van beiden verhoogt.

De kop en vooral de hersens der dolphijnen schijnen ons bijv. op een hoogeren trap van ontwikkeling te staan dan het achterlijf dier zeezoogdieren, en eveneens staan in de Maatschappij de inrigtingen van liefdadigheid op een hooger standpunt dan het tweegevecht. Wat houdt echter dit voor onze Maatschappij achterlijke gebruik in stand? Eenvoudig het door de werking der traagheid bestaande gemis aan zamenwerking bij het publiek, waardoor dit de zaak der beleedigden niet genoegzaam opneemt en de beleedigers door verachting niet genoegzaam straft, om gene te ontslaan van het zich verschaffen van eigen regt.

Evenzoo staat thans bij de volken van Middel-Europa (in tegenstelling van gedurende het begin der middeleeuwen) de godsdienst te laag betrekkelijk de wetenschap, en tracht deze thans hier te lande op de gemengde scholen gene op te heffen, terwijl op de sectescholen de godsdienst de wetenschap omlaag tracht te brengen.

Bij uitzondering kunnen sommige zaken te hoog staan voor de eischen der omstandigheden, ofschoon gemiddeld, wegens de werking der traagheid, het tegenovergestelde plaats heeft. Die uitzondering bestaat bijv. bij nieuwe kinderkleederen, welke op den groei gemaakt worden; terwijl groeijende kinderen gemiddeld voor hen te kleine, of als ware achterlijke kleederen dragen.

Zulk een tijdelijk te hoogen stand van iets, kan ontstaan, doordat zulk eene zaak vroeger, door te laag voor de eischen dier omstandigheden te staan, groote rampen [53]heeft te weeg gebragt, en dat sommige menschen, sterk met de zucht bezield om dit te verhelpen, wegens de werking der traagheid (waardoor men iets doende, niet op het gepaste oogenblik weet uit te scheiden) zulk eene zaak te hoog opvoeren.

Dit is bijv. het geval met het toekennen van het kiesregt aan de onbeschaafde klassen onzer Maatschappij, met het gemis der doodstraf in Saxen, en met het bestaan der republiek in Frankrijk tijdens de revolutie van 1789. De republiek is een geschikte vorm van regering, daar waar er een sterken geest van zamenwerking tusschen en eerbied voor de wet bij de burgers bestaat. Waar echter deze hiervoor te onbeschaafd zijn, kunnen zij echter met eene lager staande deugd dan de eerbied voor de wet, namelijk met trouw bezield zijn, en het is nu op deze, bij sommige dieren, zooals bijv. de hond, bestaande deugd, dat de monarchie en het feodale stelsel gebouwd zijn.

Neemt de Maatschappij met zekere snelheid in beschaving toe, zoo wordt zij hierdoor betrekkelijk onvolmaakter, omdat de inertie der menschen maakt, dat al de maatschappelijke inrigtingen niet bij tijds voor de nieuwere en hoogere behoeften geschikt gemaakt worden.

Zoo bijv. binnen een staat het absolute stelsel goed werkt en de bevolking neemt sterker in gemasseerde en zamenwerkende geestelijke ontwikkeling toe dan de regering, zal zij over het bestuur ontevreden worden.

Maakt de vergrooting der bevolking en dien tengevolge gemiddeld die der beschaving, dat steden zich uitbreiden, zoo neemt de drukte op straat toe, en vroeger genoegzaam breede straten worden later te smal gevonden.

Het Noord-Hollandsch Kanaal voldeed 40 jaren geleden goed aan de behoeften van den Amsterdamschen zeehandel, en thans hebben de toegenomen behoeften van [54]dien zeehandel dit kanaal te bekrompen hiervoor gemaakt.

Wegens gebrek aan geest van zamenwerking bij de leden der Maatschappij, moet deze, als geheel werkende, in sommige gevallen aan hare leden dwang opleggen. De hiertoe strekkende instellingen zijn thans, nu die geest van zamenwerking bij de individuen toegenomen is, veelvuldiger dan wenschelijk is.

Wanneer eenige instelling van hoogeren aard wordt en aldus met zekere snelheid verandert, zullen er ware en ingebeelde belangen gekwetst worden, en, wegens de werking der traagheid, des te meer, hoe sneller de opwaartsstreving dier instelling geschiedt. Laatstgemelde grieven moeten door de slijtende werking van den tijd verdwijnen terwijl, eene slechts, wegens het effect der traagheid, na zekeren tijd mogelijke betere inrigting dier tot hooger gestreven instelling aan de eerstgemelde grieven te gemoet kan komen.

Wegens dit effect der traagheid zullen bijv. vroeger in het water levende dieren, tot landdieren opgeklommen zijnde, in hunne organisatie deelen bezitten, door dit leven op het land op eene ongunstige wijze aangedaan wordende en somtijds eerst na een reeks van generatien de op blz. 7 gemelde tot geschiktwording leidende oorzaak dien euvel wegnemen.

Wegens de werking der traagheid zullen eerst, lang nadat het drooge voor landdieren bewoonbaar geworden was, in het water levende diersoorten noemenswaardig tot landdieren opgeklommen zijn en dit bij die soorten bij een lageren trap van organisatie geschieden, naarmate van derzelver thans bestaande nazaten de organisatie lager is.

Goed voor het leven op het land georganiseerde dieren verdrinken in het water en in overeenkomst hiermede zou een bijna perpetuelen oorlogstoestand, zoo als bij de wilden, beschaafde volken ten gronde rigten. [55]

Als een verouderd deel der organisatie van eenig tot eene hoogere levenswijze opgeklommen diersoort kunnen de in ingekrompen toestand nog bestaande zwemvliezen van den fregatvogel beschouwd worden. Hiermede kan nu vergeleken worden den hinderlijken en verouderden band tusschen staat en kerk thans in Engeland bestaande, doch, even als voor de lager dan hen staande en nog zwemmende voorouders der fregatvogels die zwemvliezen nuttig waren, zoo was, tijdens de regering van *Elizabeth*, bij het toen allerwege bestaande verband tusschen de godsdienstige voorschriften en de burgerlijke wetten, de koppeling van kerk en staat noodig voor het weren van vreemden staatkundigen invloed.

Even als voorts thans voor de lager dan de fregatvogels staande eenden de zwemvliezen zeer nuttig zijn, kan bijv. thans in het lager dan Engeland staande Abyssinik, voor de aldaar bestaande christelijke kerk het schild van den staat vereischt worden.

De graad van zamenwerking tusschen de individuen, bij de dieren slechts zeer gering, wijst den stand aan der maatschappelijke beschaving. Die zamenwerking nu verhoogt den aard van den strijd noodig voor de vergrooting der geestelijke ontwikkeling der individuen. In plaats van strijd, slechts het persoonlijk eigenbelang tot motief bezittende, wordt het strijd door het publiek belang uitgelokt, zooals bij het oorlogvoeren van natikn, bij den aanleg van groote werken, bij de bestrijding van (naarmate de mensch zich meer van den natuurstaat verwijderd, de bevolking digter wordt en het verkeer toeneemt) hinderlijker wordende maatschappelijke kwalen enz.9[56]

Den strijd, het eigenbelang tot motief bezittende, ondergaat ook, naarmate de maatschappij beschaafder wordt, verandering, daar in plaats dat er dan bloed bij gestort, er geld bij omgewisseld wordt, zoodat de een te veel en de ander te weinig geld voor zijne behoeften bekomt, een kwaad, wel minder in het oogvallende dan het vergieten van bloed, maar dat niettemin bestaat.

Wegens de werking der traagheid, voert de betrekkelijk snel in beschaving toegenomen maatschappij eene voor haar stand van beschaving gemiddeld te lage soort strijd. Echter moeit men vermijden om de voor de thans bestaande maatschappij in sommige gevallen noodzakelijken en nuttigen oorlog te willen afschaffen, omdat men hem voor eene hoogere denkbeeldige maatschappij in alle omstandigheden te barbaarsch vindt. Zoolang toch de internationale zamenwerking tusschen de staten niet zoo groot is, dat sommige hunner, in het belang van allen te zamen en van de menschheid, afstand doen van deelen van hun grondgebied, zonder door nederlagen hiertoe gedwongen te worden, zoo lang zal de oorlog noodzakelijk blijven ter verbetering der verdeeling van den aardbodem in rijken, zonder nog te gewagen van het regt tot defensieven oorlog.

Bij de dieren van dezelfde soort bestaat er te weinig zamenwerking om hen te leiden, om zich te vereenigen tot groote met elkander strijdende groepen en slechts ziet men hen somtijds elkander prooijen betwisten. Bij onbeschaafde volken is de geest van zamenwerking te gering om te vormen groote groepen in wier boezem er niet gevochten wordt, zoodat bij hen de politie en de regtbanken in een rudimentairen toestand verkeeren. Een ieder behoort bij hen maar te strijden om zich regt te verschaffen en buiten de mogelijkheid zijnde om dit te beletten, of iets verhevener er voor in de plaats te stellen, hebben de regeringen van zulke volken gewis gelijk zoo zij het tweegevecht aan zekere regels binden. [57]

De dieven voeren voorzeker binnen onze maatschappij een voor de belangen dezer veel te lage soort van strijd, die buitendien den meer verheven strijd, welke tot verhooging der beschaving leidt en door de met elkander zamenwerkende leden der maatschappij gevoerd wordt, belemmert. Desniettemin toonen de kunstgrepen, welke die dieven moeten verzinnen en de behendigheid, welke zij moeten bezitten aan, dat hun bedrijf strekt tot vergrooting van die lagere soort van geestontwikkeling, welke men in Sparta trachtte te bevorderen, doch met het oogmerk om er slechts in den oorlog partij van te trekken. Bij meer verhevene wijzen van oorlogvoeren mag dit laatste zelfs niet gedaan worden en zijn de antagonisten, als leden der de gansche menschheid bevattende maatschappij gehouden, terwijl zij tegen elkander strijden, met elkander zamen te werken in den meer verheven strijd door die gansche maatschappij tegen ziekten, vijandige elementen enz. gevoerd.10

Klassen der maatschappij kunnen met elkander zamenwerken, zooals bijv. de bazen en werklieden, bij het uitvoeren van publieke werken, het fabriceren van voorwerpen en, zonder derzelven gemeenschappelijke belangen te benadeelen, te zamen strijden, zoo dit bestaat in wettig concureren bij het opdrijven der loonen van de eene en het laag houden dezer van de andere zijde.

Dat de werklieden thans trachten zamen te werken is een teeken dat hunne intellectuele ontwikkeling en tegelijk hunne behoeften gestegen zijn en moet, voor zoo verre die zamenwerking tot geene daden van geweld aanleiding geeft, gunstig werken op de toename in geestontwikkeling van al de klassen der maatschappij. Deze toch [58]derzelver onderlinge distantie willende behouden, zoo moet een stoot voorwaarts bij de eene, dergelijke stooten bij de andere klassen tot gevolg hebben.

Dat men niet alleen de menschen iets nuttig, of anders gezegd, iets ten bate der geschiktheid der Maatschappij voor de omstandigheden waarin deze verkeert, gesticht hebbende, hoogschat, maar insgelijks hen in eere houdt, die de geestontwikkeling van eene menigte individuen sterk hebben doen toenemen, bewijst de betooverende werking van roemrijke daden. Deze toch strekken meestal meer om de individuen te doen vooruitgaan door strijd van lagere of hoogere soort, door inspanning van hunne vermogens, dan om de maatschappij gelukkiger te maken.

Even als strijd tusschen twee diersoorten en zelfs tusschen dieren van dezelfde soort, leidt tot verbetering hunner organisatie, zoo leidt de strijd tusschen de fabrieken tot verbetering der wijze van fabricering, zonder dat de fabrieken uitgebreid worden, of dat er in nieuwe wijze van bewerking (voortbrengselen van een hoogeren trap van beschaving) in praktijk gebragt worden, of, anders gezegd, dat de fabrieken passende voor een hoogeren trap van beschaving gemaakt worden. Die verheffing der industrie is wel is waar evenzeer een gevolg van industrielen strijd als de boven gemelde wijze van verbetering der fabricering, doch leidt niet voor de fabrikanten tot dezelfde uitkomsten als deze, want, terwijl die enkele verbetering zonder verheffing, wegens de geringe er voor gevorderde uitgaven en de zekerheid waarmede de fabriekanten te werk kunnen gaan voor deze voordeelig is, strekt de verheffing hunner fabrieken, wegens de groote er voor gevorderde uitgaven en de onbekendheid van den weg, waarop de fabrikanten zich begeven, deze dikwijls tot schade. Eerst later, wanneer alles meer in overeenstemming gebragt is met die op grootere schalen aangelegde [59]en procedes, van hoogeren trap van beschaving getuigende, aanwendende fabrieken gebragt is, wanneer die procedis, zonder verdere verhooging er van, verbeterd zijn en dat het publiek zich op de hoogte dier bij hoogeren trap van beschaving passende fabrieken gesteld heeft, ontstaat er voordeel voor de fabriekanten.

Alsdan dringen zulke fabrieken, die bij lageren stand van beschaving passende, tot op zekere distantie terug en onderwerpen hen in zekeren zin aan zich. Die minder hoog opgevoerde fabrieken kunnen dan wel is waar nog bestaan, doch moeten een meer bescheiden en anderen rol dan vroeger vervullen, om bij dien hoogeren trap van beschaving van het publiek nog te passen.

Dit laatste vergelijkende met het inkrimpen der moerassen, zoo komen die lager staande fabrieken overeen met de in die moerassen levende kruipende dieren en de tot op een hoogeren trap geklommen fabrieken met de tot zoogdieren verheven dieren, nadat deze het drooge land in bezit genomen hadden, zie blz. 42. De bewerking van het ijzer in het groot en door middel van door stoom bewogen werktuigen, heeft wel is waar het smeden uit de hand van voorwerpen tot een geringer aantal hiervan beperkt, doch slechts tot zekeren grens teruggedrongen en buitendien worden er in de groote ijzerfabrieken ook voorwerpen, waarbij dit moeijelijk anders kan geschieden, uit de hand gesmeed en bewerkt.

De ijzerindustrie staat bijv. hooger dan de houtindustrie, doch kan deze slechts tot zekeren grens terugdringen, daar, naarmate die houtindustrie vermindert, zij zich hoe langer hoe meer bepaalt tot het leveren van voorwerpen, niet slechts geschikter van hout dan van ijzer gemaakt kunnende worden, maar zelfs in het eerste geval in het gebruik beter voldoende. Men verkeert dus hierbij in een geval overeenkomende met dat op blz. 13 aangegeven. De gansche vernietiging van soorten van industrie [60]behoort evenzeer tot de uitzondering, als, naar ons inzien, het uitsterven van soorten van dieren of planten.

Evenmin als men, hetgeen op het gebied van vrijen handel en industrie gebeurt, kan opmaken uit hetgeen, waar de staat den eenigen industrieel en handelaar is, plaats heeft, dat evenmin kan men, uit hetgeen bij de tamme soorten plaats heeft, afleiden hetgeen bij de wilde geschiedt.

Zoo bijv. het verbod om varkensvleesch te eten uit den Koran geschrapt werd, zouden de Muzelmannen meer varkens en minder schapen gaan houden en zou men nu hieruit mogen besluiten, dat in den strijd des levens de varkens eene belangrijke overwinning op de schapen behaald hebben?

Hetgeen op blz. 21 gezegd is, dat met belastingen bezwaarde neringen, eindelijk in handen geraken van lieden, er zooveel minder voor gegeven hebbende, als de belasting gekapitaliseerd bedraagt, zou waar zijn, zoo die neringen in het geval verkeerden van met grondbelasting bezwaard wordende landerijen, of met huurwaarde bezwaard wordende huizen, (onverschillig of die belasting door de eigenaars of huurders betaald wordt), edoch zij doen dit slechts gedeeltelijk. Neemt de bevolking eener stad niet toe, zoo zal, na den invoer eener belasting op de huizen, deze allen ter bewoning aangeboden worden, en, daar de huurders er van wat bekrompener gaan wonen, het bod van huizen de vraag er naar zoo lang overtreffen, totdat de waarde er van tot bovengemeld bedrag gedaald is, de huurders weder even ruim als voor den invoer der belasting wonen en bod en vraag weder even sterk geworden zijn.

Het aantal der bovengemelde neringen zal daarentegen na den invoer der belasting verminderen en buitendien de waarde er van gedeeltelijk bestaan uit die van zaken door arbeid gedurig op nieuw voortgebragt moetende [61]worden. Van zulke zaken stijgt nu, door meerdere vraag dan bod de prijs na den invoer der belasting in zulk eene mate, dat deze niet alleen door de met patent belaste neringdoenden, maar in werkelijkheid door de gansche maatschappij (ter wier bate de opbrengst er van eindelijk komt) en wel gemiddeld in reden, van het vermogen van elk lid er van opgebragt wordt.11

De onregtvaardigheid eener belasting op den arbeid, verdwijnt aldus door dat de arbeiders er eindelijk niet meer in deelen dan het gansche publiek, die van eene belasting op het geene vaste renten gevende kapitaal door den dood der bezitters dier kapitalen, en door de gewoonte hunner erven aan het bezit van minder fortuin. Zelfs al bleven dezelfde menschen steeds op aarde voortleven, zou dit het geval blijven, omdat de menschen zich kunnen voegen naar het bezit van minder inkomen, mits hun werkkring tegelijk die wordt van personen van minder beschaving. De opvolgers, zoo van intellectuelen, als van handenarbeiders kunnen zich daarentegen niet voegen naar het bezit van minder verdiensten dan hunne voorgangers, zoo zij dezelfde soort van werk als deze willen blijven uitoefenen. Van daar, dat, wanneer zulk een arbeider en een kapitalist zich dezelfde moeite geven om niet te verarmen onder steeds toenemende druk, de eerste kan maken dat zijn loon niet beneden zeker bedrag gevoerd wordt en de tweede slechts dat zijn kapitaal niet al te snel wegslinkt.

Bovengemelde neringdoenden verkeeren nu daaromtrent in tusschengelegen gevallen; deels wordt belast hun [62]arbeid, of wel dien der fabriekanten, waarbij zij gestadig inkoopen doen, deels hunne bedrijfskapitalen, zooals werktuigen, uitstallingen enz. en daar beide zaken naauw verbonden zijn die arbeid te zamen, met de inkrimping der neringen, die bedrijfskapitalen beletten tot op het op blz. 21 aangegeven bedrag te dalen. Verteringsbelastingen kunnen aldus door de belaste personen slechts gedeeltelijk, door het grooter worden van het bod dan de vraag, en door tijdelijk eene meer bekrompen levenswijze te voeren, geladen worden op de bedrijfskapitalen van hunne leveranciers en van hen die hun woning, vervoer enz. verschaffen. Wordt nu dit slechts tijdelijk voelbare verlies over een groot aantal en eene groote verscheidenheid van bedrijfskapitalen geladen, zoo zal, daar de behoeften van den Staat en die der ambtenaren ook door de bezitters van eene groote verscheidenheid van bedrijfskapitalen voldaan worden en deze trachten te verhoogen, zelfs de tijdelijke onregtvaardigheid, na den invoer van zulke belastingen ontstaande, veel verminderd worden. Er bestaat eene oorzaak trachtende een ieder van het maatschappelijke kapitaal een deel te verschaffen, evenredig met van zijn stand van beschaving afhangende behoeften. Bezit hij minder dan dit voor hem geschikte deel, zoo zal hij (zie blz.49) duurder dan gemiddeld zijn arbeid en producten trachten te verkoopen, en goedkooper dan gemiddeld trachten te koopen, terwijl, zoo hij meer dan zijn geschikt deel bezit, het omgekeerde zal plaats hebben.12[63]

Alle onregt is een gevolg der variatie der wereldsche zaken, ook bij den door belastingen teweeg gebragten druk. Bestond toch die variatie niet, zoo zou het slechtste stelsel van belasting eindigen met geen onregt te baren, omdat een ieder een vermogen zou verkrijgen dat, na aftrek der gekapitaliseerde belasting, die hij werkelijk zou opbrengen, het voor hem geschikte deel van het maatschappelijke kapitaal zou vormen. [64]

1 Wiskundigen zouden zeggen, dat het aantal zuiver blanken bij de n^{de} generatie gemiddeld het $1/(2^{2n})^{de}$ of $1/(2^{2n})^{de}$ deel der individuen dier generatie zal bevatten.

2 Hierbij is eigenlijk verondersteld, dat de voortplanting door hermafroditen geschiedt, want anders zal een toevallig niet slechter dan hare ouders georganiseerd wijfje, meestal paren met een door de werking van het toeval slechter dan zijne ouders georganiseerd mannetje.

3 Als secundaire verbetering kan aangemerkt worden, het krachtig verdedigen van een privilegie, wanneer vroegere bezitters er van hetzelve uit zwakheid in minachting gebragt hebben; als primaire verbetering het niet beleid opgeven van zulk een privilegie, zoo dit in strijd is met het publieke welzijn.

4 Zie blz. 64 van het vervolg van het hierboven gemelde werk.

5 Even als bij het voorbeeld van blz. 15, voor het verstoren der juiste rangschikking, bestaat er hier meer kans dat die accidentele oorzaken het uiteenloopen grooter, dan dat zij het minder zullen doen worden.

6 Uit het feit, dat uit eene diersoort er vele tamme rassen voortspruiten, kan geen gevolg getrokken worden voor hetgeen in den wilden staat plaats heeft. Wanneer toch eene diersoort getemd

wordt, ondergaat zij eene soort van revolutie en hervormen de menschen haar door kunstkeus en entrainement in zooveel verschillende tamme rassen, als zij noodig hebben, om, nadat hun doel bereikt is, hiermede op te houden.

7 Zoo kunnen bijv. de thans bestaande leeuwen van de grootste en meest ontwikkelde tijgers van het tertiaire tijdvak en de thans bestaande tijgers van wat lager staande katachtige dieren van dit tijdvak afstammen.

8 Hierop moet vooral gelet worden, wanneer men, om de vruchten van het onderwijs na te gaan, deze bij bewoners van groote steden met die bij bewoners van achterafhoeken vergelijkt.

9 Hiertoe behooren de nadeelen door de stormen aan de scheepvaart toegebragt, het verwoesten van steenen gebouwen door aardbevingen, het woeden van besmettelijke ziekten in groote steden, de verspreiding der smetstoffen door het verkeer enz.

10 Dit maakt ook dat middelen, ter eigen bevoordeeling, of ter bereiking van eenig doel, geoorloofd bij lageren stand van beschaving, bij hoogeren stand hiervan onzedelijk worden.

11 Dit is ook het geval, wanneer er bijv. eene gemaalbelasting op de arbeiders gelegd wordt. Hun drang tot loonverhooging zal dan eerst bij een verhoogd loon gelijk zijn aan die tot loonverlaging der werkgevers. Worden nu de belastingen dezer laatste verligt ten bedrage dier gemaalbelasting, zoo zullen zij evenveel werk als vroeger verschaffen en laatstgemelde belasting de arbeiders met kleine huishoudens in een evenveel ruimeren, als die met zware huishoudens in een bekrompener toestand brengen.

12 Accidentele omstandigheden zooals bijv. het ongelijk aantal kinderen bij elk huisgezin, verstoren gedurig die juiste verdeeling van het kapitaal, doch voor elk der groote klassen der maatschappij moet zij ongeveer de geschikste zijn, tenzij er groote gebeurtenissen op industrieel gebied hebben plaats gehad. Ten gevolge hiervan bezit bijv. thans de handenarbeid verrigtende klasse een wat te klein deel van het maatschappelijke kapitaal, maar haren drang tot loonverhooging is dan ook grooter dan dien tot verlaging der werkgevers. Zij tracht buiten deze om werk te vinden, arbeidersvereenigingen daartestellen enz.

Beschouwingen over de oorzaak van het kwaad en over het doel van het leven.

Het kwaad, zoowel het zedelijke als het stoffelijke, bestaat in ongeschiktheid van het eene voor het andere en het is even eigen aan het veranderlijke, als de volmaaktheid zulks is aan het onveranderlijke.

Wegens de werking der traagheid, anders gezegd de neiging van alles om, zooals het geworden is, in stand te blijven, moet toch de op blz. 7 gemelde oorzaak van geschiktwording tijd noodig hebben, om haar doel te bereiken, maar zullen daarentegen volmaakte toestanden bestendigd worden.

Het zedelijke kwaad, dat wij menschen verrigten en de inspanning en opoffering die deugdsbetrachting ons kost, ontstaan doordat onze geest niet op de hoogte is van de sedert de wording der maatschappij verhoogde eischen van ons zedelijk bestaan. Deze eischen vorderen opoffering van het genot in het heden ten bate, van het welzijn, zoo van andere menschen als van onze eigen toekomst. De eischen van het heil der onbeschaafde maatschappijen vorderen zoo iets veel minder, en die van den dierenstaat bijna niet. De dieren hebben toch bijna geen besef van hunne toekomst en kunnen zeer weinig zoo hiervoor, als voor elkander doen, en zoo elk hunner slechts zorgt voor zijne oogenblikkelijke behoeften, schiet hij bijna niet te kort in de vervulling der eischen van zijn zedelijk bestaan. [65]

De, betrekkelijk de toeneming in beschaving der maatschappij, zeer langzaam opwaarts gestegen dierenstaat, maakt dat, wegens het effect der traagheid, niet alleen de dieren minder ten achteren zijn met betrekking tot de eischen van hun zedelijk bestaan en aldus betrekkelijk minder zedelijk kwaad doen dan de menschen, maar ook dat bij hen het lichaam betrekkelijk den geest minder ten achteren is dan bij ons menschen. Ons lichaam tracht ons toch naar het dierlijke en aldus achterwaarts te trekken, ten einde den geest voor zich geschikt te maken, terwijl omgekeerd onze geest het lichaam opwaarts moet trachten te halen, hetgeen, zoo de geest niet ophoudt met in ontwikkeling toe te nemen, steeds aanhoudt en, wel is waar door de hulpmiddelen der geneeskunde wat gemakkelijker gemaakt wordt, maar niettemin het trage lichaam steeds achterlijk zal doen blijven.

Ook de hartstogten kunnen hoog of laag zijn (het woord laag dan *niet* in den alsdan gebruikelijken zin bezigende). Wegens zooeven gemelde werking der traagheid, bezitten wij bijv. hartstogten, waaraan de dieren zich geheel kunnen overgeven, zonder aan de eischen, van hun zedelijk bestaan te kort te doen, doch die wij menschen sterk moeten bedwingen, omdat zij te laag voor de eischen van onze maatschappij zijn, te meer dewijl zij, wegens de hoogte waarop die maatschappij gestegen is, op eene meer uitgebreide schaal kunnen werken. Zie noot blz. 57.

Zelfs de menschen staan daarin op verre na niet gelijk. De toegeving aan hartstogten doet bijv. de wilden minder kwaad dan ons beschaafde, en zelfs bij ons is dit kwaad geringer bij de lage dan bij de hooge standen. Zoo bijv. zal grootspraak van een ijverigen en bekwamen werkman weinig ergeren en dit daarentegen in de hoogste mate doen in den mond van een beschaafd mensch. [66]

Het op straat vechten van vischvrouwen maakt niet dezelfde indruk als dat van dames, en, dat wij daaromtrent aan beschaafde en niet beschaafde menschen verschillende eischen stellen, moet blijkbaar gegrond zijn op een verschil in de eischen van beider maatschappelijk en zedelijk bestaan.

Het ligchaam der vrouwen, van dat der mannen verschillende, moet, daar het den geest der eerste voor zich geschikt tracht te doen worden, deze van die der mannen doen verschillen, zoo anders beider geesten niet onderscheiden zouden zijn.

Voorts neme men in aanmerking; dat, terwijl het ligchaam, door met betrekking tot den geest te laag te staan, op eene directe wijze de vergrooting der geestelijke ontwikkeling belemmert, het deze op eene indirecte wijze, namelijk bij het gebruik der zintuigorganen en der ledematen, bevordert.

Voor soorten van geestontwikkeling, welke als de verhevenste binnen eenige onbeschaafde maatschappij beschouwd worden, (bijv. die betreffende den oorlog en de jagt) kan nu die indirecte werking van het ligchaam der mannen gunstiger zijn dan van het ligchaam der vrouwen, en vorderen nu de eischen eener maatschappij, dat de sexe, welke minder aan huis gebonden is, meer leert, zoo zal bij die sexe de intellectuele ontwikkeling verder dan bij de andere gedreven worden, en de opvoeding bij beide sexen niet van denzelfden invloed op de hartstogten zijn.

Die eischen kunnen nu langzaam in het voordeel der vrouwen, veranderen naarmate de maatschappij beschaafder wordt, doch zullen, wegens de werking der traagheid, gedurende die met zekere snelheid toenemende beschaving, steeds wat te veel in het voordeel der mannen gehouden worden. Van daar welligt dat de eischen van het welzijn der thans bestaande maatschappij vorderen, dat tusschen het de [67]vergrooting der intellectuele ontwikkeling bevorderende onderwijs aan jongens en meisjes gegeven, het verschil geringer zij dan werkelijk het geval is. Neemt echter eenmaal de beschaving zeer weinig toe, zoo zal klaarblijkelijk dit verschil zoo groot worden als noodig en nuttig is.

Ter opheldering van het hierboven en op blz. 56 gemelde, moeten wij opmerken, dat er op de verschillende trappen van beschaving tusschen de geestontwikkeling niet slechts een verschil in quantiteit, maar tevens ook in qualiteit bestaat. Op lagen trap van beschaving bevat toch de geest veel denkbeelden over strijd, zoo met natuurlijke als met kunstwapens, want men wane niet dat er geene andere denkbeelden bestaan, dan die in woorden uitgedrukt kunnen worden. Integendeel worden er vele door oefening in de eene of andere zaak verkregen, waarbij dit het geval niet is en de dieren moeten slechts zulk eene soort van denkbeelden bezitten.

Het talent van een koorddanser zit bijv. niet in zijne beenen, maar in zijn geest. Hij bezit voor de spraak onuitdrukbare denkbeelden over de bewaring van het evenwigt door middel van zekere snelle bewegingen van het ligchaam, die een ander mensch, slechts van goede beenen voorzien, niet bezit.

Zoo echter zulk een koorddanser het koord niet meer beklimt en zich bijv. op de wetenschappen gaat toeleggen, zullen zijne denkbeelden over de middelen ter bewaring van het evenwigt, zich steeds in den latenten toestand, of, zooals men zegt, uit zijn hooft bevinden, zij in dien toestand van lieverlede door ook deels voor de spraak niet uitdrukbare denkbeelden over de wetenschappen verdrongen worden, en de kunstenaar van lieverlede voor het loopen op het koord onbekwamer worden.

Denkt men hierover na, zoo zal men gewaar worden, [68]dat de waarde der wereld bestaat in den geest, anders genaamd de veropenbaring der zelfstandigheid door denking. Men bedenke bijv. dat, wanneer een zuigeling voor de eerste keer de aardsche voorwerpen ziet, wel is waar die aanschouwing tot het domein zijner denking behoort, maar nog geene beteekenis voor hem bezit. Die gezigtsvoorstellingen zijn voor hem even onverstaanbaar als voor een volwassen mensch, de woorden eener in eene hem onbekende taal uitgesproken redevoering. Door oefening, door met inspanning denken onder bezit van denkbeelden, in den *niet* latenten toestand verkeerende, moet het kind zich de beteekenis dier gezigtsvoorstellingen eigen maken, en, wanneer dit heeft plaats gegrepen, het ook met betrekking tot dit zien rijker in denkbeelden geworden zijn.

Waren zelfs de ligchamen der dieren en menschen onsterfelijk, zoo zouden zij niettemin, aan allerlei uiterst onregelmatig voorkomende accidentele omstandigheden blootgesteld zijnde, wegens gedurig gebrek aan geschiktheid lijden. Zulk een gebrek leidt echter tot geestinspanning en als gevolg hiervan tot vergrooting der geestelijke ontwikkeling. Het gemis van zulke accidentele afwijkingen van een gemiddelden standvastigen toestand zou aldus, zie blz. 47, leiden tot een toestand, waarin er, wel is waar, noch lijden, noch ongeschiktheid van het een voor het ander meer zou bestaan, maar tegelijk de prikkel tot verderen vooruitgang gemist zou worden.

De verhooging der geestelijke ontwikkeling der levende wezens door die hen lijden berokkende accidentele afwijkingen, sluit niet in dat elk dezer, (zooals bijv. die van den gemiddelden toestand der gesmolten stoffen binnen den aardkern, tijdens het bestaan van aardbevingen), zulk eene verhooging in geestontwikkeling teweeg brengt, dat er hierdoor eene vergoeding voor het er door teweeg gebragte nadeel ontstaat, noch zelfs dat zij elk, op [69]zich zelve beschouwd, tot verhooging dier geestontwikkelingen zouden bestemd zijn1.

Dit zou eene kinderlijke en bekrompene wijze van natuurbeschouwing zijn. Slechts in zooverre men zulke accidentele of toevallige afwijkingen collectief met andere dergelijke afwijkingen beschouwt, valt in zekere mate zoo iets er van te zeggen, en wel in *sterkere mate*, naar gelang men hen collectief met meer andere soorten van accidentele afwijkingen beschouwt, en, slechts op een volstrekte wijze, wanneer alle mogelijke accidentele afwijkingen van gemiddelde toestanden te zamen beschouwd worden. Aldus, slechts in ruimte en tijd collectief beschouwd, vormen die afwijkingen iets algemeen en aanhoudend en, naarmate nu de natuurverschijnsels een meer algemeen en voortdurend karakter bezitten, komt het ons voor dat alles er bij meer voor elkander bestemd is2.

De eenvoudigheid der natuurwetten maakt bovendien dat tusschen oorzaken en gevolgen er zekere gelijkslachtigheid moet bestaan, zoodat van accidentele afwijkingen, zooals bijv. aardbevingen, stormen enz. bij het bestaan van zulke natuurwetten, aard niet kan bepaald worden door doelmatige wijzen om der menschen geestelijke ontwikkeling te verhoogen, aangezien dit laatste op geestelijk gebied behoort. Die eenvoudigheid [70]dier wetten maakt, dat men kan leeren, terwijl de er door teweeg gebragte verscheidenheid en afwijkingen dit leeren bevorderen.

Was het verband tusschen oorzaken en gevolgen, zoo als de supranaturalisten beweren, dan zouden de natuurwetten zoo uiterst zamengesteld zijn, dat de gevolgen van zekere gebeurtenissen onmogelijk zouden te gissen zijn en de ervaring geen leiddraad voor het handelen meer zou opleveren.

Van daar dat er in het practische leven evenmin zuivere supranaturalisten als zuivere fatalisten bestaan. De onwetenste schipper, nimmer van natuurwetten en eene daardoor teweeg gebragte gelijkslachtigheid van oorzaken en gevolgen gehoord hebbende, maakt bijv. uit den staat van den atmospheer op, welk weder er te verwachten is en rigt zich hiernaar in.

Even als *Molieres* bourgeois gentilhomme in proza sprak zonder dit te weten, zoo gedraagt zich aldus die schipper, zonder hiervan bewust te zijn, in strijd met zijne supranaturalistische religieuse beginselen, als naturalist, en neemt hij bijv. niet aan, dat voor of tegenwind van de zedelijke gehalte zijner passagiers afhangen, daar hij dan hun certificaat van goed gedrag zou moeten inzien, in plaats van op wolken en windwijzer te letten.

Hoe minder intellectueel ontwikkeld de menschen zijn, hoe meer onmiddelijk de verschijnsels uit elkander voortvloeijen, waarvan het verwachten der eene uit het voorkomen der andere opgemaakt dient te worden; en met hoe minder kennis der werking der Natuurwetten op stoffelijk en geestelijk gebied zij aldus kunnen volstaan. Hieromtrent gemaakte dwalingen zullen aldus door zulke menschen minder dan door meer beschaafde opgemerkt worden, en buitendien heeft het bijgeloof minder invloed op de handelingen, dan men wel denkt. In plaats van [71]deze te doen afhangen van goede of slechte voorteekens, waardoor het toeval de wijze van handelen zou bepalen, vallen, naarmate, wegens naturalistische oorzaken, zekere handelingen al of niet geraden geoordeeld worden, die voorteekens goed of slecht uit. Vaak toch bedriegen de menschen zich zelf en zien zij hetgeen zij raadzaam achten te zien.

Wij hebben hierboven de directe en niet de indirecte gevolgen der verschijnsels in het oog gehad. Zoo is bijv. zeeziekte een direct gevolg der schommelingen van schepen ten gevolge der deining, maar de door deze teweeg gebragte bewondering en vrees, moet niet als een direct gevolg der golving der zee, maar als dat van zekere zinnelijke indrukken in verband met eene bestaande gemoedsgesteldheid beschouwd worden. Men heeft hierbij als ware eene andere reeks van oorzaken en daarmede gelijkslachtige gevolgen.

Behalve de gemiddelde plaats hebbende vergrooting der geestontwikkeling der soorten bestaat die der wisselende individuen dier soorten.

Deze, zeer gering bij de geboorte, klimt gedurende een beperkt aantal jaren tot de hoogte welke die der soort gedurende een veel grooter aantal eeuwen bereikt heeft; en daar die snelle verhooging der geestontwikkeling der individuen het gevolg moet zijn van eene snelle verhooging der levensomstandigheden, zoodat die individuen gedurig aan hoogere eischen moeten voldoen, zoo zal, wegens de werking der traagheid, bij elk individu die geestontwikkeling meer te kort schieten, dan bij de soort, zoo deze bijv. uit steeds op aarde voortlevende individuen bestond. In dit geval zou gewis de toename in geestontwikkeling der soort sneller zijn dan thans, daar bijv. eene generatie, op zeker tijdstip op den graad van geestontwikkeling harer soort staande, na bijv. 30 ` 40 jaren een hooger standpunt van geestontwikkeling [72]zal bereikt hebben, dan zoo op dit eerste tijdstip die generatie van ongeveer nul af aan alles moet leeren. In dit laatste geval zal zij echter gedurende zekeren tijd sneller in geestontwikkeling toenemen dan in het eerste, omdat in dit eerste geval er geen prikkel bestaat om zich op de hoogte der kennis van voorgangers te stellen. Dit geldt ook voor individuen van volgende generatikn met betrekking tot individuen van voorgaande, en vandaar dat bijv. menschen van hunne geboorte tot hun dertigste jaar meer leeren dan van af dien leeftijd tot hun zestigste jaar.

Van af den achttienden tot den dertigjarigen leeftijd is de verhooging der eischen der levensomstandigheden op het sterkste en vandaar dat alsdan de geestontwikkeling, wegens de werking der traagheid, het meeste te kort schiet, de menschen uit gebrek aan ondervinding de meeste dwaasheden en euveldaden verrigten en zich daardoor het meeste benadeelen. Zelfs de uitmuntendste opvoeding kan dit kwaad slechts gebrekkig wegnemen, daar de menschen veel minder van andere menschen dan door eigen ondervinding kunnen leeren.

Niet slechts dat, de snelle verhooging der menschen levensomstandigheden, de voor de vervulling der eischen dier omstandigheden gevorderde wijsheid meer te kort doet schieten, maar ook de accidentele veranderingen dier omstandigheden zullen, al wordt er hierdoor geene verhooging dier eischen daargesteld, wijsheid en ondervinding (wegens de op blz. 63 gemelde werking der traagheid) in gebreke doen zijn, wanneer er door, alsware nieuwe en onbekende toestanden daargesteld worden. Dit nu zal veel meer het geval zijn bij vrij kort, dan bij zeer lang op deze aarde vertoefd hebbende wezens, en aldus reeds wegens twee oorzaken de sterfelijkheid der individuen voor hen eene bron zijn van te kortschieten in wijsheid en ondervinding en dus [73]ook van ramp, maar tevens van sterkere toeneming in geestontwikkeling gedurende een bepaalden tijd.

Evenzoo als des menschen geest ten achteren blijft betrekkelijk de eischen der levensomstandigheden, doet het ligchaam zulks betrekkelijk den geest. Dit vooruit-zijn van deze laatsten, waardoor op het ligchaam eene vooruittrekkende werking uitgeoefend wordt, doet dit lijden en kan het zelfs ongeschikt maken om tegelijk met eene juiste werkdadige denking te bestaan. Vandaar het somtijds idioot worden van geleerde kinderen.

Buitendien kan men op eene gebrekkige wijze op de hoogte zijn van hoogere levensomstandigheden dan die waarin men verkeert. Een kind kan bijv. in sommige opzigten te wijs zijn voor het kinderleven, zonder zelfs in dit opzigt, aan de eischen der levensomstandigheid van meervolwassenen te kunnen voldoen, niet wegens eene te lage, maar wegens eene scheve opvatting dier eischen. Zoo zal bijv. de republikeinsche regeringsvorm voor de Fransche natie, wanneer bij deze de eerbied voor de wet grooter en de bekoorlijkheid van het prestige van naam en roem geringer geworden zal zijn, geschikt worden, doch de alsdan vigerende republikeinsche constitutie waarschijnlijk beter zijn dan die gedurende het laatst der voorgaande eeuw en aldus in Frankrijk te vroeg ingevoerd3. Thans noemen zich de materialistische pantheosten eene zeer geavanceerde partij op godsdienstig gebied, doch, wanneer het gros van het publiek op hunne hoogte gekomen zal zijn, zal dit geene hooger staande en minder kinderlijke, maar wel betere en minder eenzijdige godsdienstbegrippen dan zij aankleven. Krankzinnigheid, [74]vaak ontstaande door het onvervuld blijven van wenschen, en waarbij het denken niet in overeenstemming is met de eischen der werkelijkheid, gaat, zooals bijv. bij sommige asceten, dikwijls gepaard met valsche voorstellingen van hoogere toestanden. Vandaar dat de geestelijke ontwikkeling van krankzinnigen gemiddeld niet lager is dan die van andere menschen en bijv. door *Cervantes*, bij *Don Quichotte*, zonder dezen onmogelijk te maken, vooral in het zedelijke op een hoog standpunt gesteld kon worden4.

Het achterlijk zijn van het eene met betrekking tot het andere, ontstaat alleen doordat de vooruitgang van het laatste dit alsware ten deele vernieuwd heeft, en is aldus een bijzonder geval der uitwerking der traagheid waardoor, wanneer iets verandert, iets anders, er mede in verband zijnde, niet terstond eene overeenkomstige verandering ondergaat.

Wat doen nu de geavanceerde beginselen bezittende menschen en partijen?

Zij ontwerpen instellingen, geschikt behoorende te zijn niet voor den bestaanden, maar voor toekomstige toestanden, en neemt men nu in aanmerking, hoe, door veranderingen in het verledene, de bestaande toestand nog min of meer nieuw is, zoo zal men beseffen, hoe veel meer nieuws veronderstelde toekomstige toestanden zullen opleveren, en hoeveel moeijelijker het wordt, om de eischen en aard hiervan dan van een bestaanden toestand te bepalen. Door menschen van evenveel talent en doorzigt ontworpen, zoo zullen ontwerpen van geavanceerde instellingen noodwendiger gebrekkiger zijn dan die van instellingen voor bestaande toestanden bestemd. [75]

Door de ondervinding ingelicht, zullen daarentegen de ontwerpers van instellingen voor verleden toestanden bestemd, deze volmaakter maken dan de instellingen werkelijk gedurende die verleden toestanden bestaan hebbende, mits de aard dezer niet te zeer onbekend geworden is.

Zoo weten de menschen gemiddeld beter wat zij vroeger hadden behooren te doen, dan zij zulks vroeger geweten hebben en weten zij minder goed wat zij later zullen moeten verrigten, dan zij zulks later zullen weten.

De miskenning der eischen van dezen thans bestaanden toestand, het zonder zulks te weten, voor oogen houden van hoogere toestanden dan den thans bestaanden, benevens de zeer gebrekkige kennis van den aard en eischen er van, hebben aanleiding gegeven tot het ontwerpen en zelfs tot het voor een deel in praktijk brengen van allerlei wel is waar buitensporige instellingen, wetten en gebruiken, maar waarbij de meeste der ontwerpers, deze in dit opzigt, gene in eenig ander opzigt, iets voorgesteld hebben werkelijk voor hoogere maatschappelijke toestanden geschikt. Die ontwerpers zijn te vergelijken met de pionniers, welke in *Amerika* en *Australie* de ontginners van den bodem in de wildernis voorafgaan, dikwerf verdwalen zij, doch niettemin wijzen zij aan het hen achterna komende gros van het menschdom den te volgen weg.

Op wetenschappelijk en godsdienstig gebied is dit nu evenzeer het geval. De hierop geavanceerde stellingen en hypothesen, hoe eenzijdig, gebrekkig en somtijds zelfs buitensporig, bevatten meestal eenige vroeger onbekende waarheden, die wel vaak lang onbegrepen blijven, maar, telkens op nieuw verkondigt, eindelijk wortel schieten; terwijl, de tegelijk met hen voorgedragen dwalingen, van lieverlede in de vergetelheid geraken. Daar echter de [76]wetenschap gemiddeld steeds voorwaarts gaat, houdt het opwerpen van geavanceerde stellingen niet op. Zekere dosis dwalingen, en wel gemiddeld eene grootere, naarmate de voortschrijding der wetenschap sterker is, blijft aldus steeds in omloop.

Nemen wij bijv. de stelling van Bouddha, dat alle bestaan een kwaad is, zoodat de mensch, door onderdrukking zijner begeerten en door zedelijke veredeling, moet trachten op te gaan in het Nirwana en zich te onttrekken aan eene wedergeboorte. Vooreerst verstonden Bouddha en zijne aanhangers onder Nirwana het niet, of wel de oplossing in de oneindige onveranderlijke denking onder verlies der eigenaardige menschelijke natuur, en verstonden zij onder bestaan alle zijn hoe ook, of wel gevarieerde op die van ons menschen gelijkende wijzen van bestaan. De tweede onderstelling komt ons de aannemelijkste voor, daar de stelling, dat men zich door veredeling moet voorbereiden voor het niet ongerijmd is, en omdat daarop, zelfs bij de traagste Oosterlingen, geen godsdienst te bouwen is.

In zooverre had echter Bouddha gelijk, dat veranderlijkheid bij het bestaan, wegens de werking der inertie-wet, ramp te weeg brengt, zoodat slechts eene, met onze geestelijke natuur niet overeenkomende onveranderlijke wijze van bestaan, met volmaakte zaligheid te vereenigen is en ook had hij gelijk door te stellen dat onderdrukking der begeerten, tot geluk leidt, doch hij had er bij moeten voegen, ook tot stilstand.

Was toch die tweede stelling van Bouddha aanbevelingswaardig, zoo zouden de menschen, even als Diogenes, hunne stoffelijke en geestelijke behoeften moeten trachten te verminderen, en in zooverre als de ontwikkeling van handel, industrie en wetenschap meer dient om nieuwe stoffelijke en geestelijke behoeften te scheppen, dan om aan reeds bestaande behoeften te voldoen, [77]zij gebreideld moeten worden. Bij het onderwijs zou dan alles wat kan strekken om de leerlingen een hoogeren graad van beelding, dan voor den maatschappelijken toestand hunner ouders past, te doen geven, zorgvuldig geweerd moeten worden.

De indeeling der maatschappij in kasten behoorde alsdan weder te worden ingevoerd. Schadelijk voor den vooruitgang dier maatschappij, omdat de geest van routine er door opgewekt wordt en rijk begaafde individuen uit de lagere standen er door belet worden om op de maatschappij eene opheffende werking uit te oefenen, zoo bevordert daarentegen zulk eene indeeling de rust en tevredenheid, wanneer de kinderen van jongs af opgeleid worden voor de bekwame vervulling van den ouderlijken werkkring.

De gilden en het staatstoezigt over handel en industrie zouden alsdan weder ingevoerd en vrije handel afgeschaft moeten worden. De vrije concurrentie gaat toch gepaard met een strijd, waarin de knapste industrielen de andere ten gronde trachten te rigten, waarin zij op middelen peinzen, om in het bedriegen van het publiek elkander de loef af te winnen en waarin een ieder dus maar, ten bate der verhooging zijner geestontwikkeling, maar moet zorgen om niet de verliezende partij te zijn.

Wilden zou men slechts moeten trachten in den wilden toestand in gunstige omstandigheden te doen leven, maar zich overigens wel hoeden moeten om hen te beschaven, kortom men zou enkel aan de zucht tot geschiktmaking gehoor moeten geven. Dit echter wordt door de instinctmatige zucht tot vooruitgang, den mensch in veel hoogere mate dan de dieren deelachtig, onmogelijk gemaakt, maar tevens wordt, door het gehoorgeven aan die zucht, verklaard hoe de mensch, getooid met eene schoone, maar met distelen doorvlochte kroon, [78]tegelijk is het verhevenste en het betrekkelijk onvolmaaktste, het edelst en het ongelukkigste wezen der aarde.

Even als bij snellen gang troepen niet meer opgesloten blijven, maar zich verdeelen op den weg, doet de betrekkelijke snelle toeneming in geestontwikkeling van den mensen een groot verschil in verhevenheid ontstaan tusschen zijne denkbeelden betreffende de eene en de andere zaak. Van daar zekere disharmonie, zekere tegenstrijdigheid bij zijn wezen, die gevoegd bij de uitwerking der met elkander strijdende neigingen naar geluk en naar vooruitgang, hem in zijn eigen oog, zooals Pascal zeide, tot een onbegrijpelijk monster maken5.

Des menschen geest neemt te snel in ontwikkeling toe, om voor blijvende aardsche ligchamen geschikt te zijn, daar de aarde zelve het streven dier ligchamen naar hoogere ontwikkeling (volstrekt niet in vergrooting der gezondheid bestaande) belemmert. Het is dan ook verkeerd te beweren, dat de waarde van den geest hand aan hand gaat met die van het ligchaam uit het oogpunt van gezondheid en goede werking der verschillende organen.

De menschen bijv. bezitten meer wijsheid, kennis en zelfs in het algemeen eene grootere geestelijke ontwikkeling, wanneer op hoogen leeftijd hun ligchaam gebrekkig geworden is, dan toen dit in vollen bloei verkeerde. Wanneer echter de zintuigen beginnen te begeven en alle bewegingen moeijelijker en vermoeijender worden, let men minder op hetgeen in de omgeving geschiedt en gezegd wordt. Geestelijk leeft men dan minder in het heden en op de plaats zelve waar men zich bevindt, en van daar het schijnbare gemis aan geheugen en die schijnbare botheid van geest welke de grijsaards met [79]afgetrokken en diepzinnige personen gemeen hebben.6 Bij de kinderen heeft het tegenovergestelde plaats, hunne denkvormen gelijken meer op die der dieren dan die der volwassenen. Geheel vervuld met het heden en de omgeving, ontgaat er weinig aan hunne opmerkzaamheid, doch worden hunne vroeger gemaakte denkbeelden snel uitgewischt door andere, ten gevolge van nieuwe zintuigelijke indrukken ontstaan.

Ofschoon aan het leven gehecht, zouden de meeste menschen niet andermaal hun levensloop willen herhalen. Wel zouden zij wenschen hun, door inspanning en wegens gebrek aan ondervinding, onder betaling van leergeld, vooruitgeganen geest, aan een verjongd ligchaam te koppelen, doch niet in geestontwikkeling tot den kinderlijken toestand terug te keeren.

De geest kan overigens bij alle graden van ontwikkeling jong of oud zijn, daar zulks afhangt, of dat hij zekere toestanden en omgeving sedert kort begonnen is met bewustheid te aanschouwen, of dat hij hieraan reeds lang gewoon geworden is, of, met andere woorden, van het verkrijgen van nieuwe denkbeelden, of van het behouden der vroegere.

Werkte, bij de op eenigen hemelbol aanwezige ligchamen van wezens slechts de oorzaken hen voor de omstandigheden, door den aard van dien hemelbol opgeleverd, geschikt trachtende te maken, zoo zou zulk eene beschadiging dier ligchamen, dat het organische leven er niet meer bij mogelijk is, bij elke volgende generatie moeijelijker dan bij de voorgaande plaats hebben. Gemiddeld [80]zou aldus elke generatie langer leven dan de haar voorgaande en van de, na een oneindig langen tijd bestaande, de ligchamen onsterfelijk zijn; terwijl reeds thans dit het geval zou zijn, zoo die constante oorzaak reeds gedurende eene eeuwigheid alleen gewerkt had.

Tegelijk er mede heeft echter de oorzaak, de organisatie dier ligchamen trachtende te verhoogen, gewerkt, en daar nu de snelheid waarmede zulks geschiedt, zoo als op blz. 72 verklaard is, juist het tegengestelde effect der voorgaande oorzaak te weeg brengt, beide oorzaken, vereenigt werkende, de organische ligchamen uit de stoffen van zekere hemelbollen gevormd, wel meer zamengesteld van bouw en hooger ontwikkelt, doch tegelijk meer teer en vernielbaar dan bij het gemis dier laatste oorzaak doen zijn.

Hoe geringer de toeneming in geestontwikkeling en aldus ook de verhooging der organisatie der ligchamen van wezens is, hoe zwakker de werking van de tweede der boven gemelde oorzaken wordt, en hoe bezwaarlijker aldus het leven der ligchamen van zulke wezens uitgebluscht moet kunnen worden. Van daar de taaiheid van het leven en den meer onbeperkten groei der lagere dieren. Het optreden van hen overheerschende namelijk bestrijdende hoogere dieren heeft echter voor die lagere dieren veranderde levensomstandigheden daargesteld, waarvoor eerstgemelde constante oorzaak, wegens de binnen geen beperkten tijd te overwinnen werking der traagheid, hen niet geheel geschikt kon maken. Hunne ligchamen moeten aldus voor die hoogere dieren verslindbaar zijn, en, korteren tijd bestaande, door groeijen niet zulk een omvang verkrijgen, als die der mede in ontwikkeling gelijk staande dieren, aan zulk eene overheersching niet blootgesteld. Van daar dat welligt de (zie blz.30) binnen de sedimentaire lagen gevonden fossile weekdieren, levende voor dat de visschen optraden, grooter waren dan de [81]heden bestaande weekdieren en dat de kruipende dieren van het secundaire tijdperk grooter waren dan de heden bestaande door vogels en zoogdieren overheerschte kruipende dieren.

Naar ons inzien kan aldus gesteld worden, dat kortere duur van het leven van ligchamen gemiddeld een teeken is van snelle toename in ontwikkeling en tevens van betrekkelijke onvolmaaktheid van geest en ligchaam.

Neemt een volk in beschaving af, zoo zullen na zekeren tijd, deszelfs instellingen en geestelijke ontwikkeling op de hoogte der eischen van den verminderden graad van beschaving zijn, een maximum bereikt hebben, na dien dalen, en voor de eischen der afnemende beschaving, wegens de werking der traagheid, te hoog blijven (zie Noot blz.72). Al bleven echter de individuen steeds voortleven, zoo zou zulk een volk geruimen tijd in beschaving moeten achteruitgaan, voordat de nog stijgende geestelijke ontwikkeling dier individuen in elk opzigt op zulk eene hoogte zou gekomen zijn, dat zij aan de eischen der omstandigheden, door den trap van beschaving daargesteld, zou voldoen.

Nu kunnen zulke afnamen in beschaving slechts bij uitzondering, gedurende betrekkelijk korten tijd en gedurende den leeftijd der individuen slechts in geringe mate plaats hebben. Voor deze blijven aldus de eischen der levensomstandigheden gedurende hun leven toenemen, zoodat hunne geestelijke ontwikkeling er beneden en buitendien, wegens andere soorten van verandering dier omstandigheden (zie blz.71), onvoldoende zal blijven.7[82]

Hoe, wanneer de beschaving toeneemt, de zedelijke ontwikkeling der volken absoluut kan toenemen en nogthans even onvoldoende blijven, blijkt bijv. uit het gemis aan eerlijkheid, waarover men thans niet minder dan vroeger klaagt. Welligt zijn wij in geldzaken eerlijker dan onze voorouders vier ` vijf eeuwen geleden, doch hoe uitgebreider is het finantieel verkeer geworden, hoe noodzakelijker het is geworden, dat men op de eerlijkheid van anderen staat kan maken.

De opvoeding van een timmerman duurt bijv. korter dan die van een staatsman, en niettemin levert gene gemiddeld beter werk dan deze en zullen er over de kunsten van koorddansers gemiddeld minder aanmerkingen dan over de verzen van dichters te maken zijn. Slechts in zooverre de lagere klasse aan dezelfde eischen als de hoogere moet voldoen, vertoont zij zich betrekkelijk onvolmaakter dan deze, terwijl, wanneer die eischen evenredig zijn met de graden van beschaving van beide klassen, de lage het in betrekkelijke zedelijke volmaaktheid van de hooge wint. Dit zou echter het geval niet zijn, zoo de menschen tot hoogere klasse behoorende, langer en alsware langzamer leefden dan die van lagere klassen, zoodat zij niet sneller dan deze in geestontwikkeling moesten toenemen.

De graad van beschaving of geestelijke ontwikkeling der menschen zal, na gedurende zeker tijdvak vertragende gestegen te zijn, dit op deze aarde eenmaal niet meer noemenswaardig moeten doen.

De beperktheid der zintuigelijke aanschouwing is toch onvereenigbaar niet eene onbepaalde geestontwikkeling en, naarmate de drang tot vergrooting hiervan zwakker is, zal die grens, waarboven de geestontwikkeling niet meer noemenswaardig stijgt, lager gelegen zijn, even als, naarmate een steeds aanhoudende wind zwakker is, de er door voortgebragte toenemende, maar eindelijk in sterkte circa standvastig wordende golving, geringer is. [83]

Dit laatste nu ziet op de hoogere en lagere dieren, want ook deze bezitten, ofschoon in veel zwakkere mate dan de mensch, bewuste aanschouwing en zucht tot uitbreiding hiervan.

Zoo elk mensch steeds op deze aarde bleef voortleven zou hij, nadat zulk een eindtoestand der beschaving bereikt is, alles weten wat hij maar eenigzins in zijn stand wenschelijk zou achten te weten, omdat hij een onbepaalden tijd ter zijner beschikking zou hebben om een bij de maatschappij niet noemenswaardig meer toenemende dosis kennis op te doen. Hoe langer de individuen leven, hoe sneller het gansche menschengeslacht bij gelijken aanleg in kennis zal toenemen, omdat elke generatie alsdan meer tijd zal hebben om hare verkregene kennis aan het opkomende geslacht mede te deelen.

Hoe hooger de beschaving is, hoe meer elke generatie zal moeten leeren, en hoe betrekkelijk gebrekkiger de opvoeding zal worden, al is het dat alsdan, wegens de grootere zamenwerking en onderlinge gemeenschap der menschen, de mededeeling van wetenschap aan de jeugd gemakkelijker geschiedt.

Elke generatie zal aldus op lateren leeftijd meer in kennis moeten toenemen, om zich op de hoogte te stellen der kennis door het vorige geslacht bereikt. Dit zal nu gemiddeld wel geschieden en zelfs iets meer dan dat, zoolang de beperktheid der zintuigelijke aanschouwing die vergrooting der wetenschap der aardbewoners niet belet, maar de zoo even gemelde oorzaak de vergrooting der kennis van het menschdom trager doen toenemen.

Van deze kennis zal alsdan elk individu een kleiner deel zich eigen kunnen maken dan tijdens het bestaan van een minder gevorderden trap van beschaving, elk individu alsdan, met betrekking tot het dan zoo zamengesteld geworden maatschappelijk leven, meer in ondervinding [84]te kort schieten; zij alsdan gedurende hun leven wel sterker in geestontwikkeling dan thans toenemen, doch tevens meer teleurstellingen ondervinden; met betrekking tot hetgeen zij wenschen te leeren en te doen, minder en gebrekkiger leeren en doen, in een woord betrekkelijk onvolmaakter zijn dan tijdens het bestaan van lagere trappen van beschaving.

Zij die de individuen geschikt voor het leven op deze aarde wenschen te zien, zullen aldus door de toeneming der beschaving niet bevredigd worden. Wel integendeel zij, die de toename der geestelijke ontwikkeling der individuen, al zij het dat hierdoor hunne ligchamen gesloopt en hun leven verkort wordt, als het doel hiervan beschouwen.

De aanhangers van eerstgemelde levensbeschouwing (die der geschiktheid voor het aardsche), waartoe behooren de epicuristen, voegen den mensch toe: gedenk te leven, in den zin van gedenk op eene oordeelkundige wijze te genieten, tracht uwe gezondheid en welvaart te bevorderen, in vrede met andere menschen te verkeeren, bedenk dat slechts in een gezond ligchaam eene gezonde ziel kan huizen en weet dat onnieuwsgierigheid een zacht hoofdkussen voor een welgevormd hoofd is.

De aanhangers der tweede levensbeschouwing (die van den vooruitgang), waartoe de rationele stoocijnen behooren, roepen daarentegen de menschen toe: gedenk te sterven, namelijk leef zoodat uwe geestelijke ontwikkeling op het oogenblik van het verscheiden hoog opgevoerd zij, offer hieraan op gezondheid en welvaart, schroom niet in strijd met anderen te komen en oneenigheid te stichten, wanneer het beginselen geldt het menschdom naar hooger leidende en tracht zoover mogelijk, door peinzen en denken, op het gebied van het buitenzinnelijke door te dringen.

Een gemiddelde tusschen beide soorten van levensbeschouwing [85]komt ons voor de voorkeur te verdienen.

Dat onze geest ons ligchaam noodig heeft om werkdadig te denken en om indrukken van de buitenwereld te verkrijgen en dat de bloeijende toestand van het ligchaam, bij gelijke hoogte der organisatie hiervan, maakt dat het de streving opwaarts van den geest gemakkelijker kan volgen, en die streving aldus dan minder tegenwerkt, maakt het noodig, dat men in zekere mate een geschikt ligchaamsleven leidt en dat onze geest zich bezig houdt met het verkrijgen van hetgeen noodig is voor de behoeften van het ligchaam en aldus de wetenschap beoefent met het oog op het materiele en praktische nut. Dit een en ander maakt tevens dat wij aan den bloei van het ligchaamsleven en aan de welvaart van anderen zorgen moeten wijden, terwijl het leven in vrede met deze zamenwerking met hen gemakkelijker maakt, hetgeen weder strekt ter bevordering der vergrooting der geestelijke ontwikkeling. Eindelijk moet de beperktheid der zintuigelijke aanschouwing grenzen stellen aan het doordringen van den geest op buitenzinnelijk gebied (zie later).

Van den anderen kant moet het ligchaam dienstbaar gemaakt worden aan de toename der geestontwikkeling om aldus de machine, slechts in zooverre in goeden staat gehouden worden, als de eischen van het gebruik er van zulks toelaten. Zelfs behoort men, om aan die eischen te voldoen, niet te schromen om de machine te verslijten en aan gevaar voor vernieling bloot te stellen. Ook moet de wetenschap, met het oog op die toename der geestontwikkeling, zelfs ten koste van stoffelijke welvaart beoefent worden.

Voorts behoort men zich jegens anderen zoo te gedragen, dat men hunne materiele welvaart in zekere mate ondergeschikt maakt aan de toename hunner geestontwikkelingen moet de deze bevorderende strijd van denkbeelden en beginselen niet aan eene te ver gedreven [86]zucht naar eensgezindheid en vrede opgeofferd worden8. De liefde voor anderen moet niet alleen ten doel hebben om hen van lijden te bevrijden, of anders gezegd om hen geschikt te maken voor de omstandigheden waarin zij verkeeren, maar tevens om de zedelijke ontwikkeling, zoowel van hem die liefde betoont als van hem aan wie zij betoond wordt, te verhoogen, en zij aldus ook ten bate van den vooruitgang der individuen strekken.

Slechts, wanneer de liefde op deze wijze beschouwd wordt, kan het verstandig geacht worden zich groote offers op te leggen, ten einde op eene onzekere wijze het lijden van anderen een weinig te verminderen.

Het is waar dat, hoe hooger de geestelijke ontwikkeling der menschheid is, hoe meer de menschen zich om hunne natuurgenooten en om de belangen hunner eigen toekomst bekreunen en dit kunnen doen, doch het is er verre van af, dat het directe nut dat men, zoo voor anderen als voor zich zelf, op deze aarde sticht, de hiervoor genomen inspanning loont.

Ook nemen de menschen (tenzij oppervlakkig op gezag) niet gaarne onderrigt en teregtwijzing van anderen aan, zij leeren liever zelf en nemen hierdoor wel is waar trager in kennis toe, doch deze wordt alsdan dieper, inniger en minder vergeetbaar, terwijl hunne grootere en meer langdurige inspanning ten gunste van hun intellectuelen aanleg en van hunne geestontwikkeling in het algemeen werkt. Om een anders idekn goed te begrijpen, dient men zelfs (al zij het meer onbepaald en minder naauwkeurig) van zelf op die idekn gekomen te zijn.

Hoe moeten nu de aanhangers der epicuristische [87]levensbeschouwing zich gevoelen op het gezigt eener omgeving weerbarstig in het aannemen van onderrigt, en wel is waar grif in het aannemen van materiele hulpmiddelen, doch slechts wanneer zij hierover naar goedvinden kunnen beschikken; op het gezigt van min of meer direct ten gevolge van hun individuelen vooruitgang lijdende menschen en dieren, waarvoor zij slechts zeer weinig kunnen doen? Zij die zulk eene levensbeschouwing aanhangen, het doel van het lijden aldus niet begrijpen en aan de liefde geene hoogere beteekenis geven dan om dit lijden te verzachten en, zoo der naasten als hunne eigen geestontwikkeling, elk oogenblik met vernietiging bedreigd achten, moeten geleid worden tot moedeloosheid, tot minachting van zich zelf en van anderen, tot gemis aan zedelijke kracht en moed om zich offers te getroosten ten behoeve van anderen of van eigen toekomst; tot het zich verdooven in de beslommeringen en genietingen van het heden; tot het ontvlugten van het lijden van anderen en zelfs tot ontkenning er van, omdat dit lijden een protest is tegen die slechts geschiktheid bij een aardsch bestaan noodig achtende levensbeschouwing.

Wanneer deze dan ook door de massas in praktijk wordt gebragt, moet zedelijk verval het gevolg zijn, zooals bijv. bij de Grieken en Romeinen tijdens het begin onzer jaartelling. De natuurwet, dat van een verschijnsel oorzaak en gevolg aan elkander tegengesteld zijn, deed echter toen hare werking gevoelen, namelijk dit zedelijke verval deed eene tegengestelde levensbeschouwing een kerkelijk gewaad aantrekken en, aldus geschikt geworden voor de massas, tot binnen deze dringen9.

Te weinig wijsgeerig om te weten, dat het lijden een [88]gevolg is der werking der traagheid bij het veranderlijke en aldus ook bij het zich verheffende (zie blz. 63), zoo hebben de menschen niettemin een zeker besef, dat er geleden moet worden om opwaarts te streven en dit besef nu werd levendig in de levensbeschouwing van het Christendom, dat het lijden heiligt, op den weg ter heerlijkheid plaatst en door het zich omhoog heffende kruis zinnebeeldig voorstelt.

De aanhangers der ipicuristische levensbeschouwing verdiepen zich ongaarne in de beschouwing der individuen, maar liever in die der in beschaving toenemende maatschappij, in die harer kunstgewrochten, in die der schoone en jaarlijks herlevende natuur. Doch is de duur van dit alles zoo zeker, kunnen betrekkelijk snelle en groote veranderingen bij de aardkorst en het gasvormige omkleedsel onzer planeet dit alles niet vernietigen? Buitendien die schoone organische natuur maskert een slagveld, een strijdperk waarop dieren en planten al strijdende hoogere organisatikn verkrijgen en zich individueel trachten te verheffen en buitendien, waartoe leidt die toenemende beschaving? Naar aanleiding van het op blz. 83 gemelde, tot sterkeren vooruitgang der individuen gedurende hun leven, maar volstrekt niet tot hun geluk of geschiktheid voor de omstandigheden waarin zij verkeeren.

De maatschappij wordt gevormd door zamenwerkende individuen, en in het belang van beider vooruitgang is het noodig dat die individuen zekere zelfstandigheid behouden, en dat zij aldus geene levensbeschouwing, de individualiteit in minachting brengende, aanhangen.

Om te begrijpen, hoe het zedelijke verval eener maatschappij, derzelver beschaving achteruit moet doen gaan, behoeft men slechts te bedenken, welk een nadeeligen invloed vermindering van arbeid en vertrouwen op handel en industrie uitoefent. Zoo bijv. de menschen slechts werken om geld te winnen, zal hun arbeid geene [89]vruchten opleveren van zulk eene gehalte, als wanneer men hem tevens ter vergrooting der geestelijke ontwikkeling, zoo van anderen als van zich zelf, doet strekken. Dit verschil, niet noemenswaardig bij grof handenarbeid, zal grooter worden, naarmate die arbeid van meer verheven aard wordt. Verder zal, zoo de winsten geringer worden, de productie van den arbeid insgelijks verminderen, en ook weder in sterkere mate, naarmate de aard hiervan meer verheven is10.

De vergrooting der hulpmiddelen der wetenschap maakt dat de vruchten van den arbeid grooter worden, terwijl de vergrooting der digtheid der bevolking eene tegenovergestelde werking uitoefent. Gedurende de toeneming der beschaving en der volkrijkheid komt ons de toeneming der hulpmiddelen der wetenschap eerst en die der digtheid van bevolking later de overhand te moeten hebben.

Volstrekte overbevolking, wegens gebrek aan te bebouwen bodem, kan wel is waar niet gezegd worden te bestaan, zoolang die bodem nog een mud graan, of het voedsel voor een rund meer kan opbrengen, iets wat overal het geval is, doch dit belet niet, dat, het digter worden der bevolking, den arbeid, noodig om bijv. een mud graan voort te brengen, grooter doet worden. Minder arbeid zal er dus, naarmate (bij denzelfden trap van beschaving) die digtheid der bevolking grooter wordt, besteed kunnen worden aan de vervaardiging van voorwerpen niet volstrekt onmisbaar voor de menschen onderhoud, minder van zulke voorwerpen zullen er aldus dan te verkrijgen [90]zijn voor hen, die hen dan met de winsten, door hun arbeid opgeleverd, willen koopen.

Wel is waar zullen de meer beschaafde menschen steeds meer behoeften hebben dan de andere en grootere rijkdom aldus voor hen eene noodzakelijkheid blijven, doch dit overwigt in geestelijke ontwikkeling zich (wanneer de digtheid der bevolking grooter is met betrekking tot de beschaving) meer door hare innerlijke waarde en minder door uiterlijk vertoon veropenbaren.

De kleinere verschillen in rijkdom, bij het kleiner zijn der winsten van den arbeid, kan men vergelijken met het meer opgesloten zijn der op blz. 77 gemelde manschappen, naarmate deze gemiddeld trager loopen. Het verschil in snelheid tusschen de verschillende manschappen zal hierdoor evenzoo verminderen, als dat der gemaakte overwinsten door het mindere gemak om overwinsten te verkrijgen. De neiging der manschappen tot opsluiting komt bij deze gelijkenis overeen met de uitwerking der verdeeling der rijkdommen bij het erven, met die der giften aan behoeftigen en met het effect van den grooteren prikkel voor armen dan voor rijken om geld te winnen, zie blz. 49.

Tegen hetgeen op blz. 86 gezegd is, zal men welligt aanvoeren, dat het kwaad, in ongeschiktheid van het een voor het ander bestaande, het zedelijke kwaad eerder moet af- dan toenemen, wanneer de menschen zich geschikter voor hun aardsch leven trachten te maken. Men dient hierbij echter te onderscheiden de eischen van het maatschappelijke en zedelijke leven van den mensch en die van zijn zinnelijk of ligchaamsleven.

De drang tot vooruitgang maakt dat de menschen die eerste eischen zoodanig verhoogen, dat, wegens de werking der traagheid, hunne geestontwikkeling er bij te kort schiet. Verlagende op deze werken nu de eischen van het zinnelijke leven en verlagende op de organisatie [91]van het ligchaam de onbewerktuigde aardt. Deze vier zaken, waarvan nu de laatste onveranderlijk is, trachten op gelijke hoogte te komen en aldus voor elkander geschikt te worden, en, zoo nu de eerste verlaagd wordt, namelijk zoo de menschen trachten de maatschappij meer barbaarsch te doen worden en naar het dierlijke terug te brengen, zullen zij tot elkander naderen en de menschen werkelijk betrekkelijk beter worden.

Zoo bijv. eene generatie in geestontwikkeling minder toeneemt dan de vorige, zal de werking, de toeneming in ontwikkeling van het ligchaam bevorderende, hierbij ook eenigzins kleiner dan bij de vorige generatie zijn. De laatste generatie zal aldus aan hare kinderen wat minder hoog ontwikkelde ligchamen achter laten dan zij van hare ouders ontvangen heeft, en de ligchamen dier kinderen zullen, door de werking van den geest, wat moeijelijker dan die hunner ouders in ontwikkeling kunnen toenemen. Bij die derde generatie zal aldus de toeneming der geestontwikkeling nog wat zwakker zijn dan bij de tweede, zoo zij zich, betrekkelijk haar standpunt van ontwikkeling, niet meer dan deze inspant, en dit zoo voortgaan; zoodat de mensch dan langs den op blz. 30 gemelden stamboom, alsware terug zal gaan, en, aangezien de geest der dieren ook opheffende en de onbewerktuigde aarde verlagende op hunne ligchamen werkt, die teruggang niet ophouden, voordat het punt van aanvang van dien stamboom weder bereikt is11.

Wanneer de menschen hunne geestelijke ontwikkeling, onder tegenwerking der eischen der zinnelijkheid, bijzonder verhoogen, zal zij, wel is waar, steeds in het een of ander ten achteren staan bij de eischen van het zedelijke [92]en maatschappelijke leven, doch die eischen en die ontwikkeling digter bij elkander komen en gene sneller opwaarts gedreven worden.

Het tegengestelde zal daarentegen plaats hebben, zoo, wegens den drang tot vooruitgang, men die eischen wel tracht te verhoogen, maar de geestelijke en vooral de zedelijke ontwikkeling, door het toegeven aan de eischen de zinnelijkheid, daalt. Dit laatste dan kan in zulk eene mate geschieden, dat de eischen van het zedelijke en maatschappelijke leven en aldus ook de beschaving er sterker door omlaag getrokken, dan door den drang tot vooruitgang omhoog gedrongen worden. Zulk een geval, op blz. 86 bedoeld, is vergelijkbaar bij eene schuit, die een paard stroomopwaarts tracht te trekken, maar daartoe onvermogend is, zoodat dit paard (met die eischen der beschaving vergelijkbaar) achterwaarts moet stappen, omdat de spanning der treklijn (met de betrekkelijke zedelijke slechtheid der menschen vergelijkbaar) groot is.

De groote afstand tusschen de beschaving der menschen en de organisatie van hun ligchaam maakt dat de beschaving middelen aanbiedt om zinnelijk te genieten en tevens dit ligchaam te benadeelen, iets dat bij dieren slechts in veel zwakkere mate bestaat, en bijv. het geval is bij hen, welke de epicuristische levensbeschouwing op eene verbasterde wijze in praktijk brengen, namelijk bij hen die zich aan grove zinnelijke lusten overgeven en onverschillig worden voor de geestelijke ontwikkeling zoo van anderen, als van zich zelf, zie blz. 87.

De verbasterde opvatting der tegenovergestelde levensbeschouwing ontmoet men bij de asceten, die, om alle zinnelijkheid te vernietigen, hun ligchaam martelen, dit alzoo minder bekwaam maken, om op eene indirecte wijze de vergrooting der geestelijke ontwikkeling te bevorderen en deze laatste zooals zij die opvatten, zoodanig ter [93]harte nemen, dat zij andersdenkenden vervolgen12.

Vele menschen zijn in het eene punt de eene en in tegengestelde het andere de levensbeschouwing toegedaan, doch steeds zullen die onderdeelen hunner levensbeschouwing zich in harmonie met elkander trachten te stellen.

Een gemiddelde tusschen beide dient echter in innigheid en wetenschappelijkheid toe te nemen, naarmate de beschaving zulks doet, en aldus de instinctmatige aandrang en tot geschiktheid en tot vooruitgang, bij de dieren, zie blz. 64, voldoende, alsdan meer te kort schieten om de menschen in de school van het leven te leiden.

Het humanisme, zooals de aanhangers der epicuristische levensbeschouwing dit opvatten, zou slechts kunnen bestaan, zoo de menschen steeds op aarde bleven voortleven, de onbewerktuigde natuur niet de op blz. 91 gemelde terugtrekkende werking op der menschen ligchamen uitoefenende en de beschaving niet meer toenam. Wegens de neiging der dingen om, wanneer geene oorzaken dit tegengaan, harmonisch met elkander te worden, zouden dan de eischen van zedelijke en maatschappelijke leven, de geestontwikkeling, de eischen van het zinnelijke leven [94]en de organisatie der menschelijke ligchamen zich op dezelfde hoogte stellen, en de betrachting van het goede geene opoffering meer kosten en niet meer in strijd zijn met het genieten in het heden.

Die toestand zou echter, zelfs bij zulk eene aardsche onsterfelijkheid deelachtige wezens, niet mogelijk zijn, zoo de onbewerktuigde aarde de organisatie hunner ligchamen omlaag trok, daar dit tegengegaan zou moeten worden door eene even sterke hen omhoog trekkende werking en deze niet zou kunnen bestaan, zoo der menschen geestontwikkeling niet hooger dan die hunner ligchamelijke ontwikkeling stond, en door hoogere eischen van het zedelijke en maatschappelijke leven, die geestelijke ontwikkeling niet, tegen omlaagtrekking er van door de eischen van het zinnelijke leven, behoed werd13.

Een trap van beschaving, wegens de terugtrekkende werking der onbewerktuigde aarde voor geene verdere verhooging vatbaar, zal, wegens de op blz. 71 gemelde oorzaak, bij sterfelijke wezens niet zulk eene hoogte kunnen bereiken als bij ligchamelijk onsterfelijke. Die beschaving, door den eenen mensch in dit en door den anderen in andere opzigten opgedreven, zal eischen stellen voor het zedelijke en maatschappelijke leven, waaraan de menschen, wegens den korten duur van hun leven, [95]nog minder zullen voldoen, dan zoo zij steeds op deze aarde bleven voortleven, aan den eenigzins hoogeren trap van beschaving, die dan bereikbaar zou worden.

In dit laatste geval zou toch die beschaving het werk zijn van de alsdan levende menschen, terwijl tot de werkelijk op deze aarde bestaande beschaving de vroegere generatikn bijgedragen hebben, zoodat zij voor elke volgende iets nieuws is.

De korte duur van ons leven maakt aldus dat wij in denzelfden tijd, om even goed te voldoen, in geestontwikkeling sneller moeten toenemen, dat wij dit wel eenigzins sneller doen, doch niet in zulk eene mate dat wij even goed voldoen als bij langer leven, dat onze taak zwaarder dan in dit laatste geval is en dat, wegens dien gevorderden snelleren aanwas in geestontwikkeling, de eischen van het zinnelijke leven meer ten achteren staan bij die van het maatschappelijke en zedelijke leven, zie blz. 71.

Het maatschappelijke verkeer maakt niet slechts, door die beschaving een hoogeren trap te doen bereiken en aldus het doel verder te stellen, dat wij onze geestontwikkeling sterker moeten vergrooten, maar tevens door het onderwijs, dat wij geholpen worden om nog sterker in geestontwikkeling toe te nemen.

Deze zou men kunnen vergelijken met een kapitaal, dat gedurende zekeren tijd van af circa nul gemiddeld vertragende toeneemt en alsdan renten afwerpt. Het totale bedrag hiervan is vergelijkbaar met de baten die iemands geestontwikkeling aan anderen verschaft, en zal, betrekkelijk het kapitaal, op het oogenblik dat dit ophoudt met renten af te werpen, meer bedragen naar gelang [96]die renteafwerping langer duurt. Men kan zich nu voorstellen dat de inspanning, gevorderd voor de vergrooting van zulk een kapitaal, grooter is dan het nut door het totaal die renten voortgebragt.

Zoo echter dit totaal minder misbaar is, naar gelang die rente kleiner is, zal, na zekere vertraging bij de vergrooting van het kapitaal, het nut, door het totaal der kleinere renten voortgebragt, gelijk worden aan de inspanning gevorderd voor die mindere vergrooting van het kapitaal. Dit nu is vergelijkbaar met de grootere behoefte voor de leden eener maatschappij, wier zedelijke eischen tot zekere hoogte opgedreven zijn, om van de geestelijke ontwikkeling hunner medeleden te profiteren, naarmate zij zulks minder doen, of anders gezegd met de grootere behoefte aan het goede, naarmate het gebrek hiervan grooter is.

Wordt daarentegen het totaal der renten niet minder misbaar, naarmate het minder bedraagt, hetgeen te vergelijken is met het op blz. 90 gemelde geval, dat de eischen der beschaving van de maatschappij tegelijk met geestelijke ontwikkeling van derzelver leden verminderen, zoo is er geene reden waarom, na het ophouden der renteafwerping, gedurig zulke kapitalen verloren moeten gaan, en gedurig nieuwe van meet af aan vergaard moeten worden, zie blz. 85.

Schoonheid bestaat evenzeer als deugd in geschiktheid, doch, terwijl men iets deugdelijk noemt, wanneer het zekere geschiktheid bezit voor de omstandigheden waarin het verkeert, zoo noemt men daarentegen iets schoon, wanneer deszelfs deelen voor elkander geschikt zijn. Voor volmaakte deugdelijkheid wordt wel is waar dit laatste ook gevorderd, doch bij zekeren graad er van, kan van iets de geschiktheid der deelen voor elkander nog al te wenschen overlaten.

Verschillende typen van diervormen vinden wij bijv., [97]wegens de juiste harmonie der deelen, schoon, maar daar onder behoort niet de vorm der miereneters, niettegenstaande de organisatie dezer dieren geschikt is voor het vangen en opslurpen van mieren.

Dit is evenzeer het geval op zedelijk gebied. Men zegt bijv. dat een deugdzaam mensch eene schoone ziel bezit, doch het komt ons voor dat het beter is te stellen dat eene schoone ziel zulk eene is, wier eigenschappen goed met elkander overeenstemmen en voor elkander geschikt zijn. De geni|s van het kwaad, zooals Milton die geschilderd heeft, kan bijv. kwalijk de bewondering opwekken als door zekere harmonie bij zijn zedelijken aard, die wij vermeenen morele schoonheid te moeten noemen.

De werking der traagheid bij veranderlijke en dus ook bij naar de hoogte strevende wezens, moet, zooals op blz. 53 gezegd is, de harmonie en geschiktheid voor elkander bij de deelen dier wezens verbreken en deze noodwendig leelijk maken. De aap, naar het ligchaam half mensch half dier, het vogelbekdier, van vogel tot zoogdier opklimmende, een wilde met vederen op het hoofd, een knods in de hand en een pantalon met souspieds aan de beenen, kwetsen evenzeer het schoonheidsgevoel als iemand, binnen eene beschaafde maatschappij handelende, zooals dit bij de wilde stammen gebruikelijk is, het zedelijk gevoel kwetst.

Men dient wel onderscheid te maken tusschen het *schoone,* of de innerlijke harmonie van iets, het *goede,* of de geschiktheid van iets voor hetgeen waarmede het in verband is, en de verhevenheid, of het behooren van iets bij hoogere phasen van bestaan.

Zoo noemen wij bijv. eene uitmuntende geteekende mestvaalt, waarin een varken wroet, eene goede, maar geene schoone en nog veel minder eene teekening van verheven genre. De getrouwheid der afbeelding geeft deze zekere geschiktheid voor ons en maakt haar aldus [98]goed, doch eene verzameling van allerlei vuil en heterogene vodden kan kwalijk gezegd worden innerlijk harmonisch te zijn, terwijl het wroetende varken naar het grove dierlijke terugtrekt.

Wegens op blz. 64 gemelde de werking der traagheid binnen onze veranderlijke wereld, kan evenmin iets innerlijk volmaakt harmonisch zijn als precies passen voor alles waarmede het in verband komt. Bij het eene kan het eerste en bij iets anders het laatste meer het geval zijn en volmaakter zal iets zijn naarmate deugd en schoonheid beide in hoogere mate er in vereenigd zijn.

Het streven naar de hoogte van Natuur en Maatschappij maakt verder dat het schoone en goede in hoogere phasen van bestaan komen. Zoo staat bijv. de schoonheid van een insect lager dan die van een vogel, die van eene mosplant lager dan die van eene roos, die van een vogel lager dan die van een mensch, die van de kleeding en hut eener negerin lager dan die van het gewaad en woning eener beschaafde dame, niettegenstaande in elk dier gevallen de betrekkelijke schoonheid even groot kan zijn. Evenzoo is het met de deugd van zaken gelegen. Die van een spoorweg staat bijv. hooger dan die van een straatweg, die van een schietgeweer hooger dan die van een boog, die van ons burgerlijk wetboek hooger dan de burgerlijke gebruiken der Maories, die van eene fotografie hooger dan die eener silhouette, die van een gekleurd en met haren en nagemaakte oogen voorzien wassen beeld, hooger die van een bronzen beeld, niettegenstaande met betrekking tot hetgeen waarmede zij in verband zijn, elk dier zaken even goed kan voldoen.

Dit zal daarentegen, wegens de werking der traagheid, minder het geval zijn bij iets, naarmate men sneller van een lageren tot een hoogeren trap van deugd tracht te komen en van daar dat bijv. wassen poppen minder voldoen [99]dan bronzen beelden. De betrekkelijke schoonheid van zaken zal ook door de sterkte van zulk eene opklimming vermindert worden, doch ook hierbij de gevolgen dier opklimming zich nog doen gevoelen, nadat deze gekindigd is, omdat alsdan de werking der traagheid, waardoor het eene met betrekking tot het andere achterblijft, door de werking, alles wel met elkander in verband is, voor elkander geschikt trachtende te doen worden, nog niet geheel overwonnen is. Zoo zal bijv. wanneer een troep soldaten verspreid wordt, ten gevolge van zijn snellen gang, eerst zekeren tijd, nadat de voorste man stilhoudt, de troep weder opgesloten zijn, en een wilde, in eene op dezelfde hoogte van vrij groote beschaving blijvende maatschappij gebragt, nog lang te laag ontwikkeld, voor de omstandigheden waarin hij verkeert, kunnen blijven. Stelt men bij nevenstaande fig. in plaats der bovenste letter *a, a'*, zoo zullen de ordinaten der kromme *ab* voorstellen de graden van beschaving van dien wilde, zoo hij bij zijne landgenooten bleef en die der kromme *a'b'* de graden van beschaving van den kring waarin hij gebragt wordt. De kromme *ab'*, in dit geval de opklimming in beschaving van dien wilde voorstellende, zal nu de lijn *a'b'* eerst eenigzins regts van *aa'* raken.

Zoo de menschen zich direct voorgesteld hadden om het menschelijke gelaat volledig af te beelden, dan zou gewis de silhouette hen nimmer zoo goed voldaan hebben als thans de fotografie ons voldoet, terwijl, zoo zij zich tot taak stellen om zeer naauwkeurige afbeeldingen van schoone voorwerpen te maken, deze dezelfde blijvende, hunne afbeeldingen schooner moeten worden, naarmate die menschen in kunstvaardigheid toenemen. [100]

Wij vermeenen hiermede aangetoond te hebben, dat de volmaakte schoonheid en deugd niet in eene veranderlijke wereld en bij veranderlijke wezens gevonden kunnen worden en voorts dat schoonheid en deugd, onafhankelijk van derzelver betrekkelijke grootte, op zeer verschillende standpunten van alsware volstrekte grootte kunnen staan.

Op deze aarde kan de volstrekte grootte, van schoonheid en deugd, even als die der kennis der waarheid, slechts eene beperkte hoogte bereiken, en nu kunnen wij ons wel wezens voorstellen, waarbij die volstrekte grootte van schoonheid en deugd, die van al de werkelijk bestaande menschen overtreft, doch dit is slechts binnen zekere grenzen mogelijk, willen zulke wezens voor ons te begrijpen blijven. De oude Grieken stelden zich hunne goden voor als wezens, niet slechts van groote ligchamelijke, maar ook van groote morele schoonheid in den zin als op blz. 97. Dier goden absolute grootte van zedelijkheid was, toen de Grieken nog barbaarsch waren, nog vrij wel boven die dezer laatste verheven, doch later toen die Grieken, ofschoon niet zedelijker met betrekking tot de intusschen verhoogde eischen van hun zedelijk en maatschappelijk leven geworden, desniettemin in zedelijke ontwikkeling geklommen waren, konden hunne goden, als voorbeelden van het goede en verhevene, hen niet meer voldoen. Hunne godsdienst strekte toen niet langer ter opheffing hunner zedelijke ontwikkeling en daar zij voortgingen met de eischen van hun maatschappelijk bestaan te verhoogen, moesten zij deze op eene meer gebrekkige wijze gaan vervullen.

Buitendien moet (zie blz. 77) bij denkbeeldige goddelijke wezens, wier geestelijke ontwikkeling men niet beneden die van menschen stelt, er, evenals bij ons menschen, disharmonie tusschen geest en ligchaam bestaan, zoo de ligchamen, die goden toegekend, innerlijk [101]harmonisch gemaakte, of anders gezegd, verfraaide copijen van onze ligchamen zijn, en aldus, zie blz. 97, wel betrekkelijk, maar weinig of niet absoluut schooner en verhevener zijn als deze.

Dit hebben de stichters van den Islam begrepen en vandaar hun verbod om Allah, ofschoon zij dezen menschelijke denkvormen toeschreven, onder menschelijke gedaante af te beelden. Omdat het ligchaam der menschen lager staat dan hun geest, voldoet men zooveel mogelijk in het geheim aan de ligchaamsbehoeften en tracht men voor het gezigt beider disharmonie te verminderen door het ligchaam gedeeltelijk te bedekken en wel, naarmate de geest verhevener geacht wordt, door de ligchaamsvormen meer masquerende gewaden14.

De absolute grootte van deugd en schoonheid wordt niet alleen vermeerderd door de hulpmiddelen van hoogere beschaving, zie blz. 97, maar ook door het passen er van in meer verhevene spheren, in spheren waarin eene grootere geestelijke ontwikkeling als in het dagelijksche leven te huis behoort. Het er in ontmoeten der schoonheid, maakt het treden binnen zulke spheren aantrekkelijker en in zooverre kan men zeggen dat de schoonheid de menschen naar hooger opvoert. Dat zij dit steeds van zelf direct doet en afgezien van hetgeen waarbij zij opgemerkt wordt, vermeenen wij daarentegen te moeten ontkennen.

De harmonie tusschen de verschillende deelen eener zaak wordt toch teweeg gebragt doordat (zie ons werk get. Over de werking der Natuurwetten, enz., blz. 501, en het vervolg hierop, blz. 207 en 414), elk dier deelen het gemiddelde is van de overeenkomstige deelen van [102]overeenkomstige zaken, omdat bij die gemiddelden accidentele en grillige afwijkingen gemist worden.

Wanneer er nu bij zaken sprake kan zijn van hoogere en lagere vormen, zullen die bemiddelden evenmin naar de laatste als naar de eerste hellen. Zal bijv. een menschelijk ligchaam, wiens deelen, indirect dienende tot verhooging der geestelijke ontwikkeling van zijn bezitter, sterk en wiens deelen, meer bestemd voor dierlijke verrigtingen, weinig ontwikkeld zijn, schoon gevonden worden? Naar ons inzien neen.

Zijn de talen der meest beschaafde volken de zuiverste en van de regelmatigste constructie? Eigent zich fraaije stijl het beste voor het uitdrukken van diepzinnige denkbeelden, van verhevene wetenschap? Wordt de aanschouwing van den sterrenhemel, van een tal van lichtende werelden (gedurende den spreekwoordelijk leelijken nacht), bij uitnemendheid schoon gevonden? Worden de Gothische kerken schooner gevonden dan de met de weinig verhevene godsdienst der oude Grieken zoo in harmonie zijnde tempels van het oude Hellas? Op dit alles vermeenen wij dat ontkennend geantwoord moet worden.15

Dat de harmonie der deelen van tafereelen ontstaat doordat die deelen in den gemiddelden toestand verkeeren van die bij andere dergelijke tafereelen, wordt bijv. aangetoond bij die van stormen. Om het tafereel hiervan schoon te doen zijn moet toch eene bewolkte en driftige en geene heldere lucht zich boven eene onstuimige zee bevinden.

Het daarstellen van schoone gewrochten is aldus eene [103]bijzondere soort van geschiktmaken van het een voor het ander. De klejrmaker, die een rok voor iemand pas maakt, de staatsman, de constitutie van een staat zamenstellende en *Phidias* toen hij de majesteit van den Dondergod door een marmeren blok trachtte uit te drukken, zij allen doen dit; terwijl de burgerman, die den edelman nabootst en zich hierdoor belagchelijk en ongelukkig maakt, even goed aan den drang vooruitgang gehoorzaamt, als *Columbus* toen deze de Spanjaarden naar Amerika leidde en dien ten gevolge Spanje van de noodige inwoners beroofde en als iemand, die het voorvaderlijk geloof verzaakt en zijn geest te gelijk met twijfel en met philosophische bespiegelingen vult.

Dat er nu in elk dier tweede soort van gevallen een tijdelijk kwaad geboren wordt, ontstaat, zooals reeds op blz. 68 gezegd is, ten gevolge der werking der traagheid bij overgangen.

Hoe, ten gevolge hiervan, vooruitgang het schoone benadeelt, bemerkt men bijv. aan de klagten geheven over het bederven van landschappen door fabrieken, over het gemis aan schoonheid der Protestantsche eerdienst, over het ondichterlijke dat er in gelegen is om bijv. per spoorweg te *Athene* te komen enz. Zoo echter deze stad eenmaal de bloeijende hoofdplaats van een bedrijvig volk wordt, zal een spoorwegstation er evenmin misstaan als in vele oude en thans bedrijvige steden van Europa.

De neiging tot het geschikt maken van het een voor het ander kan zich veropenbaren, als teedere liefde voor bloedverwanten, die men, met opoffering van vooruitzigten, niet wil verlaten; als practisch gezond verstand, dat doelmatigheid boven theoretische volkomenheid en verhevenheid verkiest; als huisbakken bekrompenheid slechts kleine belangen trachtende te bevredigen; als lage zelfzucht slechts zoekende eigengenot in het heden te verkrijgen. [104]

De neiging tot vooruitgang kan zich daarentegen veropenbaren, als opofferende liefde voor menschheid, wetenschap en geloof; als verstandelijke bespiegeling over verhevene en duistere onderwerpen; als onpractische plannenmakerij; als dwaze nadperij van maatschappelijk hooger verheven personen.16

Het is er aldus (zie blz. 83) verre van af, dat aan den drang tot geschiktmaken en aan dien tot vooruitgang steeds op eene wijze toegegeven wordt in het welbegrepen en aldus ruim opgevatte heil der maatschappij zijnde.

Achteruitgaan en tevens het een voor het ander ongeschikt maken, doen de menschen nimmer tegen beter weten in; en, wanneer dit door hun toedoen gebeurt, vermeenen zij dat, men, door te sterk en op verkeerde wijze vooruitgegaan te zijn, de geschiktheid van het een voor het ander geschaad heeft.

Geschikt houden is in het algemeen, ofschoon niet geheel teregt, het doel der conservatieven, de vooruitgang het doel der liberalen. (Zie blz. 73.)

Tusschen het toegeven aan beiderlei soorten van drang moet eene behoorlijke en van de omstandigheden afhangende verdeeling gemaakt worden, bij het voorschrijven van zedelijke beginselen, zie blz. 83, bij het onderwijzen, zie, blz. 76, bij het voeren van strijd en het bestaan van bescherming en regeling op verschillend gebied enz.17

De drang tot geschiktwording van het een voor het andere veroorzaakt bijv. dat de aan wilde volken gepredikte Christelijke godsdienst bij hen van lieverlede verbastert, dat is wel, door hooger als deze te zijn, de [105]beelding van zulke volken wat verhoogt, maar zich te gelijk, door te dalen, op de hoogte hiervan stelt. Wel zal dan die invoering der Christelijke godsdienst bij zulke volken hunne beschaving wat verhoogen, doch die verhooging er niet alleen aan te danken zijn, dewijl er bij de rest hunner beelding (zie blz. 47) eene eigen impulsie tot verhooging bestaat.18

Bij de menschen wordt de aard hunner godsdienst bepaald door hun graad van intellectuele ontwikkeling, door de eigenaardigheden van hun karakter, den aard van het land dat zij bewonen, hunne omgeving, benevens door accidentele omstandigheden.

Van elk dezer laatste kan de invloed niet blijvende zijn, doch daar er gedurig nieuwe accidentele omstandigheden, van invloed op der menschen godsdienstbegrippen, ontstaan, zoo zal er hierbij op den duur een zeker van aard veranderend deel het gevolg van het toeval zijn.

Het in zulke deelen bevatte zal echter, even als de op blz. 22 gemelde door het toeval ontstaande afwijkingen bij de organisatie der dieren, gemiddeld ten nadeele werken, en aldus het geheel der godsdienstige begrippen van elk mensch, noch voor dezen, met betrekking tot zijne beelding gemiddeld geschikter maken, noch gemiddeld nader tot de kennis van hetgeen werkelijk op buitenzinnelijk gebied bestaat, brengen.

De invloed der omgeving baart zekere ofschoon vaak geringe gelijkenis tusschen de godsdienstige begrippen van met elkander verkeerende menschen, en op blz. 9 hebben wij aangetoond hoe deze zich in groepen splitsen, waarvan elk gezegd wordt tot zekere secte te behooren. De grootte dezer wordt, even als die der rijken, door de geographische gesteldheid der landen, het verkeer en den [106]aard der menschen, den aard der godsdiensten benevens door accidentele oorzaken (zooals bijv. accidentele grootere of kleinere gelijkvormigheid in opinie) bepaald. In het algemeen nemen zij, even als de rijken, in grootte toe naarmate de beschaving zulks doet.

Overigens brengen veranderingen bij dien invloed der omgeving der volwassen menschen, bij de godsdienstige begrippen dezer accidentele afwijkingen naar alle kanten van de godsdienstige begrippen, welke zij, zonder het bestaan dier invloeden, zouden bezitten. Deze zijn te vergelijken met die op onze daden ten gevolge der raadgevingen der menschen, waarmede wij achtervolgens te doen krijgen.

Die onderscheidene oorzaken, de accidentele uitgezonderd, bepalen de religieuze begrippen der menschen geheel onafhankelijk van de leering en daden der stichters der godsdiensten. Zoo belijden bijv. voornamelijk de Germaansche volken de Protestantsche godsdienst, wegens de hoogte waartoe hunne beelding op het einde der middeleeuwen gestegen was, benevens wegens hunnen grooteren ernst en minder zinnelijk karakter dan de Latijnsche en Slavische volken. Het deel hunner godsdienstige begrippen niet het gevolg hiervan, maar van hetgeen er buitendien van de leer der hervormers overgeleverd is, kan als iets toevallig beschouwd worden en moet van lieverlede verdwijnen.

Men bedenke toch dat, wanneer zoo iets door eene constante oorzaak wordt voortgebragt, niet enkele, maar zeer vele menschen in dien geest werkzaam zijn, zoodat, bij gemis dier enkele voorgangers, de menigte het werk verrigt, voor zooveel die arbeid levert hetgeen die constante oorzaken tot gevolg kunnen hebben.

Die arbeid der achtervolgende generatien is grooter dan men denkt en zou bijv., al hadden de stichters van het Christendom nimmer bestaan, de meer verheven begrippen [107]betreffende de betrekking van God tot de menschen, de pligten en roeping dezer enz., waardoor het Nieuwe Testament zich van het Oude Testament en van het Neoplatonisme enz. onderscheid en hooger dan deze staat, stellig voortgebragt hebben, omdat de aard en toename in geestontwikkeling der bewoners van het Romeinsche rijk tijdens het verval der Romeinsche staatsgodsdienst hiertoe leidde, maar dat die menigte tot de bijzonderheden der Christelijke dogmas, bij onstentenis der vinders dezer, zou gekomen zijn, is daarentegen zeer onwaarschijnlijk.19

Die bijzonderheden zijn aldus gewrochten van het toeval, zooals alles wat in iemands geest opkomt, gelijkslachtig is met hetgeen tot vergrooting der kennis van het menschdom kan strekken, en later niet opkomt in den geest van eene menigte andere menschen te zamen genomen, zoo al deze in dezelfde omstandigheden als hij gaan verkeeren.

De genikn, welke, door een toevalligen loop der omstandigheden, in de zending, welke zij zich opgelegd hebben, zeer goed slagen, (voorzeker de minderheid hunner) vervullen dan ook de noodzakelijke behoeften der menschheid iets eerder, maar op eene meer gebrekkige wijze, dan dit bij hun gemis later gebeurd, en het lot dier nakomelingschap hangt alzoo niet af van het broze bestaan dier enkele. Van daar ook dat zij, welke dit [108]anders begrijpen, zulke genikn als door God speciaal bestemd en bewaard achten voor zulke zendingen, een begrip onvereenigbaar met de eenvoudigheid der Natuurwetten en aldus van supranaturalistischen aard.

De bij de menschen bestaande godsdienstige begrippen, bepaald wordende deels door accidentele oorzaken, deels door dier menschen aanleg, karakter en woonplaats, aldus door dergelijke oorzaken als die der beschaving, zoo dienen die godsdienstige begrippen bij de volken van grooteren aanleg gedurende denzelfden tijd meer dan bij die van minder aanleg in ontwikkeling en verhevenheid gestegen te zijn, er op aarde te gelijk religieuse begrippen op allerlei graden van ontwikkeling te bestaan, en in het verleden ook het geval geweest zijn, maar, naarmate men in dit verleden verder achterwaarts gaat, de hoogst ontwikkelde der religieuse begrippen, gedurende elk tijdstip omhelsd, gemiddeld in verhevenheid lager te staan.

Dit is dan ook het geval, want bijv. zijn bij de Europeanen gedurende de laatste achttien eeuwen de religieuse begrippen in verhevenheid veel meer gestegen dan bij de Hottentotten en zelfs dan bij de Bedouinen, ofschoon deze gedurende dien tijd van het heidendom tot den Islam geklommen zijn. Voorts bestaan thans op aarde de geheel op wijsgeerigen grondslag berustende godsdienstbegrippen bezittende vrije Duitsche gemeenten, wilde stammen, wier godsdienst het plengen van menschenbloed voorschrijft, en volken met godsdiensten op allerlei trappen tusschen die beide ingelegen.

Gaat men in het verledene achterwaarts, zoo ontwaart men een paar eeuwen geleden als hoogste godsdienstbegrippen die van het orthodoxe protestantisme, vier eeuwen geleden, die van het catholicisme, negentien eeuwen geleden, die van het mozaosme en van het wordende neoplatonicisme.

Toen het gansche menschdom op den laagsten trap [109]van beschaving stond, was het verdeeld in eene menigte in geestelijken aanleg verschillende kleine stammen. Bij uitzondering zijn er van die stammen uitgestorven, doch meestal hebben zich, naarmate, bij verhooging hunner beelding, er meer geest van zamenwerking tusschen de menschen ontstond, zich eerst tot kleine en later tot grootere, volken gegroepeerd. Elk dier volken vormde niet altijd een staat of eene politieke eenheid, maar deszelfs leden waren door taal, zeden, wetten, godsdienst, benevens door veelvuldiger onder elkander dan met leden van andere volken gesloten huwelijken, met elkander verwant, en splitste zich somtijds, zooals bij het vormen van kolonien, in verschillende van lieverlede zich van elkander vervreemende deelen. Het bovenstaande, kan nu (zie blz. 33) voorgesteld worden door eene menigte stamboomen, sneller groeijende naarmate de aanleg der stammen of volken grooter was (somtijds zal deze, zoo als bij vermenging van hoogere met lagere rassen, den gemiddelden van die van beide geworden zijn) en dan zamengroeijende en dan zich in verschillende takken splitsende.20 De bovenste einden dier takken en stammen zullen dan de thans bestaande volken (wel te onderscheiden van staten) en de distantie dier verschillende uiteinden tot den bodem, de graden van beschaving dier volken aanduiden. Zoo nu van elk dezer de leden dezelfde godsdienstige begrippen aankleefden, zouden die takken en stammen tevens den groei dezer begrippen voorstellen. Het Britsche rijk en deszelfs kolonikn zou bijv. bevatten catholieke Ieren, angelicaansche Engelschen, presbyteriaansche Schotten, mozaosche Israklieten, mohamedaansche Maleijers, brahmmaansche Hindoes, boedhisthische Singalezen, zonvereerende Parsen enz. [110]

Het bezit van dezelfde godsdienst door verschillende dier volken zou dan niet als eene zamensmelting van derzelver stamboomen moeten beschouwd, maar meer met het bezitten van dezelfde wetten moeten vergeleken worden en de bekeering van een volk tot eene andere godsdienst, onder behoud van sporen der vorige, met het enten van buiten aangebragte wetten op oude vergelijkbaar zijn en aldus niet als eene verandering van stamboom aangemerkt moeten worden.

Die onderscheidene religieuse begrippen van volken zullen nu, even als de diersoorten, onder den invloed zijn van een drang tot geschiktwording, een drang tot vooruitgang en de werking van het toeval.

Het geschikt worden der organisatie der dieren voor hunne levensomstandigheden, benevens het geschikt worden der verschillende deelen dier organisatie voor elkander, wordt bij die religieuse begrippen der volken vervangen door het harmonisch worden derzelve met de beschaving en aard dier volken en met het goed bij elkander passen der verschillende deelen dier begrippen, zoodat zij te zamen een harmonisch geheel vormen. Die geschiktheid of betrekkelijke volmaaktheid der godsdienstige begrippen neemt aldus volstrekt niet toe met derzelver wetenschappelijke waarheid van voorstelling van hetgeen in tijd en ruimte op buitenzinnelijk gebied bestaat. Bij onbeschaafde volken moeten zij bijv. eenvoudig en zinnelijk zijn om voor hen geschikt te zijn en dit maakt bijv. dat men niet in elke omstandigheid welke ook dwalingen moet bestrijden. Hierdoor zou meer dan wenschelijk is den vooruitgang ten koste der geschiktheid begunstigd worden.

Even als bij de organisatie der dieren, bestaat er ook bij die begrippen een drang tot vooruitgang waardoor zij echter in het algemeen niet te hoog voor den graad van beschaving der volken worden, omdat hierbij ook een [111]dergelijken eigen drang tot vooruitgang bestaat, waardoor zij dan trager en dan sneller dan die begrippen zal klimmen en die godsdienstbegrippen aldus dan voor en dan achter zich zal laten. Daar echter in het eerste geval die begrippen de beschaving voor- en deze die begrippen achterwaarts tracht te trekken en omgekeerd in het tweede geval, kan beider ongelijke snelheid van vooruitgang door geene constante oorzaak in stand gehouden worden. Bij vooruitgang dier begrippen zullen echter derzelver verschillende deelen dit nimmer even sterk doen en van daar dat, naarmate zij sneller vooruitgaan, de harmonie en consequentie bij het geheel verbroken wordt. Die verandering moet dan noodwendig twist over en twijfel aan de verschillende deelen der begrippen benevens splitsing van derzelver aanhangers in verschillende rigtingen doen ontstaan. In een woord er ontstaat dan bij hen iets gebrekkigs, dat met gemis aan opsluiting en rigting van met den looppas gaande soldaten vergelijkbaar is, maar dat bij trageren voortgang dier begrippen van lieverlede moet verminderen, daar de drang tot geschiktwording van het een voor het ander, die begrippen evenzoo op gelijke hoogte tracht te stellen en voor elkander passende maakt, als het bevel tot opsluiting die soldaten bij elkander brengt.

Ook zijn die begrippen, even als de organisatie der dieren, aan de werking van accidentele oorzaken onderhevig en, terwijl bij de ligchamen der dieren die toevallige bijzonderheden, zoo als bijv. de bogchels der kameelen, door geslachtsvoortplanting van generatie tot generatie overgaan, geschiedt dit bij de toevallige bijzonderheden dier begrippen, door het onderwijs der jeugd.

Hierboven hebben wij reeds gezegd, hoe bij zeker geheel van godsdienstige begrippen de onderscheidene deelen, even als bij de organisatie dier diersoorten, op ongelijke hoogte kunnen staan, doch ook kunnen deelen [112]der organisatie van diersoorten, zonder hooger of lager dan de rest te staan, buitengemeen ontwikkeld, vervormd of gereduceerd zijn. Somtijds maakt zoo iets zulke diersoorten geschikter voor hunne levensomstandigheden, doch somtijds is het deels eene toevallige en aldus door den drang tot geschiktwording voor die levensomstandigheden van lieverlede weggenomen wordende wanstaltigheid. Evenzoo bij de godsdienstige begrippen. Zoo vindt men bijv. bij die van het oude Israel het bestaan van een volksgod zeer sterk en dat der zielsonsterfelijkheid zeer zwak uitgedrukt. In zekere mate kan dit geschikt zijn geweest voor een volk, waarbij het individu zoo sterk in het volksbestaan opging als bij de oude Israelieten, doch deels was het ook eene door het toeval ontstane wanstaltigheid, die, wel is waar, door het geloof aan eene regtvaardige vergelding der daden en geschikte rolsverdeeling gedurende dit aardsche leven, wel min of meer bedekt bleef, doch bij de latere Israelieten desniettemin van lieverlede verminderd werd. Evenzoo kan men zeggen dat het fatalisme wel min of meer eigenaardig is bij een volk van een passief en het begrip van een volstrekte wilsvrijheid bij dat van een actief karakter, doch beide stellingen zijn niettemin accidentele afwijkingen van het juiste.

De stelling, dat, wat men ook denkt of doet, eene zaak zal uitvallen zoo als dit vastgesteld is, leidt tot moedeloosheid, die, dat men eene zaak goed of slecht kan doen uitvallen, naarmate men zus of zoo verkiest te denken, tot overmoed.21 De aanhangers der absolute wilsvrijheid stellen eigenlijk dat de loop der verschijnselen oneindig zamengesteld is, zoodat zij met geene mogelijkheid te ontwarren en te voorzien is; de fatalisten daarentegen, dat de loop dier verschijnselen eenvoudiger is dan in [113]waarheid. Zij maken van de menschen alsware inerte blokken wier aaneenschakeling van denkbeelden van geen invloed is op hetgeen bij hun ligchaam door anderen waargenomen wordt plaats te hebben.

Evenals de dieren zoo handelen, dat zij van de gebreken hunner organisatie zoo min mogelijk hinder hebben, zoo verzaken de aanhangers van dergelijke eenzijdige begrippen deze grootendeels in het practische leven.

Dit is zelfs het geval bij hetgeen wel eens door de godsdienst als maatschappelijken plicht voorgesteld is. De christenleeraars vermanen bijv. niet hunne gemeenteleden aan om zich te laten vertrappen, of om te zorgen dat ieder hunner even rijk blijft. Voor de toeneming der ontwikkeling van het menschdom is het toch noodig, dat men tracht door arbeid in vermogen toe te nemen en dat men voor zelfverdediging zorg draagt. Er bestaan dan trouwens ook maar weinig christenen welke dit niet aldus opvatten en de slagtoffers worden van de naauwgezette opvatting hunner godsdienstleer.

De anatomisten hebben bevonden dat de hoofddeelen der ligchamen der dieren volgens een grondtype, bij de hoofddeelen van al de andere diersoorten terug gevonden wordende, gevormd zijn. In dergelijke gevallen verkeeren bijv. het hoofd, het hart, het zenuwstelsel, de ledematen enz. Naarmate de organisatie der diersoorten lager is, bevinden die deelen zich in een meer rudimentairen toestand en buitendien verschillen die volgens denzelfden grondtype gevormde deelen ook als derzelver organisatie ongeveer even hoog is, zooals bijv. de voorpooten van honden en de vleugels van vleermuizen.

Iets hiermede overeenkomende ontwaart men bij de verschillende godsdienstbegrippen der volken. Bij elk dezer kunnen toch die begrippen in drie deelen verdeeld worden, namelijk: 1:. die over God met of zonder ondergoden en hooger dan den mensch zijnde wezens, 2:. die [114]over de zielsonsterfelijkheid, 3:. die over het werelddoel.

Elk dezer deelen vindt men bij de godsdienstbegrippen van alle volken in meer rudimentairen toestand, naarmate die begrippen bij eene lagere geestontwikkeling passen en buitendien met elkander verschillende, wanneer zij, over het geheel genomen, op gelijke hoogte staan. Zoo staat bijv. het christelijke godsbegrip hooger dan dat der Israelieten van voor 3000 jaren, doch of het hooger staat dan het werkelijke der thans bestaande Israelieten is de vraag. In sommige opzigten misschien wel, doch in andere opzigten zal welligt het Israelitiesche godsbegrip, wegens deszelfs strenger monotheostisch karakter en het stellen dat God niet onder menschelijke gedaante kan afgebeeld worden, het in verhevenheid winnen.

In zooverre zij door het karakter, den graad van beschaving en den aard der woonplaats der volkeren bepaald worden, zullen zulke verschillen bij die godsdienst begrippen door eene constante oorzaak in stand gehouden worden, doch voor de rest zijn zij accidenteel en zullen zij, door de op blz. 20 gemelde constante oorzaak van geschiktwording van lieverlede weggenomen worden.

Naarmate de geestontwikkeling der menschen grooter is, worden die godsdienstbegrippen gemiddeld niet slechts meer verheven, maar moeten zij, naar ons inzien, ook meer bevatten van hetgeen op buitenzinnelijk gebied werkelijk bestaat, zonder evenwel, wegens de beperking welke de aard hunner woonplaats aan de vergrooting der geestontwikkeling der aardsche menschen stelt, die waarheid op dit gebied ooit geheel en zuiver te kunnen bevatten.

Zelfs bij de minst ontwikkelde menschen overtreft de bewuste aanschouwing der dingen ver die der dieren. Zij zien niet slechts dat de lucht schijnbaar een gewelf vormt, dat zon en maan daarop groote lichtende plekken en de sterren kleinere plekken vormen, dat het licht van [115]de zon komt, dat de aardbodem, bergen en dalen niet in achtgenomen, plat voorkomt, dat zon en maan het uitspansel doorloopen van horizon tot horizon, maar zien dit met bewustheid, dat is zij merken het op en prenten het in hun geest. Hoe is het nu mogelijk dat zulke door hunne zintuigen bedrogen menschen niet stellen dat de aarde plat is, dat zon en maan bewegen, dat de sterren zijn lichtende punten, vastgehecht aan het uitspansel enz.? Kunnen zij reeds dadelijk opmerken, dat de voorwerpen bij den horizon duiken, dat, naarmate voorwerpen hooger gelegen zijn, zij, wanneer men zich verplaatst, meer mede gaan, zoodat de hemelligchamen, dit in de hoogste mate doende, uiterst ver moeten liggen, neen zoo naauwkeurig kunnen zij eerst later opmerken.

Kunnen zulke menschen denken, wij zijn onbekwaam om door opmerking en redenering over den aard der hemelligchamen iets vast te stellen, wij schorten ons oordeel op? Neen zoo iets kan slechts gedaan worden, wanneer de ondervinding aangetoond heeft, dat vroeger gedane waarnemingen en daarop gebouwde begrippen onjuist zijn. De naauwkeurigheid der opmerkingen en die der daarop gebouwde redeneringen en stellingen staat tot bewuste aanschouwing der dingen in dezelfde verhouding als de organisatie der diersoorten tot de omstandigheden waarin deze verkeeren. Hoe sneller deze verhoogd zijn, hoe meer zie blz. 31 die organisatie te wenschen zal overlaten en eveneens, hoe sneller de bewuste aanschouwing der dingen zich uitbreidt, hoe meer dwaling der menschen begrippen zullen bevatten. De veranderlijkheid is aldus, wegens de werking der traagheid, bij gebrek aan tijd, evenzeer de moeder der dwaling als die der betrekkelijke onvolmaaktheid.

Zoo aldus de bewuste aanschouwing van menschen bijna steeds op eene zelfde zeer beperkte hoogte bleef, zou eindelijk dit effect der traagheid bijna vernietigd [116]moeten worden en de menschen bijv. wel van den aard en den loop der hemelligchamen zeer weinig afweten, maar daaromtrent bijna geene dwalingen aankleven. Hunne dan door geene noemenswaardige overmaat van bewuste aanschouwing alsware omhoog getrokken en alzoo bijna niet meer toenemende sterrekundige kennis zou tot die onzer hedendaagsche astronomen bijv. staan als de organisatie van een laagstaand, maar vroeger zeer traag in ontwikkeling gestegen dier, bijv. een oester, tot die van een veel hooger staand, maar sneller in ontwikkeling toegenomen dier, bijv. een paard. Even als nu, wegens die snellere ontwikkeling, de organisatie van dit dier betrekkelijk onvolmaakter is dan die van den oester, zoo zou de astronomische kennis van bovengemelde bijna niet in geestontwikkeling stijgende menschen minder dwaling dan die der hedendaagsche sterrekundigen moeten bevatten22.

Dit zal daarentegen het geval niet zijn met de kinderlijke astronomische begrippen der werkelijk bestaande of bestaan hebbende zeer onbeschaafde volken, omdat de bewuste aanschouwing der dingen bij hen niet in elk geval trager toeneemt dan bij de beschaafde volken.

In het naauwste verband met de bewuste aanschouwing staat de verbeelding. Deze rigt in der menschengeest gebouwen op, en het verstand komt later deze verbeteren, wijzigen en zelfs gedeeltelijk afbreken23. Hoe [117]grooter de verbeeldingskracht eener natie is, hoe sterker derzelver bewuste aanschouwing der dingen in uitgebreidheid zal toenemen, hoe meer dwalingen zulk eene natie zal aanhangen, maar ook hoe sneller die toename der bewuste aanschouwing de wetenschappelijke kennis zal verhoogen24. Gebrek aan verbeeldingskracht is bijv. de oorzaak dat de wetenschappelijke kennis der Chinezen zoo langzaam stijgt en tevens dat deze zoo arm aan mythen en zoo weinig bijgeloovig zijn.

Omgekeerd zal gebrek aan oordeel en kritiserend verstand maken, dat de wetenschappelijke kennis moeijelijker voortgaat, en dit de toename in uitgebreidheid der bewuste aanschouwing vertragen. Waar dit nu het geval is, zal de vooruitgang, zoo in bewuste aanschouwing als in kennis, even als in het vorige geval, traag zijn, maar, in plaats dat de laatste weinig bij de eerste ten achteren zal zijn, zoo als in het eerste geval, zal zij zulks veel zijn. Zulke volken paren een bijna stationnairen intellectuelen toestand aan rijkdom van mythen; terwijl daarentegen volken van scherp verstand en tevens van veel verbeeldingskracht, (zooals bijv. de oude Grieken) snel voorwaarts gaan in kennis en tevens rijk aan mythen zijn.

Was de bewering der Atheosten, dat alle begrippen omtrent de zielsonsterfelijkheid, het werelddoel en den oneindigen onveranderlijken geest, buiten der menschen en dieren geesten bestaande, geheel het werk der verbeelding en valsch waren, juist zoo zou der menschen verstand [118]deze niet gebaat hebben om, bouwende op de ervaring op zielkundig en ander gebied, het werk hunner verbeelding te achtervolgen en alsware te verbeteren. De middelste der drie bovengemelde gevallen zou alsdan in zeer geprononceerde mate bestaan en aldus die begrippen als werk der verbeelding slechts een lagen trap van ontwikkeling hebben kunnen bereiken, even als bijv. de organisatie van dieren, zoo deze zich hoegenaamd niet naar hoogere levensomstandigheden kunnen schikken.

Welk een verschil neemt men daarentegen waar tusschen de godsdienstige begrippen der fetischdienaars en der menschen van het steenen tijdperk en die van sommige wijsgeeren en in den jongsten tijd ook van vrijzinnige godsdienstleeraars.

Uit het voorgaande volgt, dat, naarmate de godsdienstige begrippen in verhevenheid klimmen, zij niet altijd minder dwaling zullen bevatten. Wanneer de bewuste aanschouwing het sterkste toeneemt, zullen die dwalingen gemiddeld op een maximum zijn, en, zoowel in het verledene als in de toekomst, verminderen, even als bijv. bij zeer kleine kinderen het vallen voor en na zekeren leeftijd zulks doet, en wij vermeenen dat de protestanten dit keerpunt reeds achter zich hebben.

Bleef de geestontwikkeling van een volk steeds op dezelfde hoogte en bestonden er (zie blz. 68) geene storende en verandering aanbrengende accidentele oorzaken, zoo zouden eindelijk zijne godsdienstige begrippen, door de volledige achterhaling van het werk der verbeelding door dat van het kritiserende verstand, niet alleen van (zie blz. 104) door het toeval, maar ook van door constante oorzaken, zooals zinnelijkheid, bekrompenheid enz. ontstaande dwalingen gezuiverd worden. In plaats van met dwalingen vermengde en op eene gebrekkige wijze uitgewerkte waarheden te bevatten, zouden zij slechts uit zuivere waarheden bestaan, maar deze, even [119]als, zie blz. 115, de astronomische begrippen van zulk een volk zeer rudimentair kunnen zijn25.

Bij het voorgaande moeten bij de dwalingen, door de verbeelding bij bewuste aanschouwing der dingen voortgebragt, gevoegd worden, die geboren door onzuivere redeneringen, waarmede men meent den aard der dingen op eene wetenschappelijke wijze te verklaren. Vandaar dat het maximum der dwalingen, dan niet alleen, uit wat men mythen kan noemen, bestaande, eigenlijk eenigzins later zal bestaan dan tijdens dat de bewuste aanschouwing op het sterkste toeneemt, en dat eindelijk ook de uitbreiding van het veld van bespiegeling minder nieuwe dwalingen ten gevolge zal hebben, dan er oude door de kritiek weggenomen worden26.

Onder die dwalingen, door constante oorzaken bij de godsdienstbegrippen teweeggebragt, behoort de speciale en directe goddelijke veropenbaring. Deze dwaling zal in kracht afnemen, naarmate de voorstellingen van den aard en de werking van het Opperwezen minder gebrekkig worden. Integendeel doet de met de beschaving toenemende behoefte aan godsdienst haar in kracht toenemen. Beneden zeker standpunt van ontwikkeling der godsdienstbegrippen schijnt het laatste en na dien het eerste de overhand te hebben. Hunne bewuste aanschouwing van hetgeen in de natuur voorvalt buiten de ten gevolge hunner eigen denking ontstaande handelingen en arbeid, moest de op lagen trap van geestontwikkeling staande menschen leiden om zulke voorvallen, even als hunne eigen handelingen, te stellen, het gevolg te zijn van denking, maar van denking van magtige, [120]onsterfelijke ofschoon menschelijke denkvormen bezittende wezens zie blz. 4.

Dat die Goden der wilden ons zoo weinig zedelijk voorkomen spruit hieruit voort, dat bij volken, waarbij den maatschappelijken band zeer zwak is, wat wij onregt, willekeur en wreedheid noemen, veel minder schaadt dan bij ons. De vergrooting der geestontwikkeling der individuen kan bij wilden slechts door lagere soorten van strijd geschieden en het is klaar dat zulke wilden niet hunne goden kunnen modelleren naar de behoeften van maatschappelijke toestanden ver boven de hunne verheven.

Tot het begrip van een eenigen God kunnen door eigen ontwikkeling wilden zich niet verheffen, deels omdat zij de verschillende natuurverschijnsels niet genoegzaam met elkander in verband weten te brengen, om zich een eenigen regelaar er van te denken, deels omdat zij geen eenige wijze van denking slechts Gode waardig weten te keuren. Zoodra dit laatste plaats heeft vervalt het polijtheisme, omdat het ongerijmd is om zich verscheidene wezens alle precies op dezelfde wijze denkende en handelende en aldus als volmaakt identiek voor te stellen.

Wegens die losheid der maatschappelijke banden en de slechts vijandelijke gevoelens welke wilden van verschillende stammen voor elkander koesteren, kunnen menschenoffers niet als voor hen schandelijke en zeer schadelijke gebruiken gerekend worden. Evenals toch de zijne jongen zorgvuldig opvoedende arend, andere dieren die hij magtig kan worden, rooft en moordt, zonder zijne zedelijke verpligtingen te kort te doen, evenzoo kan de wilde deze vrij wel vervullen, terwijl hij steeds vijandig optreedt tegen andere stammen en zelfs tegen andere huisgezinnen. Op hoogeren trap van beschaving en aldus van gevoel en deelneming voor de menschen in het algemeen staan bijv. gewis de protestantsche Kaapsche [121]boeren en niettemin achten deze zich jegens de Kaffers aan bijna niets gebonden en ontzeggen zij zelfs deze den naam van mensch.

Ofschoon nu de wilde, wegens de bovengemelde rede, andere waarden dan wij aan de zedelijke daden toekent, wenscht hij echter eene vergelding dier daden bepaald door de hem er aan toegekende waarde, dat is hij wenscht dat er billijkheid heersche. De menschen komen hem daartoe onvermogend voor, de goden moeten te hulp komen en wel, wegens zijne beperkt inzigt in den tijd, binnen korten tijd, of wel zij laten het onregt met het oog op een voor de menschen verborgen doel, toe.

In tweederlei opzigten werkt aldus zijn godsbegrip gunstig voor hem, primo als drijfveer tot het goede, zooals hij dit, met het oog op de eischen van zijn lagen maatschappelijke toestand, opvat, en secundo als een drang tot het hoogere, omdat hij zich zijne goden, ofschoon, wegens zijne beperkte opvatting, naar zijn model geschoeid, als hooger geestelijk ontwikkelde wezens voorstelt.

In zulk een godsbegrip bestaat er, naar ons inzien, een grond van waarheid. De billijkheid heerscht, maar niet gedurende een beperkt, maar slechts gedurende grootst eindig aantal jaren, (zie ons werk get: Over de werking der Natuurwetten op zedelijk gebied enz. blz. 131.)

Hij die het goede betracht verheft zijne zedelijke ontwikkeling en maakt zich geschikter voor hoogere levens toestanden, terwijl hij, die zich aan het kwaad overgeeft, naar lagere toestanden neigt. Het onregt bestaat, deels wegens de betrekkelijke snelle verhooging der eischen van den maatschappelijken toestand, deels wegens de werking van accidentele oorzaken en beide oorzaken strekken, zie blz. 67, ter verheffing van de geestelijke ontwikkeling der menschen, ofschoon, zooals op blz. 68 gezegd is, slechts, in zooverre zulke onregt teweegbrengende [122]accidentele omstandigheden vereenigt met andere accidentele omstandigheden beschouwd worden, zij voor zulk een doel als die geestelijke verheffing kunnen geacht worden bestemd te zijn. Desniettemin is hij, die de werking der Natuurwetten op geestelijk gebied niet nagegaan heeft, geregtigd om te zeggen, dat het bestaan van het onregt zamenhangt met een voor hem verborgen doel. Dat het opzien naar en het zich wenden tot een hooger wezen geestopheffende is, zal wel niet ontkend worden, maar bekrompen zijn de begrippen, dat zulk een wezen qualitatief niet van wijze menschen verschilt, dezelfde denkvormen als deze bezit, dat zijne werking op de menschen gelijkt op die van deze op elkander en dat men zich met hem in gemeenschap kan stellen zoo als de menschen dit onderling doen. Naar ons inzien is de gemeenschap van ons menschen met het oneindige oerwezen wel in het duister verborgen, maar veropenbaart zij zich echter hierdoor, dat de beschouwing van de stoffelijke en geestelijke wereld onzen in het bezit van zekeren aanleg zijnde geest vraagstukken ter oplossing voorstelt en ons aldus alsware vragender wijze doet leeren en ten gevolge hiervan in geestontwikkeling doet toenemen. Geheel de beschaving en wetenschap van ons geslacht en de toeneming in geestontwikkeling der menschen gedurende hun leven is hiervan het gevolg. Op blz. 56 hebben wij aangetoond, dat de verhooging der geestelijke ontwikkeling der wezens door geestinspannenden strijd geschiedt. Nu zijn hulp en bescherming zaken voorkomende bij strijd met collectieve handeling met onderlinge zamenwerking der menschen gepaard gaande en waarvan dus slechts tusschen de medestrijders onderling sprake kan zijn. Ja zelfs bij de aldus strijdende maatschappij, wordt, in het belang der toeneming van hare geestelijke ontwikkeling, bescherming en hulpbetoon beperkt. Dit zoeken van hulp en bescherming bij volksgoden, bij sommige der goden en, bij [123]hoogeren trap van beschaving, bij het eenige Opperwezen is een gevolg van het op blz. 117 gemelde vooruitloopen der werking der verbeelding. Hoe sterker de maatschappelijke banden worden, hoe sterker bij den mensch het denkbeeld van hulpbetoon, wordt, doch hij blijft ten achteren om, door middel van beredeneerde beschouwing en doorgronding der dingen, te bepalen bij wie hij hulp bij arbeid en strijd mag ondervinden om haar vruchtbaar voor zijne geestelijke ontwikkeling te doen zijn zie blz. 5527.

Tot een noemenswaardig begrip der onsterfelijkheid der ziel is de mensch eerst op een hoogeren trap van geestelijke ontwikkeling en aldus later gekomen dan tot een godsbegrip. Eerstgemeld begrip is toch niet in zulk direct verband met zijn heden als dit laatste en de onbeschaafde mensch houdt zich zeer weinig met de toekomst op. Buitendien was het gemakkelijker om zon, maan enz. bezield te achten, dan te stellen dat van den mensch iets anders dan een bewegingloos lijk kan overschieten.

Bij de wilden, die wijsheid bij verzwakte en oude en daarentegen minder geestontwikkeling bij krachtige ligchamen bezittende menschen vermeenen te vinden, onder anderen bij onze voorouders de Germanen, verkregen de dapperste en krijgshaftigste, dat is in zeker opzigt de (zie blz. 65) meest geestelijk ontwikkelde onder hen eene eereplaats in den Walhalla.

Reeds dit rudimentaire begrip der onsterfelijkheid der ziel is een bewijs hoe vroeg de mensch tot het bewustzijn komt, dat wij in dit aardsche leven wel in zekeren zin ons ligchaam verslijten, zoodat dit na volbragte taak geene reden van bestaan meer heeft, maar dat wij in geestelijk opzigt, door werken, strijden en leeren, iets [124]voor ons eigen ik bekomen, zoodat dit niet behouden blijvende, dit leven grootendeels zijn doel zou missen.

De onbeschaafde mensch is echter te beperkt van opvatting om zich een leven hier namaals voor te stellen, waarin men niet ligchamen bezit op de aardsche gelijkende en met dezelfde zintuigen als deze begiftigd, waarin niet perpetueel de menschelijke denkvormen en de menschelijke geestelijke natuur, al zij het in verhevener vorm, behouden blijven en dat elders dan boven de wolken, of in de diepte der aarde gesleten wordt.

Trouwens het bestaan van een onnoemelijk aantal werelden buiten onze aarde, waarvan de meeste tot woonplaatsen kunnen dienen van ver boven ons verheven wezens, is betrekkelijk kort geleden ontdekt en de meest gevorderde godsdiensten hebben zich nog niet op de hoogte der astronomie kunnen stellen. Evenmin hebben zij zich kunnen verheffen tot het bij sommige wijsgeeren wortelgeschoten hebbende begrip van eene reeks van toekomstige levens, waarin de gewonnen schat (namelijk de geestontwikkeling) niet alleen voor roesten bewaard of behouden, maar ook door arbeid en strijd vergroot moet worden; van eene reeks van levens, waarin van lieverlede de denkvormen van het wezen veranderen en meer gelijkslachtig met die van het oerwezen worden, totdat na een grootst eindigen tijd en grootst eindige vergrooting der geestontwikkeling, er eene volmaakte oplossing in dit oerwezen plaats grijpt.

Slechts bij het Boeddhisme wordt die eindelijke oplossing op eene twijfelachtige en gebrekkige wijze, (omdat zij plotseling geacht wordt te kunnen geschieden) aangenomen.

Bij de godsdienst der Brachmanen vindt men het zinrijke denkbeeld, dat hij, die zijne zedelijke ontwikkeling vermindert, zich voor lagere levensvormen geschikt maakt en deze deelachtig wordt, en aldus een verband tusschen [125]menschen en dieren, alsmede het begrip van preexistentie (zie later). In sommige opzigten zijn aldus die godsdiensten de christelijke vooruitgestreefd, evenals dieren, over het geheel eene lagere organisatie dan andere bezittende, in sommige opzigten hooger dan deze staan.

De mensch hecht aan het leven, zelfs dan wanneer zijn door ouderdom uitgeput ligchaam zijn naderend einde verkondigt en desniettemin voldoet het leven hem niet, terwijl noch het een noch het ander zou moeten plaats hebben, zoo het, in plaats van eene leerschool, die men op allerlei leeftijden en door allerlei toevallen kan verlaten, een goed voltooiden loopbaan, waarvan al de vruchten achterbleven, vormde.

Hoe minder dit laatste, naar aanleiding van het op blz. 83 gemelde, het geval is, naarmate bij de maatschappij de geestontwikkeling en dus ook de beschaving grooter is, hoe meer behoefte men dan aan duurzaamheid heeft, hoe meer men dan om de toekomst denkt en hiervoor leeft, in hoe scherper tegenstelling dan met die behoefte de broosheid van het leven van het ligchaam wordt en hoe inniger het bewustzijn, dat met dit ligchaam onze geestelijke ontwikkeling niet kan ten ondergaan, moet zijn. Zoo toch bij hoogere beschaving de kunst meer hulpmiddelen verschaft om het ligchaam te behoeden, is men dan ook meer verpligt om in den strijd des levens, in het streven naar hooger, op de onmetelijke vlakte der zee, in de ingewanden der aarde, bij werktuigen, bij het minste ongeval verwoesting veroorzakende, het bestaan van dit ligchaam te wagen, terwijl van den dan gedurende zijn leven meer leerende mensch de grootere geestinspanning zie bl. 72 en 84 ook vernielender op zijn ligchaam werkt. Ook met betrekking tot het werelddoel vormt de onbeschaafde mensch zich bekrompen, maar kiemen van waarheid bevattende begrippen. Zoo bijv. acht hij dieren en planten voor hem geschapen. Dit nu is (zie bl. 18) niet juist, [126]maar, wegens de uitwerking der oorzaak de mensch geschikt trachtende te maken voor de levensomstandigheden waarin hij verkeert, en de wijzigingen die hij ook, tengevolge dier oorzaak, bij sommige dier en plantensoorten heeft teweeggebragt bestaat er wel een zeker verband tusschen zijne behoeften en den aard der dieren en planten.

Ook het nederdalen van Goden op deze aarde om het menschdom in moeijelijke omstandigheden te helpen is een bekrompen denkbeeld, doch dat de waarheid bevat, dat in zulke omstandigheden er werkelijk redding komt, maar van de menschheid zelve die, geprikkeld door het ongeluk, onder inspanning en vergrooting harer geestontwikkeling de vereischte hulpmiddelen vindt en in toepassing brengt. Ook behoort tot de begrippen over het wereld-doel die, dat eene opvolging van generatien elk een leven leidende, zoo rijk aan ramp en teleurstelling als het menschelijke leven, niet steeds heeft plaats gehad, noch immer zal voortduren, maar gevolgd is op een zeer gelukkigen primitieven toestand en, na de totale nederlaag van het genie van het kwaad, eindelijk zal opgevolgd worden door een niet minder gelukkigen eindtoestand.

Bij dit begrip heeft men dan het oog gehad op een volk, dat eindelijk de anderen zal overheerschen, dan op eene godsdienst, die eindelijk het gansche menschdom onder hare banier zal brengen, dan op de menschheid, die eindelijk het godsrijk zal binnentreden28.

Laat ons thans zien in hoeverre die begrippen waarheid bevatten.

Op bl. 64 en 67 hebben wij aangegeven dat de veranderlijkheid, de voorwaarde van allen vooruitgang, wegens [127]de werking der traagheid, de bron is van alle kwaad, dwaling en onvolmaaktheid, terwijl die zelfde traagheid de voorwaarde is van alle bestendigheid. Is er nu in de wereld voor een grootst eindigen tijd eene uiterst kleine verandering ontstaan, zoo kan eerst toen er op het kwaad in eene noemenswaardige mate ontstaan en aldus het rijk van *Ahriman* geboren zijn. Zoolang echter die veranderingen zeer luttel waren, moest dit kwaad zulks ook zijn, omdat, even als een zeer traag groeijend kind gemiddeld steeds weinig uit zijne kleederen zal gegroeid zijn, de trage verandering van het eene, waarna zich het andere moet schikken, dit laatste veroorlooft om weinig achterna te komen. Toen echter die verandering sneller plaats had moesten onvolmaaktheid en kwaad grooter en aldus *Ahriman* magtiger worden, doch tegelijk, naar aanleiding van het op bl. 13 gezegde, de organische Natuur in ontwikkeling sneller dan vroeger toenemen. Stelt men echter dat, wanneer deze ontwikkeling eene zeer groote hoogte zal bereikt hebben, de veranderingen weder trager gaan geschieden, zoo zal alsdan het kwaad weder afnemen, om bijna niet meer te bestaan wanneer na een uiterst langen tijd die verandering weder uiterst luttel geworden is.

Na eene eeuwigheid moet dan *Ormuzd* weder alleen heerschen, doch er dit verschil met den toestand in het eeuwig verleden aanwezig bestaan, dat toen die ontwikkeling nul en nu oneindig groot is. Op deze aarde is echter zoo iets onmogelijk, wegens de gedurige verandering van in geestontwikkeling toenemende individuen, zie bl. 82. Dit systema vindt men bij het *Parsisme* op eene wel is waar gebrekkige en kinderlijke wijze ontwikkeld, doch het doet dit in zoo verre staan boven het christendom, dat met eeuwige straffen in de hel dreigt, niettegenstaande de oorzaak, het eene voor het andere geschikt trachtende te maken, bij een constanten toestand der hel, onmogelijk de verdoemden [128]gedurende eene eeuwigheid onvoldaan kan laten.

Een slecht mensch is iemand sterk ten achteren zijnde betrekkelijk de zedelijke eischen van zijn bestaan, (zoodat slechtheid niet de tegenstelling van deugdzaamheid in het algemeen, maar slechts van die met offers gepaard gaande, is). Deze eischen trekken hem opwaarts en, ofschoon zoo iemand gedrongen wordt naar wijzen van bestaan waarbij die eischen lager zijn, zoo gaan gemiddeld toch die lagere eischen ook opwaarts. Zoo zal b.v. een verspilziek beschaafd man wel matroos of soldaat kunnen worden, betrekkingen waarin men met weinig zorg voor de toekomst kan volstaan, doch ook de matrozen en soldaten moeten, naarmate de beschaving klimt, aan hoogere maatschappelijke eischen voldoen. Stijgen nu deze eischen zeer weinig, zoo moet klaarblijkelijk een slecht mensch minder betrekkelijk die eischen ten achteren geraken en aldus betrekkelijk minder slecht worden, en, wanneer die eischen gedurende uiterst langen tijd bijna niet vooruitgegaan zijn, niet meer noemenswaardig slecht zijn. Hiertegen zal men aanvoeren dat zijne finale trap van oneindige ontwikkeling dan kleiner moet zijn dan bijv. die van een steeds braaf mensch, doch een ieder, in de hoogere wiskunde ervaren, weet dat oneindige grootheden zelfs oneindig veel met elkander kunnen verschillen, en dat eene kromme lijn steeds minder en minder boven de abcissen as kan stijgen en niettemin bij oneindig groote abcissen er oneindig hoog boven verheven kan zijn.

Naarmate de beschaving stijgt, hechten de menschen meer aan hunne godsdienstbegrippen, doch begrijpen zij tevens beter dat die begrippen hen niet direct op goddelijke wijze geopenbaard zijn. Heeft nu, gedurende de toeneming in ontwikkeling dier begrippen, eerst het eerste en later het tweede de overhand, zoo zal bij zekere graad van ontwikkeling dier begrippen, (evenwel nog al veel [129]uiteen loopende, naarmate van den aard dezer) het toekennen van goddelijk gezag aan de godsdienstbegrippen op een maximum van sterkte zijn.

Bij elk volk vindt men individuen, zoo wegens opvoeding als wegens ouderdom, op zeer verschillende trappen van geestontwikkeling staande. Ofschoon nu hierin de lage klassen en de kinderen bij beschaafde volken op gelijke hoogte als de volwassenen onder de hooge standen bij minder beschaafde volken kunnen gerekend worden te staan, is dit niet het geval voor elk deel dier geestontwikkeling. Bij sommige deelen hiervan zullen die hooge standen bij minder beschaafde volken, omdat zij de andere standen moeten overheerschen, hooger dan bij ons de lage standen en bij andere deelen dier geestontwikkeling, omdat zij het onderrigt van meer beschaafde menschen dan zij missen, lager dan deze staan. Men kan echter niet zeggen dat hierdoor, zoo bij de hooge standen der minder beschaafde als bij de lage standen der meer beschaafde volken, het harmonische verband tusschen de deelen hunner geestontwikkeling verbroken is. Zij verkeeren toch in verschillende omstandigheden, even als bijv. de groote gras en kruidenetende en de kleine vleeschetende zoogdieren, die insgelijks niet quantitatief maar wel qualitatief met elkander in geestontwikkeling verschillen. Zie blz. 38.

Desniettemin moet bijv. de volksklasse lagere en meer kinderlijke godsdienstige begrippen dan de meer beschaafde klasse bezitten, zonder dat zij daarom bij gene meer dan bij deze, met die, zooals op blz. 104 gezegd is, door het toeval ontstane begrippen vermengd zijn. De geschiedenis leert dan ook dat bij sommige volken hiervoor welligt (in tegenoverstelling van bij ons) zelfs in te sterke mate gezorgd werd, doch men moet niet hieruit besluiten dat het oningewijd blijven der volksklassen in de mysterikn der godsdienst niet voornamelijk tot oorzaak [130]had de onvatbaarheid dier volksklassen om die mysterikn te begrijpen.

Wanneer menschen betrekkelijk anderen in kennis van iets toenemen, oefenen zij te weinig gezag uit en willen zij anderen te veel van hunne verkregen kennis mededeelen, en, wanneer hunne superioriteit vermindert, heeft het omgekeerde plaats.

Bij het harmonisch zijn der verschillende takken van het weten, gelooft men met betrekking tot het godsdienstige aan hetgeen men, krachtens de ervaring (die op zielkundig gebied er onder begrijpende) krachtens op die ervaring gebouwde redeneringen en krachten historische gronden en inspiratie, zeker vermeent te weten. Wanneer echter de harmonie tusschen de verschillends takken van het weten verbroken is, ontdekt men bij het licht der verst gevorderde wetenschap, dat de juistheid der minder gevorderde geen onderzoek meer kan verdragen, en wordt niettemin het geloof aan die juistheid als iets noodzakelijk voor den mensch beschouwd, zoo wordt er een anderen grondslag dan eene vermeende indirect op ervaring gegronde overtuiging aan gegeven. Dit gebrek aan harmonie tusschen de verschillende takken van wetenschap, wegens derzelver ongelijken vooruitgang zie blz. 133, benadeelt den phylosophischen geest, leidende om die verschillende wetenschappen in verband met elkander te beschouwen en maakt thans dat velen in hun geest eene scheiding maken tusschen wetenschap en godsdienstig geloof en dezelfde scheiding bij het onderwijs der jeugd verlangen.

De primaire verbetering van zulk een vicieusen toestand, kan slechts geschieden door het achterhalen, of althans door het meer nabij achtervolgen der meest gevorderde takken van weten door de minder gevorderde, doch als secundaire verbetering is het welligt het beste, zoo men teregt het onderwijs der jeugd de wereld en [131]levensbeschouwing niet verbannen wil, er zeer bescheiden mede te zijn en de zaak zoo te middelen, dat de gematigden, namelijk het gros, wanneer zij die levens en wereldbeschouwing der school niet te veel op den keper beschouwen, er mede kunnen instemmen. Van de uiterste partijen, namelijk de sterkste, maar in scheve rigting geavanceerde, die der materialistische pantheisten en de achterlijkste, die der stijf orthodoxen, moeten de godsdienstige overtuigingen dan maar ongekerbiedigd blijven. Trouwens zij, welke tot de uiterste politieke partijen behooren, moeten bij gemeenschappelijke handeling van een gemengd publiek zich evenzeer gekwetst gevoelen. Dit gebrek is (zie bl. 73) het gevolg der sterkte der toeneming der maatschappelijke ontwikkeling en zal even goed verminderen als deze toeneming geringer wordt, als dat een troep soldaten bij vertraagden gang beter opgesloten zal raken.

Zoolang de voorste verwisseld wordende manschappen van den troep sneller loopen dan het gros, zullen zij meer verspreid en verder van dit gros verwijderd zijn dan de achterste manschappen, doch het omgekeerde plaats hebben, wanneer zij naderhand trager dan deze loopen. Evenzoo zullen, zoolang van de beschaafde klasse, zij die geavanceerde begrippen koesteren, sneller vooruitgaan dan het gros dier klasse zij slechts, enkelen zijn betrekkelijk ver van dit gros verwijderd (zooals bijv. de wijsgeeren) doch kunnen zij eenmaal hier op aarde weinig verder voorwaarts gaan, het gros bij hen komen en de achterblijvende uit enkele verspreide personen bestaan. Het voorwaarts gaan bij nevenst. fig. van *a* naar *d* gerekend wordende te geschieden, zoo zal de digtheid van groepering bij de gelijktijdig bestaande trappen van vooruitgang in het eerste geval door de ordinaten der kromme *abd* en in [132]het laatste geval door de ordinaten der kromme *acd* aangegeven worden. Onderdrukking der uiting van denkbeelden, van die van het gros verschillende, ter bevordering van eenheid en aldus ter daarstelling van geschiktheid in zekeren zin, zal (behoudens de vertraging van den vooruitgang door het onderdrukken van den intellectuelen strijd) in het eerste geval bij gemiddeld al de individuen van bovengemelde beschaafde klasse tot trageren en in het tweede (zooals bijv. bij het opdringen van het christendom aan verschillende heidensche stammen door *Karel den Grooten*) tot snelleren vooruitgang leiden.

Het gros kleeft de het meeste prestige bezittende denkbeelden aan. Dit prestige van iets is gemiddeld het gevolg van deszelfs voortreffelijkheid met betrekking tot de behoeften der menschen gedurende zeker tijdvak, doch, wegens de werking der traagheid, is het op het grootste wanneer die voortreffelijkheid reeds aan het verminderen is. Het belemmert aldus den vooruitgang, maar bevorderd de geschiktheid, daar het wel eenigzins verouderde, maar niettemin nog veel goeds bezittende zaken sterker in de maatschappij doet wortelen en deze als ware, zie blz. 72 op een beteren weg trager voorwaarts doet schrijden.

Even als dwang gaat het prestige den intellectuelen strijd tegen en maakt, door dien dwang aan zich dienstbaar te doen worden, dat deze gemiddeld meer de uiting der geavanceerde dan die der verachterde denkbeelden onderdrukt. Zelfs in het geval dat (zie bl. 83) de maatschappij bij de achtervolgende generatien niet meer in beschaving toeneemt, zal bij de individuen er verschil in opinie bestaan en den hierdoor verwekten intellectuelen strijd den vooruitgang dier individuen gedurende hun leven bevorderen. Deze zal daarentegen, ten bate der geschiktheid, door geen leed teweeg brengende dwang tegen gegaan worden, want alle soort van dwang schept [133]evenmin geschiktere levensomstandigheden voor de individuen, als (zie bl. 56) alle soort van strijd ten beste van hun vooruitgang strekt.

Bestaat er eene oorzaak, waardoor in een staat eene meerderheid en eene minderheid tegenstrijdige belangen hebben, zoo zal, wanneer elk hunner toegeeft in omgekeerde reden van derzelver sterkte, de drang van beide zijden even sterk zijn, er als ware een evenwigtstoestand ontstaan en de oorzaak, het een voor het ander geschikt makende, zoowel de grieven der minderheid als die der meerderheid van lieverlede doen verdwijnen. Veranderingen van omstandigheden, waardoor er nieuwen strijd tusschen de belangen ontstaat en de trage werking dier oorzaak van geschiktmaking zijn hierbij de oorzaken van grieven en tweespalt.

De oorzaak, waardoor gemiddeld de godsdienstbegrippen der volken eenigzins ten achteren zijn betrekkelijk hunne andere wetenschappelijke kennis, ontstaat doordat het verstand moeijelijk in het gebied van het buitenzinnelijke kan dringen, en de godsdienstbegrippen voor een grooter deel op buitenzinnelijke zaken betrekking hebben dan bijv. de begrippen over de scheikunde, geologie enz.

Dit is echter het gevolg der toeneming onzer geestelijke ontwikkeling en is vergelijkbaar met de afstanden tusschen de op bl. 131 gemelde soldaten ontstaande, zoo sommige hunner op moeijelijker paden dan de andere loopen. Hoe harder zulk een troep dan gemiddeld loopt, hoe verder die soldaten uiteen zullen geraken, niettegenstaande het bevel tot opsluiting, dat te vergelijken is met de neiging der verschillende takken van weten om zich op dezelfde hoogte te stellen en aldus voor elkander geschikt te worden.

Zoo echter de voorste manschappen van lieverlede langzamer gaan loopen, zullen de achterblijvende hen [134]steeds meer naderen en eindelijk, wanneer alles stilstaan, de troep volmaakt opgesloten zijn. Evenzoo zou dit met der menschen verschillende takken van weten moeten gaan bij wezens slechts voor eene eindige ontwikkeling vatbaar. Hunne meest gevorderde tak van weten zou zich eindelijk niet verder ontwikkelen en de andere van lieverlede zich op eene zelfde lijn er mede stellen, omdat, waar de vooruitgang opgehouden is, de disharmonie eindelijk ook verdwijnen moet.

Zoo echter het pad voor de achterblijvende manschappen voorbij zekere plaats van den weg wat gemakkelijker wordt, ofschoon nog steeds moeijelijker blijvende dan voor de voorste manschappen, zal hunne distantie verminderen en dit eveneens het geval kunnen zijn met der geesten verschillende takken van weten gedurende toekomstige wijze van bestaan.

De practische hulpmiddelen der wetenschap zijn bij de eischen van het in ontwikkeling toenemende maatschappelijke leven gemiddeld ten achteren. Toen bijv. *Columbus* naar de West-Indik toog, liet zijne kennis van het aardmagnetismus hem in den steek, de mijnwerkers zouden wel wat meer van den geologischen toestand der aardkorst en de schippers van de meteorologie wenschen te weten. Trouwens de vooruitgang van het practische deel der wetenschappen ontstaat gemiddeld ten gevolge der behoefte hieraan en slechts bij uitzondering zullen practische hulpmiddelen der wetenschap te verheven voor de maatschappelijke behoefte zijn, want het tijdelijk verzuimen van kortelings verkregen hulpmiddelen der wetenschap, wegens de ongewoonte hieraan, mag niet als het werkelijk er voor te laag zijn dier behoeften aangemerkt worden. Zulke verkregen hulpmiddelen komen overeen met die te laat voor de maatschappelijke behoeften ingevoerde instellingen, waaraan men zich moet gewennen, zoodat in een opzigt men hierbij [135]eene zaak reeds vroeger noodig zou gehad hebben en in een ander opzigt nog niet op hare hoogte gekomen is.

Eigen vooruitgang bij de practische hulpmiddelen der wetenschap noopt de eischen van het maatschappelijke leven, voor zoo verre zij met die hulpmiddelen in verband staan, hooger te worden. Zoo bijv. heeft de uitvinding van het kompas gemaakt dat men wat eerder verre zeereizen is gaan ondernemen, en zal bijv. de vergrooting der vleugels van vogels deze hooger doen vliegen. Dit maakt echter slechts dat hetgeen men, om aan de eischen van iets te voldoen noodig heeft, hierbij minder ten achteren blijft, terwijl beide evensnel en wat sneller, dan bij het gemis van den eigen vooruitgang, van het eerstgemelde, voorwaarts gaan. Dit bijv. voorstellende door eene schuit, zoo zal die eigen voortgang vergelijkbaar zijn met roeijen, waardoor die schuit, bij wat snelleren gang dan anders, minder ver achter het jaagpaard zal liggen, zoo het hiermede verbonden is door eene elastieke treklijn. Dit jaagpaard komt dan in de plaats van dit iets aan wiens eischen behoort voldaan te worden en de zamentrekkende werking bij de elastieke treklijn met den drang tot geschiktwording van het een voor het ander.

In dezelfde verhouding als zulke hulpmiddelen, betrekkelijk de eischen van het een of ander bedrijf, staan de godsdiensten betrekkelijk de eischen van het geestelijke leven van den mensch. Deze vorderen verklaringen betreffende het werelddoel, de bestemming van den mensch en het Opperwezen, verklaringen bij elke hoogte dier eischen met betrekking tot deze in geene voldoende mate te geven.

Nu kan het wel zijn dat, evenmin als een schipper inziet, dat bijv. de bemesting der akkers niet aan de eischen van den landbouw voldoet, menschen van geringe geestontwikkeling met betrekking tot de maatschappij [136]waarin zij verkeeren, dit onvoldoende der godsdienstbegrippen dier maatschappij niet bemerken. Dit echter bewijst slechts dat zij een oppervlakkigen blik in het leven slaan, of wel met sterke veroordeelen behebt zijn, en van hen is dan ook geene bevordering van den vooruitgang dier begrippen te verwachten.

Zoo eenmaal de eischen der beschaving niet meer toenemen moeten de hulpmiddelen der wetenschap op de hoogte der behoefte er aan komen, doch ook dan zullen zij er slechts gebrekkig aan voldoen. Veel komt het toch aan op de aanwending dier hulpmiddelen, en deze zal door de, wegens hun kortstondig en veranderlijk leven, slechts gebrekkig iets leerende menschen nimmer volmaakt goed geschieden.

Welke hulpmiddelen men bijv. verzint om schipbreuken bij de zeevaart te beletten, de niet volkomene ervarenheid der bemanningen zal maken, dat er steeds op zee ongelukken zullen plaats hebben.

De groote verschillen bij en den accidentelen aard der omstandigheden, waarin er behoefte aan het aanwenden van zulke hulpmiddelen bestaat, verhindert ook het steeds voldoen hiervan. Dit gaat ook door voor menschen, zoodat, om deze in zekeren werkkring beter te doen voldoen, men hen in zoo min mogelijk varikrende omstandigheden moet plaatsen, iets dat bijv. gedaan wordt bij de verdeeling van den arbeid. Ten bate der geschiktheid wordt door die verdeeling den vooruitgang der individuen geschaad, want hoe nadeelig hiervoor is het veroordeelen van menschen tot steeds denzelfden arbeid is gemakkelijk na te gaan.

Hoe hooger de graad van beschaving is, hoe meer, naar aanleiding van het op bl. 83 gemelde, het individu in kennis in den algemeensten zin en dus ook in die van ambachten ten achteren zal staan betrekkelijk de gansche Maatschappij en zulk een toenemende euvel zal slechts [137]door versterking der werkverdeeling kunnen getemperd worden.

Die verdeeling van den arbeid is, naarmate de staten grooter werden, ook bij de legers en regeringen meer ingevoerd. Zij baart verschil in rangen, autoriteit en discipline en strekt ter verhooging der maatschappelijke beschaving, voor zooverre deze door de zamenwerking der individuen bevorderd wordt, doch belemmert daarentegen die verhooging, voor zooverre deze de vrucht der vrije en veelzijdige werking der individuen is. Vandaar dat bij toeneming der beschaving wel de willekeur vermindert, maar, noch de vrijheid, noch de gelijkheid der individuen grooter worden.

Leeren veronderstelt iets nieuws doen op eene gebrekkige wijze, terwijl men op de beste wijze iets zal doen en aldus op het meeste practisch nuttig zijn, wanneer men iets, waarmede men bekend is, verrigt. Vandaar dat de menschen het meeste practisch nuttig zouden zijn, zoo zij steeds op deze aarde voortleefden en niet door leeren in geestontwikkeling toenamen, zoodat zij zonder vermoeijende inspanning werkzaam en, voor de eischen van hun bestaan en de omstandigheden waarin zij verkeerden, volmaakt geschikt waren.

Op bl. 134 hebben wij gezegd, dat der menschen kennis niet op de hoogte is der behoeften der maatschappij en toch zullen de menschen meer kennis moeten trachten te bekomen dan die, waarvan zij in de praktijk voordeel kunnen trekken. Dit nu is het geval, omdat de wetenschap, zoo lang zij in ontwikkeling toeneemt, bij elken graad hiervan slechts gedeeltelijk voor practische toepassing vatbaar is, en alzoo hiertusschen en de ontwikkeling der wetenschap dezelfde verhouding en wederkeerige neiging tot gelijkwording bestaat als op bl. 64 voor den geest en het ligchaam is aangegeven.

Evenzoo is het gelegen met de intellectuele ontwikkeling [138]der menschen in het algemeen, benevens met hunne zedelijke ontwikkeling. Bij het gebruik dat zij hiervan in de praktijk maken, vervullen zij slechts gebrekkig de eischen van het maatschappelijke leven, en desniettemin kunnen zij, noch hunne intellectuele, noch hunne zedelijke ontwikkeling hier op aarde geheel ten nutte van anderen als van zich zelf benuttigen. Men treft hierbij aldus tegelijk aan gebrek en overvloed, even als bij de kinderen, welke niet genoeg weten voor de eischen van het leven als kind en desniettemin met zaken bekend zijn, waarvan zij als kind nog geen partij kunnen trekken.

Bleven dezelfde menschen steeds op aarde voortleven, zoo zouden zij, door in geestelijke ontwikkeling niet meer toe te nemen, die ontwikkeling door de practisch nuttige aanwending er van doen inhalen (iets dat gedurende hun beperkt leven in geestontwikkeling veranderende wezens daarentegen niet kunnen doen) en de stilstand dier ontwikkeling bij een hoogeren graad er van invallen, naarmate zij later besloten enkel voor het practisch nuttige te leven.

Dit zou eveneens het geval zijn bij elke generatie, zoo deze geen onderwijs van de vorige generatie verkreeg en niet in geestontwikkeling toenam en aldus zoo elk harer van de geboorte af enkel voor het practisch nuttige geleefd had, er op deze aarde geen hoogere wezens dan infusiediertjes bestaan, zie blz. 30.

Bij het wel bestaan van zulk een onderwijs, zou de stelregel, om zich tot het practisch nuttige te bepalen, de opvolgende generatien in geestontwikkeling trapsgewijze doen dalen. Zoo toch een dezer het onderwijs der volgende enkel tot het practisch nuttige bepaalde, zou deze in geestontwikkeling en beschaving voor hare voorgangster wat onder doen en hierdoor het veld van het practisch nuttige bij haar wat kleiner dan bij gene zijn. [139]

Men zal toch toegeven, dat de grootte van het veld van het practisch nuttige afhangt van den graad van geestontwikkeling en beschaving, zoodat bijv. een wilde onze industrikle kennis, onzen eerbied voor wetten en voorschriften even gevoegelijk kan missen als de zonderling *Diogenes* een nap om uit te drinken.

Die volgende generatie zou nu, door zich, bij het onderwijs van het op haar volgende geslacht, tot het voor haar zelf practisch nuttig geoordeeldc te willen bepalen, deze minder leeren dan zij zelf geleerd zou hebben en dit bij elke nieuwe generatie zoo voortgaan.

Zoo iets is wel is waar in strijd met de geestelijke natuur van den mensch, doch niet onmogelijk is het dat elke generatie, bij het onderwijzen der volgende, zoo weinig buiten de grenzen van het practisch nuttige treedt, dat elke generatie aan de volgende niet meer leert dan zij geleerd heeft, iets dat bijv. thans in *China* het geval is en zamenhangt met den eerbied der Chinezen voor de voorvaderlijke overleveringen. Hoe meer de beschaving bij de opvolgende householdratikn toeneemt, hoe meer het onderwijs van elk dezer de grenzen van het practisch nuttige zal overschrijden, terwijl dit insgelijks het geval moet zijn, bij het even groot blijven dier beschaving, naarmate, deze grooter is, omdat als dan die individuen van elke generatie, op zich zelve beschouwd, gedurende hun leven sneller in geestontwikkeling toenemen.29

De menschen trachten steeds hulpmiddelen uit te vinden [140]om den arbeid te verrigten, anders met wejrzin door menschen verrigt moetende worden. Daar echter, naarmate de beschaving stijgt, elk individu meer arbeid vereischende producten verbruikt, zoo zullen, wegens de werking der traagheid, die hulpmiddelen, menschelijken arbeid uitsparende, steeds wat te kort schieten. Van den anderen kant zouden onbeschaafden weinig arbeid vereischende producten consumerende volken te veel ledigen tijd hebben, zoo het mogelijk was, dat zij over de hulpmiddelen van beschaafde volken ter besparing van menschelijken arbeid konden beschikken. Bij de beschaafde standen gebruikt men zelfs somtijds ter beschikking staande hulpmiddelen, bestemd ter verkrijging van het gewenschte met minder menschelijken arbeid, niet en geeft men aan in zeker opzigt meer primitieve middelen de voorkeur, ten einde gemis aan ligchaamsbeweging en aan vaardigheid in den wapenhandel te voorkomen. Dit is bijv. het geval bij het verkrijgen van wild door middel der jagt, terwijl de fokkerijen met veel minder arbeid evenveel wildbraad kunnen opleveren.

Onze geperfectionneerde wapens zouden bijv. ongeschikt en alsware te machinaal voor wilden zijn. Naar gelang toch wapens meer primitief zijn, vereischen zij meer kracht en behendigheid, aldus eene grootere mate van hetgeen wij op bl. 66 eene lage soort van geestontwikkeling genoemd hebben om goed behandeld te worden, waarvoor men slechts het gebruik van een slinger met dat van een revolver te vergelijken heeft. Eenvoudige wapens, ofschoon zie blz. 134 wat minder primitief dan die welke zij zelf hebben uitgevonden, zijn aldus geschikter voor wilden, die veel tijd aan ligchaamsoefeningen en aan den wapenhandel kunnen wijden en bij wie het oorlogen op eene kleine schaal geschiedt, maar veel tijd mag wegnemen.

Bleef in het beschaafde deel van Europa de beschaving [141]van heden af stationnair, zoo zou men er zoo lang voortgaan met het verbeteren der middelen van communicatie, als men meenen zou te veel tijd en inspanning voor het reizen te besteden, maar na dien niet meer. De menschen zullen hunne woonplaatsen zoo verleggen, dat, waar bijv. wegens den aard van het terrein, die uitbreiding en volmaking der middelen van communicatie, kosten zouden veroorzaken overtreffende de baten door het meerdere gemak en den meerderen spoed bij het reizen opgeleverd, zij minder en met minder spoed behoeven te reizen en aldus meer primitieve middelen van communicatie voldoende zijn.

Van daar, dat het onraadzame van den aanleg van eenig middel van communicatie, zoo de directe en indirecte baten niet tegen de kosten opwegen, slechts een tijdelijk verschijnsel zal zijn, omdat de menschen aldaar van lieverlede meer zullen gaan wonen en die baten doen stijgen.

Hierbij moet men echter stellen, dat er van lieverlede een nadien niet meer veranderenden toestand ontstaat, want blijft deze veranderlijk, zoo zal, zooals wij meermalen gezegd hebben, het een nimmer steeds voor het ander geschikt kunnen blijven.

De meer primitieve middelen van vervoer vereischen meer bedrevenheid bij de reizigers dan de meer geperfectionneerde. Zij die bijv. hun talent in de stuurmanskunst willen toonen, maken niet van stoom- maar van zeiljagten gebruik. Buitendien zijn zij voor de reizigers leerzamer, meer herinneringen opleverend en minder enkel verplaatsend. Weet men aldus van den tijd en van het geld, die, bij het gebruik van (zie blz. 97) meer verheven middelen van vervoer gespaard blijven, geen gebruik te maken, zoo verdient eene meer primitieve wijze van reizen de voorkeur. Dit een en ander is niet in strijd met hetgeen wij op blz. 46 gezegd hebben, dat namelijk bij de dieren [142]het bezit van meer geperfectionneerde wapens meer geestontwikkeling bij hen vereischt, want dit laatste is bij de (hetgeen de dieren niet doen) in de maatschappij zamenwerkende menschen evenzeer het geval, edoch bij de vervaardigers en niet bij de gebruikers dier wapens. Het bestaan dezer vordert bij de maatschappij en somtijds ook bij die hen behandelen, in mindere mate, zie blz. 66 lagere, doch in sterkere mate hoogere soorten van geestontwikkeling (namelijk zulke welke minder het ligchaam vaardig maken) dan de meer primitieve wapens. [143]

1 Het kwaad, door zulke kortstondige accidentele veranderingen teweeg gebragt, kan vergeleken worden met de zwarigheden ondervonden door een fabriekant, wiens klandisie onregelmatig toe- en afneemt. Wegens de werking der traagheid, zal hij toch zijne fabriek niet steeds bij tijds daarna kunnen inrigten. Al het kwaad, zoowel het zedelijke als het stoffelijke, heeft nu denzelfden oorsprong als de zwarigheden in tijden van overgang ondervonden wordende.

2 Zoo kan iemand, ter bevordering zijner gezondheid, veel beweging nemen, zonder dat daarvan elk dier bewegingen met andere zaken in verband, de bevordering der gezondheid tot doel heeft en hierdoor geregtvaardigd wordt.

3 Gemiddeld zullen (zie blz.52) de regeringsvormen wat ten achteren zijn met betrekking tot de eischen der maatschappij, en desniettemin de individuen, omdat deze, wegens de werking der traagheid, gebrekkig aan de maatschappelijke eischen voldoen, zelfs aan die hunner regeringsvormen niet geheel voldoen.

4 Krankzinnigheid is aldus eene zijwaartsche afwijking der gewone geestelijke ontwikkeling; terwijl slechtheid eene achterwaartsche afwijking der zedelijke ontwikkeling is.

5 Die wijsgeer verklaarde dit echter door ongelijke daling van de verschillende deelen der menschennatuur na Adams val.

6 Wij ontkennen echter niet, dat daar, wegens de, (zie blz. 72), de geestontwikkeling verlagende werking van het ligchaam, zekere inspanning noodig is, om de geestelijke ontwikkeling niet te doen verminderen, gebrek aan oefening, deels door den toestand van hun ligchaam te weeg gebragt, zulk eene vermindering, ofschoon, minder dan men waant, bij grijsaards te weeg kan brengen.

7 Daar de directe werking van het ligchaam op den geest de ontwikkeling hiervan tracht te verminderen, zoo kan het zelfs zijn, dat, zelfs bij afnemende eischen der beschaving, die werking van dat ligchaam de geestontwikkeling nog te laag voor die eischen tracht te houden.

8 Men spreekt veel van onzalige twisten over eenige belangrijke zaak. Is onverschilligheid er voor dan beter? Het kwaad bestaat in de verkeerde wijze waarop men twist, namelijk dat men de ooren sluit voor de argumenten der tegenpartij, en aldus van den strijd weinig partij trekt.

9 Over de werking dier Natuurwet is in de beide op het titelblad van dit geschrift gemelde werken in het breede gehandeld.

10 Van daar dat, bij gelijke beschaving en behoeften de productie in vruchtbare, warme landen grooter is dan in koude streken. In deze stijgt de beschaving eerst trager dan in gene, omdat het verspreid zijn der bewoners der koude landen, derzelver zamenwerking tegengaat, doch later heeft het omgekeerde plaats, omdat in die koude landen de behoeften grooter zijn.

11 Naar gelang de geestontwikkeling grooter is, zal er absoluut meer inspanning gevorderd worden, om haar bij de achtervolgende generatikn constant te houden, zie hierover blz. 83.

12 Die indirecte werking van het ligchaam op den geest, zooals bijv. door het spraakvermogen, bestaat slechts dan wanneer de graad van ontwikkeling van den geest hooger dan die van het ligchaam is, en wel in sterkere mate, naar gelang beide meer in hoogte verschillen. Zij maakt die verheffing van den geest boven het ligchaam gemakkelijker en daar zij afneemt, wanneer gene dit ligchaam in graad van ontwikkeling nadert, belet zij niet dit den geest (zoo hierbij geene verheffende werking bestaat), naar zich toe te halen.

Die indirecte werking van het ligchaam kan vergeleken worden met iets bij de derde winding van de in noot blz. 94 gemelde veer, waardoor naarmate de windingen verder van elkander gelegen zijn, de persoon, die de veer spant, meer kracht kan uitoefenen.

Ook de onbewerktuigde aarde oefent eene dergelijke indirecte werking uit door het veld van bewuste aanschouwing en door de hulpmiddelen, ten bate van kunst en wetenschap, er door opgeleverd.

13 Deze verschillende zaken kan men vergelijken met massa bezittende windingen van eene met de as horizontaal gestelde spiraalveer. Is deze ontspannen, zoo liggen al de windingen tegen elkander, maar trekt men aan de voorste winding (met de eischen van het maatschappelijke en zedelijke leven vergelijkbaar), zoo zullen de andere windingen, wegens de werking der traagheid bij derzelver massas, betrekkelijk de voorste eenigzins ten achteren zijn. Bevestigt men daarentegen de achterste winding (vergelijkbaar met de onbewerktuigde aarde) ergens aan vast, zoo zullen de windingen verder van elkander komen, naarmate men sterker aan de voorste trekt en veroorlooft men deze om wat achterwaarts te gaan, de windingen digter bij elkander komen om dezelfde volgorde te behouden, zie blz. 91.

14 Een leeuw, eene prooi verslindende, kan bijv. een schoon tafereel opleveren, doch niet een mensch met vraatzucht etende, omdat dit in disharmonie is met zijne zielswerking.

15 Ons zoo veranderlijk bestaan doet ons behagen scheppen in verscheidenheid, mits deze de innerlijke harmonie niet verstoort, hetgeen bijv. wel het geval zou zijn, zoo men bij eene kolonnade de kolommen om de andere van de Dorische en van de Ionische orde maakte.

16

17 In die gevallen maakt men zich niet voor alles geschikter, of gaat men niet in elk opzigt vooruit, maar slechts voor of in hetgeen in elk dier gevallen een overheerschende invloed uitoefent. In het laatste bestaat er bijv. vooruitgang in oppervlakkige beschaving, maar niet in zedelijke ontwikkeling.

18 De drang tot vooruitgang baart emancipatie, die tot geschiktmaking het kinderlijk en ondergeschikt houden.

19 Men houde hierbij in het oog, dat bij zekeren trap van geestontwikkeling der massas, de begrippen dezer omtrent de denking op buitenzinnelijk gebied zoo bekrompen is, dat zij hunne Goden niet alleen menschelijke denkvormen toeschrijven, maar zelfs onder menschelijke gedaante, ter vervulling van missien, hier op aarde doen verkeeren. Het meer algemeene van zulke begrippen wordt door constante oorzaken, maar de bijzonderheden er van door het toeval teweeg gebragt. Eene constante oorzaak maakt dat, naarmate de geestontwikkeling der menschen grooter is, aan zulke missien een meer verheven aard wordt toegekend.

20 Wegens de vroeger gemelde oorzaak zal het eerste, vooral bij de hoog boven den bodem verheven deelen der stammen de overhand hebben.

21 Die laatste stelling paart zich toch aan die, dat ons willen niet door den bestaanden toestand bepaald wordt, zie blz. 69.

22 Later zullen wij aantoonen, dat zulke menschen ook naar den geest aardsche producten zouden moeten zijn, daar zij slechts in zulk een geval gedwongen zouden worden om hunne wetenschap te bepalen tot hetgeen waarvan de juistheid hier op aarde volkomen te verifieren is.

23 De pokzy wordt alsdan door de phylosophie vervangen. Gene is naar ons inzien de vrucht der beschouwing door middel der ver-

beelding van het betrekkelijke verhevene en tevens schoone bij wezens en zaken, en, zoowel wanneer men deze van hunne vulgaire zijde beschouwd, als wanneer bij die beschouwing de verbeelding door de redenering vervangen wordt, is het met de pokzy gedaan.

Waar slechts de verbeelding op het gebied van het buitenzinnelijke treedt, moeten godsdienst en pokzij innig met elkander verbonden zijn, doch men behoeft het niet te betreuren dat, nadat later de redenering zich op dit gebied begeven heeft, de schoone en geurige bloem door de saprijke vrucht wordt vervangen.

24 Zie over de werking der traagheid bij het voorwaarts getrokkene, wanneer het voorwaarts trekkende stationnair geworden is, blz. 89 en 93.

25 Zoo iets zou echter slechts bij de in de Noot van blz. 116 gemelde wezens mogelijk zijn.

26 Zie hierover blz. 233 van ons werk get: *Vervolg op het werk get.: door de werking der Natuurwetten op zedelijk gebied enz.*

27 Naarmate dit besef van hulpbetoon sneller toeneemt, zal (zie blz. 89 en 118) dit ten achterblijven sterker zijn.

28 Hoe weinig grond het met het Joodsche Messiasrijk verwante aardsche idiaal der humanisten, namelijk de menschheid op den hoogsten trap van beschaving, heeft, is op blz. 83 aangetoond.

29 Bij ons menschen dient, zie blz. 138, de geestelijke ontwikkeling de practisch nuttige aanwending ervan te overtreffen, ten einde hierop uit te oefenen eene opwaarts trekkende werking, opwegende tegen de tegengestelde werking er op door de aarde door tusschenkomst onzer ligchamen uitgeoefend. Deze laatste werking tracht, zie blz. 90, onze met die practisch nuttige aanwending zamenhangende behoeften die der dieren te doen naderen.

Beschouwingen over eenige onderwerpen op buitenzinnelijk gebied.

Hoe ontstaat het vermogen der organisatie der dieren, om, grootendeels buiten de bijzondere soort van eigen denking der dieren *wil* genaamd, geschikt te worden voor de omstandigheden waarin de dieren verkeeren. Naar ons inzien, door het aan de ligchamen dezer annex zijn van moleculaire bewegingen der zelfstandigheid, geene zintuigelijke indrukken te weeg brengende, en alzoo niet makende dat die zelfstandigheid zich voor ons als ligchaam veropenbaart. Een deel dier geene zintuigelijke indrukken voortbrengende bewegingen vormen een geheel en worden bepaald door en bepalen de eigen denking van het dier, waartoe ook het zien, het voelen, enz. behoort, en die aldus evenmin door de hersens (namelijk zintuigelijke indrukken te weeg brengende ligchamen) als de in de denking van het dier begrepen gezigtsindrukken, door de oogen, plaats heeft.

De overige dier geene zintuigelijke indrukken te weeg brengende bewegingen, worden naar ons inzien bepaald door en bepalen eindige deelen eener oneindig groote eenheid van denking, behalve de geesten of eenheden van denking van menschen en dieren en hiermede verwante wezens op andere hemelbollen, in de totale veropenbaring der zelfstandigheid door denking bevat. Die eindige deelen dier oneindige denking werken nu, door dat zij door bewegingen der zelfstandigheid bepaald [144]worden, mechanisch op de deelen der ligchamen der dieren en zijn wederkeerig aan den invloed hiervan blootgesteld. Stel bijv. dat iemand, ten gevolge van eenige tot hem gerigte woorden, gaat zitten, wat heeft er dan plaats. 1° Geluidsgolven planten zich in de lucht voort, 2° de trommelvliezen van dien persoon geraken in trilling, 3° onbekende moleculaire bewegingen ontstaan in zijne gehoorzenuwen, 4° in zijne denking ontstaat een gehoorindruk, 5° hij denkt over de woorden na, 6° in zijne denking ontstaat een wilsindruk, 7° onbekende moleculaire bewegingen ontstaan binnen eenige zijner bewegingszenuwen, 8° insgelijks onbekende bewegingen ontstaan binnen de met die zenuwen in verband zijnde spieren, 9° beweging der ledematen heeft plaats.

Bij N°. 1, 2 en 3 zijn elkander mechanisch bepalende bewegingen aangegeven, insgelijks bij N°. 7, 8 en 9, terwijl bij N°. 4, 5 en 6 er elkander bepalende denkingen zijn aangeduid. De keten van elkander bepalende bewegingen kan echter kwalijk na N°. 3 afgebroken zijn en bij N°. 7 weder beginnen, want denking en beweging zijn geheel ongelijkslachtige zaken. Er schiet aldus niets anders over dan te stellen, dat de denkingen, bij N°. 4, 5 en 6 aangeduid, geene zintuigelijke indrukken teweeg brengende bewegingen der zelfstandigheid bepalen. Van den anderen kant zou men ook kunnen vragen of, zoo de ons bekende denking van bewegingen vergezeld moeten gaat, alle bewegingen welke ook der zelfstandigheid (ofschoon volstrekt niet in reden van derzelver sterkte) niet mede bepalen en bepaald worden door denking, behalve de eenheden van denking der eindige levende wezens eene oneindige eenheid van denking vormende1. De denking bij N°. 4 aangeduid, zou dan [145]door die denking buiten ons bepaald worden en die bij N°. 6 aangegeven er bepalende op werken, zoodat de keten der denking evenmin als die der beweging, afgebroken zou zijn. De fatalisten stellen eigenlijk dat de aaneenschakeling onzer denkbeelden van geen invloed is op die denking buiten ons, de aanhangers der absolute wilsvrijheid, dat deze van geen invloed is op de aaneenschakeling onzer denkbeelden, terwijl daarentegen die invloed wederkeerig is.

Veranderen de omstandigheden waarin een dier verkeert, zoo wordt dit er eerst min of meer aan gewoon en verandert aldus zijn toestand, zonder dat er eene noemenswaardige verandering bij de organisatie van zijn ligchaam bespeurd kan worden. Verandering dient er dan evenwel ergens plaats gegrepen te hebben, en zou deze dan niet kunnen bestaan bij die geene zintuigelijke indrukken te weeg brengende bewegingen, het eigenlijke leven daarstellende, en wier er door bepaalde denking, het ligchaam voor die nieuwe levenstoestanden geschikt zoekt te maken? Deze bewegingen werken toch mechanisch op de wel zintuigelijke indrukken voortbrengende moleculaire en andere bewegingen van het ligchaam en kunnen hierbij alsware eene verandering te weeg brengen in gelijken geest als die bij haar zelve tijdens het wennen plaats had, ofschoon, wegens de werking der traagheid, later, zoodat de wijzigingen der geene zintuigelijke indrukken teweeg brengende bewegingen, die der organisatie van het ligchaam alsware achter zich voortslepen.2[146]

Zonder de aanhoudende werking der op blz. 7 gemelde oorzaak van geschikthouding, zouden de ligchamen der dieren onmogelijk aan vele de deugd hunner organisatie verstorende invloeden kunnen wederstaan, en er bestaat hierdoor eene ondempbare kloof tusschen de levende organismen aan de eene en de anorganische en doode organische stof aan de andere zijde. Gene toch zijn actief, deze passief, van gene kan men zeggen, dat zij voor zich zelf beter of slechter zijn ingerigt, terwijl het ongerijmd is te zeggen, dat een stuk goud voor deszelfs eigen ik meer of minder deugdzaam is.

De denking buiten de eigen denking der menschen en dieren, de organisatie dezer voor de bestaande omstandigheden geschikt trachtende te maken, moet niet verondersteld worden te grijpen naar middelen, slechts in indirect verband met de gebreken dier organisatie zijnde, tevens ook niet door redenering het bekende uit het bekende af te leiden, of tusschen verschillende in te slane wegen eene keus te doen.

De dieren komen slechts van het eene tot het andere, wanneer dit laatste in direct verband met het eerste staat, en zijn hierdoor veel minder dan de menschen aan dwaling onderhevig. Bij deze ontstaat eerst het begrip van het doen van daden, geschikt bij het verkeeren in zekere omstandigheden en later worden die daden verrigt. Bij de dieren gaat dit eerste dit laatste minder vooraf, zij vormen zich meer al handelende het begrip van hetgeen zij behooren te doen. Zij bezitten andere denkvormen dan wij, en van daar dat de fabeldichters onder den naam van dieren eigenlijk menschen van verschillende karakters doen optreden. Overleg en handeling ten gevolge van eigene opmerking, en aldus rede kan aan de dieren niet ontzegt worden, zamenwerking met en opoffering voor andere wezens evenmin, doch wel de bewustheid, dat hunne daden strekken ter [147]vergrooting hunner geestelijke ontwikkeling, alsmede abstracte en op het gebied van het buitenzinnelijke treden de denkbeelden. Zij missen geheel de bij vele menschen zoo flaauw ontwikkelde godsdienstige wijsbegeerte, hunne levensbeschouwing is gegrond op de directe ervaring, op de eischen van het practische nut, en dweepen en droomen is hen even vreemd als aan middelmatige menschen de dwalingen en exentriciteiten van het genie.

Evenals de op blz. 143 gemelde denking, moet de eigen denking van dieren, wegens de werking der traagheid, blijven beneden de eischen van zekere levensomstandigheden, wanneer zij hieraan niet geheel gewoon is, en niet aan die eischen zonder vermoeijende inspanning kan voldoen. Om bij gelijken aanleg en even hoogen graad van geestontwikkeling tijdens de geboorte, gedurende het leven sterk in geestontwikkeling toe te nemen, moet 1°. van het voorgeslacht veel te leeren vallen, 2°. de middelen van gemeenschap met dit voorgeslacht, namelijk het spraakvermogen enz. op een hoogen trap staan, 3°. de levensomstandigheden, waarvoor men zijne geestontwikkeling geschikt tracht te maken, insgelijks op een hoogen trap staan, en 4°. het ligchaam op de vergrooting der geestontwikkeling slechts eene kleine directe tegenhoudende werking uitoefenen.

Met betrekking tot het eerste en derde zijn wij Nederlanders bevoordeeld boven onze voorouders de Batavieren enz. en deze waren, met betrekking tot al die zaken bevoordeeld boven hunne op de boomen klauterende en, bij hoogeren aanleg, de geestontwikkeling der hedendaagsche apen bezittende voorouders en deze op hunne beurt boven hunne millioenen jaren vroeger in zee levende en de geestontwikkeling der hedendaagsche visschen bezittende voorzaten, zie blz. 31. Wel kan men door zijn vrijen wil, of anders gezegd door daden het gevolg zijnde [148]van uit elkander voortvloeijende en elkander bepalende redeningen, de omstandigheden, op wier hoogte men zich tracht te stellen, eenigzins hooger of lager stellen, en dit ook door het toeval plaats hebben, doch hiervoor bestaan er grenzen, en, evenmin als Napoleon I in gewone tijden keizer had kunnen worden, kan een wezen zelfs van grooten aanleg, met een laag bewerktuigd ligchaam voorzien, en beroofd van de middelen om uitgebreide waarnemingen te doen en om met andere wezens denkbeelden te wisselen, gedurende zijn leven belangrijk in geestontwikkeling klimmen.

Op bladz. 143 hebben wij aangegeven, hoe op onze denking eigenlijk niet eene wel of geen zintuigelijke indrukken te weeg brengende moleculaire beweging bij ons ligchaam en de daarbuiten gelegen voorwerpen, maar eene hierdoor gedeeltelijk bepaalde denking (buiten de onze en die van andere eindige wezens bestaande) van invloed kan zijn. Om meer bij het gewone spraakgebruik te blijven, gewagende van den invloed door ons ligchaam op onzen geest uitgeoefend, zoo herinneren wij dat, naar aanleiding van het op blz. 91 gemelde, die invloed op eene directe wijze onzen geest tracht te verlagen. Op eene indirecte wijze tracht hij echter, door ons te veroorloven waarnemingen te doen en met de buitenwereld en andere wezens in contact te treden en onder zekere inspanning denkbeelden in werkdadigen toestand te bezitten, hem te verhoogen. Sprekende, om bij het gewone spraakgebruik te blijven, van wederkeerige werking tusschen ligchaam en geest, zoo is het klaar, dat elke verandering bij onze denking gepaard zal moeten gaan met zekere verandering bij de verschillende ligchaamsdeelen en omgekeerd. Zijn nu die veranderingen bij een dier deelen merkbaar, en worden zij door andere invloeden niet zoodanig gestoord, dat zij onherkenbaar worden, zoo moet elke toestand van den geest overeenkomen met zekeren [149]toestand van zulk een ligchaamsdeel, en zelfs met dien der kleederen welke men draagt.

In zekere mate kan dit nu het geval zijn met de hersens, doch hieruit mag men volstrekt niet afleiden dat de hersens denken en aldus boven alle andere organische levende stofmassa's het voorregt bezitten, om te denken en dus ook te voelen, te ruiken, te zien enz. Bijna even goed kan men bijv. aan eenig ingezegend voorwerp boven andere dergelijke, maar niet ingezegende voorwerpen het voorregt toekennen om zekere geheime kracht uit te oefenen.

Waarom buitendien aan de hersens boven de andere zenuwknoopmassa's het vermogen om denken toe te kennen, en, zoo men dit min of meer als een vermogen van al de zenuwknoopmassa's beschouwd, waarom kan men, zooals bij afzetting van ledematen, van die zenuwknoopmassa's verliezen, terwijl de denkbeelden in hun geheel behouden blijven? Waarom kan men zelfs bij lagere dieren de hersens wegnemen en zij nogthans, waarschijnlijk ten gevolge van bewuste denking, hunne ledematen bewegen. Het komt ons integendeel waarschijnlijk voor, dat de op blz. 143 gemelde eenheid van geene zintuigelijke indrukken veroorzakende beweging aan onze ligchamen annex, wanneer de beleediging van dit ligchaam zekere grenzen overschrijdt, hier niet meer annex mede kan blijven, en, even als de op blz. 145 gemelde denking (buiten de onze bestaande en onze organisatie geschikt voor de levensomstandigheden trachtende te maken) alsware vrij komt en dan (zie later) geene werkdadige denking kan bepalen.

Dat voorts organische stof onder den invloed dier geene zintuigelijke indrukken te weeg brengende beweging ontstaat en tegelijkertijd uit anorganische stoffen zamengesteld kan worden, behoeft niet meer te verwonderen, als dat bijv. waterstof door electrische ontleding [150]van water en tegelijk op zuiver chemische wijze te vormen is.

Op blz. 146 hebben wij gezegd dat de geest der dieren niet slechts quantitatief, maar tevens ook qualitatief met den onzen verschilt. Een zoodanig verschil bestaat er echter ook tusschen den geest der kinderen en die der volwassenen en bij den op blz. 31 gemelden stamboom van het menschelijke geslacht moet de qualitatieve verandering evenzeer geleidelijk als de quantitatieve plaats gegrepen hebben. Het bestaan van gelijkslachtigheid tusschen de ziel der dieren en die der menschen kan echter niet ontkend worden en, zoo men aan de onze eene toekomstige steeds voortdurende gemiddelde vergrooting toeschrijft, moet eene tragere vergrooting aan die der dieren toegekend worden.

Men verhoogt zich dan trouwens ook niet door anderen te verlagen, en passende met een hoogeren trap van geestontwikkeling, dan de thans bij de menschen bestaande, zal het welligt zijn, om, wanneer men van dieren gewaagt, niet slechts te denken aan ponden vleesch en vet, of zelfs aan een kunstig physiologisch zamenstel, maar tevens ook aan iets dat aan den kogel van den jager en aan het mes van den slagter ontsnapt.

Het verschil in uitzigt en levenswijze van wezens, elkander als niet meer vreemd beschouwende, wordt grooter naarmate de beschaving stijgt, en, terwijl bij zeer lagen trap van beschaving de leden der verschillende stammen elkander vreemd of vijandig blijven en wreedheid en onverschilligheid jegens de dieren, gemis aan beschaving aanduidt, zoo moeten, naarmate de beschaving stijgt, de menschen minder exclusief en meer cosmopoliet worden.

Hetgeen op blz. 148 gezegd is, dat elk verschil in zielstoestand, wegens de wederkeerige werking tusschen ziel en ligchaam, gepaard moet gaan met eene [151]ofschoon volstrekt niet er mede gekvenredigde verandering bij het ligchaam (evenmin als de veranderingen van uit zintuigelijke indrukken bestaande denkbeelden met er aan gekvenredigde veranderingen bij de ligchamen die zintuigelijke indrukken opwekkende), moet niet aldus verstaan worden, dat de ontwikkeling en eigenschappen der ziel geheel door het ligchaam (de op blz. 143 gemelde moleculaire beweging, de eigen denking bepalende, hier niet bij gerekend) bepaald worden. De ziel zou zich dan tegenover de invloeden, door het ligchaam er op uitgeoefend, geheel lijdelijk moeten gedragen, iets dat wel bij de dieren en vooral bij de lagere meer dan bij de menschen, maar volstrekt niet volkomen het geval is.

De waarde van een wezen wordt niet alleen bepaald door hetgeen het is, maar tevens door hetgeen het kan worden, zoodat bijv. een wezen, in gedaante en geestontwikkeling met een visch gelijk staande, maar met menschelijken aanleg begiftigd, uit een geestelijk oogpunt meer waarde dan een werkelijken visch zou bezitten.

De geestelijke aanleg, die, door grooter te zijn, de toename in geestontwikkeling bevordert, is voorts bij elk individu niet onveranderlijk, maar kan door inspanning van den geest (waaronder eigenlijk alle inspanning begrepen is, omdat bijv. het gevoel van spierinspanning tot het rijk der denking behoort) vergroot worden. Die inspanning aldus beide de geestelijke ontwikkeling en den aanleg vergrootende, ofschoon deze laatste minder snel, zoo moet, bij het niet bestaan van de vergrooting dier geestontwikkeling tegengaande oorzaken, zooals bijv. de moeijelijkheid om de bewuste aanschouwing uit te breiden, die vergrooting versnellende geschieden.

De aanleg, waardoor onder geestinspanning de zedelijke ontwikkeling van den mensch toeneemt, bestaat [152]naar ons inzien in den graad van verhevenheid van het karakter. Zoo bijv. iemand zich veel moeite geeft om beter te handelen, vergroot hij zijne zedelijke ontwikkeling, maar tevens verbetert hij zijn karakter, waardoor later dezelfde toename in geestontwikkeling hem ligter zal vallen, en dus bij gelijke inspanning als vroeger, zij grooter dan toen zal worden.

De graad van zedelijke ontwikkeling hangt veel meer van de opvoeding en van de maatschappij af waar binnen men op deze aarde treedt, dan van het karakter. Hedendaagsche menschen, geen verhevener karakter bezittende dan oude Romeinen, dompelen bijv. niet als zij de krijgsgevangenen in slavernij, verstooten niet zoo ligt als zij hunne echtgenooten, hakken in schijnbaar wanhopende omstandigheden niet zoo ligt als zij, door middel van zelfmoord, den gordiaansche knoop door, in plaats van te trachten hem te ontwarren, kortom zij staan hooger in zedelijke ontwikkeling als die oude Romeinen.

Bij de intellectuele ontwikkeling staat de aanleg vooral in verband met de op blz. 67 gemelde door oefening verkregen en niet door middel van de spraak uitdrukbare denkbeelden. Men zal bijv. ontwaren dat binnen zekere grenzen, hoe langer men zich in iets geoefend heeft, hoe gemakkelijker het valt om er zich verder in te bekwamen, zoodat de bekwaamheid versnellende toeneemt. Vandaar de verwonderlijke hoogte waarin menschen het brengen in zaken, waarin zij zich bijzonder oefenen, doch hierbij werken de beperktheid der bewuste aanschouwing, de levensomstandigheden en zeker besef van genoegzaamheid, die anders versnellende toename der intellectuele ontwikkeling in het een of ander tegen.

Die inspanning, waardoor de geestontwikkeling en te gelijk, maar in mindere mate den aanleg vergroot, is echter steeds eene overmaat van inspanning boven die noodig [153]om die geestelijke ontwikkeling op dezelfde hoogte te houden.

Voor zooveel de inspanning hiertoe werkt, komt het ons voor dat zij ons aangenaam moet zijn. Trouwens zij zou bestaan bij een veranderlijken toestand van onzen geest en hierbij moet, zooals op blz. 47 en 64 gezegd is het een geheel voor het ander geschikt zijn. Deze slechts voor de bestendiging der verkregen geestontwikkeling gevorderde inspanning is naar ons inzien tijdens het waken grooter dan gedurende den slaap, bij hooge geestontwikkeling grooter dan bij kleine, aldus bij de menschen grooter dan bij de dieren en grooter bij eene natuur van den geest waarbij deze sterk gedreven wordt naar verhooging zijner ontwikkeling3.

Slechts voor zooverre de vergrooting in aanleg en geestontwikkeling eener generatie door eigen toedoen op de ligchamen van derzelver leden en op de opvoeding der volgende generatie van invloed is, zal deze er partij van trekken. Dit bedrag vormt echter eene kleinere breuk dier vergrooting, voor zooverre deze den aanleg dan voor zooverre die vergrooting de geestelijke ontwikkeling betreft. In wetenschappelijke ontwikkeling zijn de volken gedurende de toeneming der beschaving het meeste toegenomen, in de kunsten veel minder, omdat hetgeen men daaromtrent weet moeijelijker mededeelen is dan in zaken van wetenschap, en in aanleg voor de kunsten nog veel minder.

Op blz. 146 hebben wij gezegd, dat bij de anorganische ligchamen er van geene deugd of geschiktheid voor het verkeeren in zekere omstandigheden en van verhooging van organisatie sprake kan zijn. Het is er echter verre van af dat hierbij de uitwerking der Natuurwetten naar [154]geen doel zou streven. Beschouwt men bijv. de anorganische ligchamen niet afzonderlijk, maar tot hemelbollen gemasseerd, zoo kan bij deze zeer wel sprake zijn van deugd in eigen belang, welke bijv. zou bestaan in het vermogen om een afzonderlijk bestaan te perpetueren, om niet steeds in snelheid af te nemen, om korsten en gasvormige omhulsels te bezitten, om bij een en ander verscheidenheid van aard en van temperatuur in stand te houden enz. Ook kan het zijn dat de hemelbollen, door zamenpakking van den ether of algemeene enkelvoudige oerstof, binnen en om hun oppervlak gelegen, er bij chemische verbindingen te weeg brengen, de natuur van hun eigen bestanddeelen aan dien ether geven en aldus in massa toenemen, hetgeen met de vergrooting der geesten te vergelijken zou zijn, terwijl de neiging dier bollen om in massa toe te nemen met den aanleg dier geesten zou overeenkomen.

Hoe grooter afwijkingen er van de geschikste organisatie der planten en dieren ten gevolge van zekere accidentele oorzaak bestaat, hoe sterker de oorzaak, des geschikste organisatie trachtende voort te brengen, de verdere vergrooting dier afwijking tegengaat en deze, wanneer die accidentele oorzaak niet meer bestaat, tracht te vernietigen. Hiervan, kan de algemeene reden zijn, dat, wanneer natuurwerkingen zekere afwijking van een toestand voortbrengen, de verdere vergrooting dier afwijking steeds bezwaarlijker voor hen wordt en andere natuurwerkingen een teruggang sterker trachten voort te brengen. De ongelijkheid in snelheid van naast elkander bewegende ligchamen doet bijv. gewone snelheden door middel der wrijving in warmtebeweegkracht overgaan, doch de ongelijke druk, bij warme ligchamen bestaande, doet weder warmte in gewone snelheden veranderen. Hoe meer er nu van die snelheden en hoe minder warmte er bestaat, hoe sterker die uitwerking der wrijving en [155]hoe zwakker die dezer ongelijkheid in drukking zal zijn. Bij ongelijkheid van temperatuur verspreidt zich de warmte van de warmste naar de koudste plaatsen en wordt de temperatuur overal meer egaal, doch waar er electrische scheiding plaats heeft, wordt er warmte ergens opgenomen en deze bij electrische verbinding in warmte, van hooge temperatuur omgezet, zoodat aldaar de temperatuur veel hooger dan elders wordt en aldus de ongelijkheid er van op de verschillende plaatsen hersteld wordt4. Was de aarde van binnen vast, zoo zou het rivier- en beekwater de grondspecie naar zee voeren, de golving der zee deze stoffen op derzelver bodem egaliseren en eindelijk de aardkorst volmaakt vlak en overal met eene even diepe zee overdekt raken. De aarde is echter van binnen met (zie hierboven) in beweging gehouden gesmolten lava gevuld en daar deze specifiek wat ligter dan de aardkorst is, zoo zal, waar die lava deze korst van onderen afschuurt, deze dunner en aldus, ter bewaring van het hydrostatische evenwigt, opgeligt worden. Elders het tegenovergestelde plaats hebbende, zoo zullen hierdoor de ongelijkheden van den bodem hersteld worden5.

Ook op maatschappelijk gebied ontbreken niet die dit grooter worden der accidentele afwijkingen en, naarmate die afwijkingen zulks zijn, sterker, tegengaande werkingen. Wordt er bijv. wegens het bestaan eener accidentele oorzaak, minder goed en meer kwaad gedaan, zoo lijdt de maatschappij hieronder en tracht zij dit te keer te gaan door meer moeite ter zedelijke verbetering der menschen aan te wenden, benevens door de belooningen en straffen te vergrooten6. [156]

Zoo de hemelbollen, door de werking der wrijving der vloeistoffen dier bollen tegen die van andere bollen waartegen zij botsen (want, voordat zulk eene botsing mogelijk wordt, zullen, wegens derzelver onderlinge aantrekking, hemelbollen zoo sterk uitgezet en dus kouder worden en zooveel warmte uit den omringenden ether opnemen en binden dat derzelver bestanddeelen tot den gasvorm overgaan) veel kleinere banen verkrijgen, zal eene andere werking die banen sterker trachten te vergrooten7.

Stel bijv. dat eene groep betrekkelijk kleine hemelbollen langs eene elliptischen baan om een anderen bol, in het eene brandpunt van die ellips gelegen, beweegt, zoo zullen de kleine bollen der groep buitendien gedurig naar elkander toe, digt achter elkander heen en, wegens de werking der traagheid, weder van elkander afgaan; zij zullen aldus gemiddeld grootere resulterende snelheden bezitten, dan zoo zij slechts een enkelen bol vormden, waar echter hunne resulterende elliptische baan krom is, zooals bijv. digt bij het perihelium, zullen zij, wegens het bezit dier bijzondere snelheden meest grootere banen erlangen welke echter voor elk dier kleine bollen niet dezelfde als van de andere zal zijn. Verder gekomen zal echter derzelver onderlinge aantrekking hen weder naar elkander toe doen gaan, doch daar zij meest eene grootere baan verkregen hebben, de resulterende baan, waar langs nu die groep van kleine bollen beweegt, grooter dan vroeger geworden zijn. Dit nu zal insgelijks het geval zijn, zoo die groep vervangen wordt door een enkelen vloeibaren bol waarbinnen er stroomen bestaan, zoodat de vloeistofmassa's van dien bol, behalve derzelver snelheid langs [157]eene elliptische baan nog bijzondere snelheden bezitten.

Het uiteenloopen der zooeven gemelde grooter geworden banen zal zulk een vloeibaren bol sterk uitzetten en vervormen, doch de onderlinge aantrekking dier massas (nu in tegenstelling van bij het voorgaande geval door de drukking dier massas tegen elkander wederstaan) die vervorming, wanneer die bol voorbij het perihelium gekomen is, met behulp der wrijving van lieverlede te loor doen gaan, zonder evenwel de baanvergrooting van het zwaartepunt van den bol te kunnen vernietigen.

Stelt men nu dat wanneer die bollen grooter zijn, bij het bestaan van grootere onzuivere en zeer sterk elliptische banen om elkander, de baan vergrootende en verkleinende werkingen tegen elkander opwegen, zoo zal, wanneer van eene groep hemelbollen de leden grooter worden door, zooals op blz. 154 gezegd is, ether tot hunne zelfstandigheid te vervormen, de banen, welke zij om elkander beschrijven, ook grooter worden en aldus de groep in omvang toenemen en de gemiddelde positie dier bollen, bij derzelver aphelium gelegen, verder van het middelpunt der groep komen.

Zelfs zou zoo iets plaats hebben, wanneer die bollen langs eene schil verspreid waren daar, ten gevolge van derzelver onderlinge aantrekking, terwijl sommige dier bollen ver van anderen gelegen, zeer nabij stil zullen staan, andere digter bij elkander gekomen, zekere snelheden en ook ontbondene snelheden rakende aan het oppervlak dier schil zullen bezitten. Elke bol zal nu binnen *betrekkelijk* korte tijden zulke ontbondene snelheden bezitten, zoodat, zoo de aantrekkingskracht plotseling verdween, de bollen dier schil gemiddeld buitenwaarts zouden bewegen en zich verspreiden. Daarentegen zal de resulterende aantrekking van al de overige bollen, langs het oppervlak dier schil verspreid, de tegen gestelde uitwerking doen. Bij vergrooting dier bollen moet [158]dan alsware de schaal van het geheel grooter worden en aldus slechts bij een grooteren diameter dier schil die centrifugale werking aan die resulterende aantrekking gelijk zijn. Zulke bollen zullen niet met elkander kunnen zamensmelten, wegens de tegengestelde snelheden welke zij bezitten, wanneer zij tegen elkander botsen, en, bij het aphelium gelegen, dan onder de overheerschende aantrekking van deszelfs eenen en dan onder die van deszelfs anderen buur komen en alzoo dan naar den een en dan naar den ander gaan, er achter om heen trekken en, door de werking der traagheid, vertragende ongeveer naar derzelver vorige plaatsen terugkeeren.

Ontstaan er nu bij het midden van bovengemelde groepen nieuwe bollen, door zamenpakking van den omringenden ether van af eene kleinst eindige massa zich verder vergrootende, en gaan de andere bollen dier groep door zamenpakking en omzetting van den omringenden ether in hunne zelfstandigheid voort met in massa toe te nemen, zoo zal zulk eene groep steeds meer omvang verkrijgen en de buitenste bollen er van de oudste, grootste en gemiddeld snelst bewegende zijn. Waren al die bollen regelmatig gegroepeerd en in rust, zoo zou zulk eene groep door de werking der aantrekkingskracht kleiner worden, maar de elkander naderende bollen in snelheid toenemen, digt achter elkander, en nadien door de werking der traagheid weder buitenwaarts gaan; de groep weder grooter worden, terwijl deze bollen in snelheid afnemen en zij weder voor een oogenblik in den primitieven toestand komen. Bij onregelmatige groepering bestaan in zeker opzigt al de toestanden, zooals zooeven gezegd is achtervolgens bij de regelmatige groepering plaats hebbende, tegelijk. Hier komen er bollen ver van elkander en circa in rust, elders zijn zij digt tot elkander genaderd en bezitten zij groote snelheden dan in deze en dan in ongeveer tegengestelde rigting, zoodat het oppervlak [159]der groep wel hier zich naar buiten en elders zich wat naar binnen kan verplaatsen, maar onmogelijk in grootte sterk kan varieren. De vergrooting der snelheden der in massa toegenomen bollen, zal hierbij ontstaan door de vergrooting der aantrekkende massa's, die van derzelver banen, zie blz. 157, door vermindering der snelheden waarmede de vloeibare massas van elk dier bollen zich betrekkelijk derzelver zwaartepunten verplaatsen en die laatste snelheden, zie blz. 155, door ongelijke drukking binnen die vloeibare massas onder omzetting in snelheden van warmte ontstaan door omzetting van ether in de zelfstandigheid dier bollen, daar dit onder scheikundige verbinding plaats heeft. Bij die vergrootende hemelbollen kan er nu een strijd bestaan tusschen twee tegengestelde werkingen, namelijk die der warmte van den er binnen en buiten tegen gecomprimeerden onomgezetten ether, uitzetting dier bollen en onder warmteopneming chemische ontleding van derzelver bestanddeelen trachtende te veroorzaken en die der zamenpersende werking der zwaartekracht en welligt ook der beroering der hemelbollen bestanddeelen deze onder warmteafgeving chemisch zamengestelder pogende te doen worden. Heeft nu laatst gemelde werking eerst de overhand boven die der warmte en moet zij nadien hiervoor onderdoen, zoo zullen de bollen eerst in digtheid toenemen en qualitatief meer van den ether gaan verschillen en nadien, wanneer zij tot op zekere distantie van het middelpunt der groep gekomen zijn, het omgekeerde gaan plaats hebben en dit steeds aanhouden, terwijl zij, meer en meer in massa toenemende, verder van dit middelpunt komen. Die toeneming in massa dier bollen, door omzetting van den ether er binnen en er omheen, zal wel op het sterkste zijn, wanneer derzelver bestanddeelen op het meeste met die van den ether verschillen en derzelver digtheid op een maximum is; doch later, wanneer zij meer etherachtig [160]geworden zijn, niet geheel verdwijnen. Er bestaat aldus geen eindigen grens voor de vergrooting dier bollen, doch zij kunnen geene oneindige grootte bereiken en tevens in natuur hoe weinig ook met den ether verschillen en hiermede niet geheel eenzelvig zijn. Binnen die eene grootere dan elke eindige ruimte beslaande sterrengroep, zal er nu eene bolvormige schil bestaan, waar binnen van de middelpuntszijde er gedurig bollen intreden, aan de andere zijde er bollen uitgaan en waarbinnen de bollen eene grootere digtheid en chemische zamengesteldheid dan ter wederzijde er van bezitten. Alsdan moeten naar ons inzien de electrieke verbindingen gestolde, gecondenseerde of gasvormige stoffen bij die bollen op zulk eene hooge temperatuur brengen, dat zij voor ons waarneembaar licht uitstralen, want toch wanneer die hemelbollen zeer etherachtig zijn moeten zij in temperatuur weinig boven de gemiddelde van den ether verheven zijn en kunnen zij aldus dan kwalijk als vurige nevels voor ons zigtbaar zijn.

Slechts de sterren binnen die schil gelegen en dan nog slechts een deel er van, omdat vele geen voor ons waarneembaar licht uitstralen, of door andere voor ons donkere bollen gemasqueerd zijn, moeten zich voor ons als zonnen vertoonen. Al de sterren in dit geval zijnde moeten, zoo deze hypothese juist is, wegens de kromte van bovengemelde schil, alsmede omdat men slechts het licht der sterren binnen een segment dier schil kan zien, ons op geen grooten cirkel omspannenden en aldus den hemel in twee wat in grootte verschillende deelen splitsenden onregelmatigen ring (den Melkweg) op het digtste gegroepeerd voorkomen. De bewoners van elk dier bollen binnen die schil gelegen, zullen aldus hun eigen melkweg aanschouwen, even als iemand, op eenige plaats staande, zijn eigen horizon bezit, en, evenmin als voor menschen, op verschillende plaatsen staande, langs den [161]horizon dezelfde voorwerpen zich verheffen, evenmin de melkwegen der bewoners der verschillende bollen dier schil dezelfde zonnen bevatten. Met den blik naar het middelpunt van het kleinste cirkelvlak, door hun Melkweg gevormd, gerigt, zullen echter allen naar het middelpunt van de sterrenwereld zien, en voor ons dit middelpunt in de rigting van het sterrenbeeld, het *Hoofdhaar van Berenice* zijn.

Evenmin als de hemelbollen, wegens de tegengestelde snelheden, welke zij, tegen elkander botsende, bezitten, die (bij het alsdan zijn dampvormig van minstens den kleinsten dier beide bollen) wegens het bestaan van veerkracht niet zullen verdwijnen, kunnen zamensmelten, evenmin kunnen zij zich naar ons inzien in verschillende hemelbollen splitsen8.

Het planetenstelsel is naar ons inzien het gevolg eener accidentele wenteling der zon om derzelver as, en deszelfs toevallig bestaan heeft naar ons inzien den volgenden oorsprong gehad. Zoo eene groep van hemelbollen (bijv. ontstaan, door dat bij die bollen de baanverkleinende werking de baanvergrootende werking tijdelijk heeft overtroffen) door een er buiten gelegen hemelbol *a* wordt aangetrokken en dat in die groep zich een hemelbol *b* bevindt zooals zon, veel grooter zijnde dan de andere bollen *c* van die groep, later de planeten, zoo zal de bol *b* bij *a* gekomen, (even als de kometen bij derzelver perihelium) gasvormig en uiterst sterk uitgezet zijn. Botsen nu die beide bollen *a* en *b* scheef tegen elkander, zoo zullen zij aswentelingen verkrijgen, in stand blijvende, nadat zij zich weder van elkander verwijderd hebben. De bollen *c* zullen dan betrekkelijk den bol *b* zeer komeetachtige banen bezitten, en tegen *b* botsende [162]door de aswenteling van dien bol snelheden ongeveer loodregt op die banen kunnen erlangen. Tegelijk door de werking der wrijving in lengte afnemende, zullen die banen, door de impulsie der aswenteling van *b* aan de bollen c gegeven, breeder worden, en krimpt nu die bol *b* in, doordat hij zich van den bol *a* verwijdert, nadat de bollen *c* er aldus herhaaldelijk tegen gebotst zijn, zoo kan eene anders onvermijdelijk nieuwe botsing der bollen *b* en *c* vermeden worden. Wel is waar zal, wanneer de aswentelingssnelheid bij den evenaar van den bol *b* kleiner is dan de snelheden der bollen *c* bij hun perihelium digt bij het oppervlak van den uitgezetten bol *b*, de banen dezer nog vrij sterk uitmiddelpuntig moeten zijn, doch die uitmiddelpuntigheid, terwijl die banen en tegelijk de bol *b* kleiner worden, kunnen verminderen.

Hoe sneller de hemelbol *b*, waartegen die botsingen van *c* geschieden, om deszelfs as wentelt, hoe geringer de uitmiddelpuntigheid dier banen van *c* zal worden en zij is nu bij de binnenkometen kleiner dan bij de buitenkometen, bij de coplaneten weder kleiner dan bij eerstgemelden kometen, en bij de planeten *Venus* en *Neptunus* weder merkelijk kleiner dan bij de coplaneten. De kometen en planeten voor geheel verschillende hemelligchamen te houden, komt ons even ongegrond voor als het stellen dat de inwoners van twee steden op verschillende wijzen gekleed gaan, zoo men de eene stad slechts over dag en de tweede slechts des nachts bezoekt. Wij zien toch de kometen slechts wanneer zij betrekkelijk digt bij de zon gekomen, zoo als op bl. 155 gezegd is, uitgerekt, misvormd en tot den dampvorm overgegaan zijn. Het bewegen der meeste kometen in dezelfde rigting als die waarin de zon om derzelver as wentelt, maakt buitendien waarschijnlijk dat vele er van, even als de planeten, tegen het wentelende zonsoppervlak gebotst hebben.

Op blz. 158 hebben wij gezegd dat, naarmate hemelbollen grooter zijn, bij grootere banen de deze verkleinende [163]en vergrootende werkingen aan elkander gelijk zijn. Van daar welligt, dat de grootste planeten gemiddeld het verste van de zon gelegen zijn. Bij groepen van betrekkelijk kleine bollen, om eene ster zooals de zon primitief een sterk uitmiddelpuntige baan beschrijvende en later, wanneer die baan meer cirkelvormig en kleiner geworden is, langs de gansche lengte derzelve verspreid rakende, moet bij deze stelling de totale massa der bollen dier groep in rekening gebragt worden.

De coplaneten, de ligchamen van het zodiakaallicht en de ringen van Saturnus hebben welligt primitief zulke groepen van betrekkelijk kleine bollen gevormd. Wanneer bij zulke langs eene weinig uitmiddelpuntige baan verspreide bollen van zulk eene zich dan niet meer bij het aphelium weder vormende groep, een derzelver de andere in massa ver overtreft en eene snelle aswenteling bezit, moeten de kleinere bollen dier voormalige groep er tegen botsende evenzoo weinig uitmiddelpuntige banen er om verkrijgen als op blz. 161 voor de planeten aangegeven is. Van daar den oorsprong der satelliten.

Waarschijnlijk zijn echter, tijdens de vorming van het planetenstelsel, de baanverkortende werkingen slechts wegens accidentele omstandigheden grooter dan de baanverlengende geweest, zoodat nu die oorzaak met meer bestaande, evenmin als eene oorzaak van instandhouding der aswenteling der zon en planeten, bij deze laatste, alsmede bij de manen de baanverlengende werkingen de overhand boven de tegenovergestelde kunnen bezitten en in de uiterst verre toekomst het gansche planeten-stelsel uit elkander rukken, zoodat derzelver, alsdan uiterst lange kometachtige banen verkrijgende leden niet meer, of althans niet meer uitsluitend om de zon zullen wentelen, maar elk hunner op zich zelf zal staan.

Eene afscheiding van ringvormige massa's langs den evenaar der om derzelver as wentelende zon, komt ons [164]onmogelijk voor, daar bij dien evenaar de snelheid van omwenteling nimmer zoo groot kan geweest zijn, dat de zonsaantrekking niet in sterke mate de overhand boven de centrifugale kracht bezat. Wanneer men eene zeer vervormbare massa met zekere snelheid duwt over een wrijvend vlak, zullen derzelver hier langs verschuivende deelen eene kleinere snelheid verkrijgen, dan die hooger boven dit vlak bewegende, doch, wegens de gemakkelijke vervormbaarheid dier massa, deze, door de ongelijke verplaatsing van derzelver deelen, sterk uitgerekt worden en niet gaan kantelen. Dit laatste zal daarentegen wel geschieden, zoo die massa door zekere inwendige, kracht bolvormig poogt te blijven en aldus die uitrekking er van tegengegaan wordt. Bij de op blz. 161 gemelde scheve botsing der sterk uitgezette en geheel dampvormig geworden zon, bestaat nu zoodanig een geval, daar de eigen aantrekking der zon die onbepaalde vervorming hiervan bij derzelver oppervlak tegengaat. De roterende, beweging der zon *b*, tengevolge van derzelver scheve botsing tegen een ander hemelligchaam *a*, is aldus slechts mogelijk, wanneer de aantrekking der zon bij het oppervlak hiervan meester blijft. Wel is waar zal de dampvormige zon, zich verwijderende van den hemelbol *a*, weder kleiner worden, en hierdoor de kromming en dientengevolge ook de centrifugale kracht bij derzelver evenaar toenemen, doch men houde in het oog dat dit verkleinen en krommer worden van den zonsevenaar door de er bij bestaande centrifugale kracht tegengewerkt wordt en, wanneer die kracht zeer nabij gelijk wordt aan de zonsaantrekking, bijna geheel verhindert wordt, zoodat alsdan de verkleining van het zonneligchaam onder warmte afgeving meer door toeneming der afplatting zal geschieden. Buitendien zal de aswenteling der zon stroomen binnen de gasvormige massa dier zon doen ontstaan, en de hierbij onstaande wrijving die aswenteling zoodanig [165]verkleinen, dat de centrifugale kracht, tijdens het krommer worden van dien evenaar, hierbij wel niet belangrijk zal toenemen.9

Naar ons inzien bezit de ether zekere aantrekkingstrillingen, welke om lichamen, grooter specifiek dan dien ether bezittende, zonder dat de er bij bestaande, beweegkracht verandert, zulk eene wijziging ondergaan, dat zij op concentrieke boloppervlakken aantrekkingen naar die ligchamen voortbrengen. Gaat er nu hier naar toe eenig ander ligchaam, zoo kan het zijn dat dit op zijn weg die aantrekkingstrillingen in gewone snelheden bij deszelfs massa omzet, en wel in sterkere mate, naar gelang het digter bij het aantrekkende ligchaam komt. Volgens deze hypothese zou de beweegkracht of levendige kracht steeds eene snelheid, of liever het quadraat hiervan zijn, zoodat, wanneer men zegt snelheden gaan verloren door overwinning van afstooting over zekeren weg, zij werkelijk in andere niet direct waarneembare snelheden omgezet worden.

Elk der atomen van een homogeen ligchaam (bij hetzelfde ligchaam niet dezelfde behoevende te blijven en die men, wanneer men ze oneindig digt bij elkander stelt te zijn, oneindig klein moet veronderstellen), draagt bij tot vorming van al deszelfs eigenschappen bij de veropenbaring van deszelfs zelfstandigheid door beweging, en in overeenkomst hiermede moet bij de veropenbaring der zelfstandigheid door denking, die van elken atoom tot elk denkbeeld van een geest bijdragen, en dus een deel der denking van elk dier atomen tot het eene denkbeeld, een ander deel tot eenig ander denkbeeld enz. De eigenschappen [166]der veropenbaring der zelfstandigheid door beweging zijn in vele opzigten met die der veropenbaring dier zelfstandigheid door denking te vergelijken, zoo men de hemelbollen met de eindige geesten en de eene oneindigmaal grootere massa dan al die bollen te zamen bezittende ether met het oerwezen vergelijkt. Op blz. 145 hebben bijv. gezegd, dat de denkbeelden van den oergeest invloed uitoefenen en geinfluenceerd worden door de denkbeelden der afgescheidene geesten en bij den ether heeft, met betrekking tot de hemelbollen, iets dergelijks plaats. Het digt bijeen liggen dier bollen kan men bijv. vergelijken met het met elkander in contact zijn van geesten (iets dat in het algemeen niet het digtbij elkander zijn der er aan annex zijnde levende ligchamen vordert), derzelver onderlinge aantrekking wordt bij de geesten vervangen door de neiging dezer om met elkander in contact te komen, derzelver snelheid en in het algemeen de er bij bestaande beweegkracht met de werkdadige denking van geesten en, terwijl bij de bollen die snelheden op het grootste zijn, wanneer zij elkander op het meeste genaderd zijn, zoo is de werkdadigheid van geesten op het grootste, wanneer zij met andere geesten op het sterkste in contact zijn.

Even als twee hemelbollen van ongelijke massa evenveel beweegkracht kunnen bezitten, zoo kunnen geesten van ongelijke grootte, of anders gezegd in het bezit van een ongelijk aantal denkbeelden (de sterkte en diepte dezer hierbij in acht nemende) in even sterke mate werkdadig zijn, en bij die geesten wordt die werkdadigheid grooter of kleiner, naar mate zij met grootere of kleinere geesten in contact zijn, even als de hemelbollen trager of sneller bewegen, naarmate zij door kleinere of grootere andere bollen aangetrokken worden.

De overheerschende werking door grootere geesten over kleinere, waarmede zij in contact zijn, uitgeoefend, kan [167]vergeleken worden met die van groote bollen op de banen van kleinere en het verstrooid liggen dezer laatste met het gemis van collectieve werking bij overheerscht wordende wezens. Die hemelbollen oefenen (zie blz. 165) door tusschenkomst van den ether invloed op elkander uit, de geesten, volgens het op blz. 145 gemelde, door tusschenkomst der denkbeelden van den oergeest en, even als gene, wanneer zij elkander naderen (zie blz. 165 door omzetting van ethertrillingen in snelheden bij hunne massa's) beweegkracht uit den ether opnemen, zoo kan men stellen dat de geesten, bij het sterker in contact komen met andere geesten, om hunne latente denkbeelden werkdadig te maken, denkkracht van den oergeest ontleenen.

De door de nadering der bollen ontstane snelheden heeft tot gevolg dat zij zich weder van elkander verwijderen, en die verwijdering dat derzelver snelheden kleiner worden. Bij de geesten moet evenzeer (zie blz. 87) het *voortgebragte* uitputtende werken op het *voortbrengende,* en aldus de werkdadigheid van geesten derzelver contact (waarvan de wijzigingen met de veranderingen in rigting der snelheden der bollen vergelijkbaar zijn) verzwakken en die laatste verzwakking wederom leiden om die werkdadigheid te verminderen.

Op blz. 73 en 84 hebben wij dan ook aangegeven, hoe de werkdadigheid der geesten de er annex aan zijnde ligchamen, met wier behulp zij in contact met andere geesten zijn, vernield en op blz. 73 en 78 hoe die vernieling de werkdadigheid dier geesten vermindert.

Een eindelijk volslagen gemis hiervan bij den dood dient echter krachtens bovengemelde wet te leiden tot de vergrooting van het contact met andere wezens en alzoo tot het ontstaan van de hiervoor gevorderde hulpmiddelen. De denking, behoorende bij de levende organische wereld van hemelbollen, zou men tot deze kunnen stellen in [168]dezelfde verhouding te staan, als de ligchamen bij die denking annex, (en zie blz. 143 wel te onderscheiden van de moleculaire beweging deze bepalende) tot die denking zelve. Gedurig verwisselen die ligchamen van deelen, en evenzoo kunnen die organische werelden van denkende wezens verwisselen, terwijl, even als die ligchamen ontstaan, groeijen en vergaan, en dit laatste, zooals op blz. 73 gezegd is, een gevolg is der sterke werkdadigheid van de er aan annex zijnde geesten, die organische werelden kunnen ontstaan, bloeijen en, tengevolge van aanraking der bollen waarop zij aanwezig zijn met andere, (het op blz. 161 gemelde tengevolge hebbende) weder vergaan. Op blz. 7 hebben wij wel is waar gezegd dat organische naturen zich geschikt maken voor de omstandigheden door elken hemelbol opgeleverd en aldus van allerlei aard kunnen zijn, doch, wanneer die omstandigheden snel veranderen, zal, wegens de op blz. 68 gemelde werking der traagheid, er zulk eene ongeschiktheid bij zulke naturen kunnen ontstaan, dat zij er onder te niet moeten gaan. Die vernietigende oorzaak, bestaande in het zeer sterk uitgezet en gasvormig zijn van zulke betrekkelijk zeer digt bij elkander gekomen hemelbollen, op het grootste kort nadat zij op het snelste bewegen, zal (zie blz. 167) vroeger moeten invallen dan het gevolg er van, namelijk het vernietigd zijn der organische naturen, en evenzoo volgt de dood van het ligchaam eenigen tijd na dat de werkdadigheid van den geest een maximum bereikt heeft.

Op blz. 159 hebben wij gezegd, dat de hemelbollen, onder vergrooting van derzelver massas, door vervorming tot derzelver bestanddeelen van den omringenden ether (iets dat misschien door het bezit van snelheden door die bollen bevorderd wordt) eerst tot zekeren grens minder etherachtig worden en in massa versnellende toenemen, en, nadat zij dien grens bereikt hebben, weder meer etherachtig worden en vertragende in massa toenemen, zonder [169]echter weder volmaakt etherachtig te zijn, voor dat derzelver massa oneindig groot geworden en hunne zijde gekeerd naar het op blz. 161 gemelde middelpunt van het Heelal, oneindig ver hiervan afgelegen is. Hoe minder etherachtig die bollen zijn, hoe grooter betrekkelijk hunne massas hunne snelheden gemiddeld zullen zijn, doch tevens hoe minder latente warmte beweegkracht die massas zullen bevatten.

Zou men nu bij de in geestontwikkeling, of anders gezegd in grootte toenemende geesten ook niet kunnen stellen, dat hunne denkvormen eerst tot zekeren grens van die van den oergeest gaan verschillen en die toeneming alsdan versnellende is, terwijl later het tegenovergestelde plaats heeft. Die toeneming zou aldus voorgesteld kunnen worden door het onbepaald hoog oploopen van eene ojiefvormige kromme lijn, wier buigpunt oneindig ver van het punt waar die kromme de abcissen as raakt, maar op zekere distantie boven die as gelegen is.10

Bij dien grens, waarbij zij qualitatief het meeste van den oergeest verschillen, zullen die geesten het veranderlijkste en aldus zie blz. 64 het betrekkelijk onvolmaaktste zijn, hunne invidualiteit (wel van zelfbewustheid te onderscheiden) op een maximum zijn, en zij betrekkelijk hunne grootte op het meeste op eene wijze, vergelijkbaar met het bezit van snelheden, doch daarentegen op het minste op eene wijze, vergelijkbaar met het bezit van warmtebeweegkracht, werkdadig zijn. Het bezit dier laatste soort van werkdadigheid, achten wij te zijn de mogelijkheid om denkbeelden, door aanschouwing verkregen, voor den geest te houden, en het bezit der eerste [170]om, zooals bij ons menschen, denkbeelden onder inspanning en met verstandswerking voor den geest te houden, en aldus te oordeelen, te zoeken, te kiezen enz.

Van de oneindige massa van den ether is slechts een deel, gelijk aan de grootst eindige grootheid en betrekkelijk volstrekt nietig, onder den invloed der uit van den ether onderscheiden stof gevormde, hemelbollen. Slechts bij dit laatste deel van den ether, oneindig maal overtroffen wordende door deszelfs gansche massa, verkeert aldus die oerstof in geen onveranderlijken toestand en is aldus de veropenbaring der zelfstandigheid door beweging niet steeds onveranderlijk dezelfde. Des te minder zal dit het geval zijn bij de massas van gemeld deel van den ether, naarmate zij digter liggen bij hemelbollen en vooral bij die minder etherachtig van aard zijnde. In overeenstemming hiermede moet het oneindig aantal denkbeelden van den oergeest op een grootst eindig en aldus betrekkelijk volstrekt nietig deel na onveranderlijk dezelfde en zie blz. 64 derhalve volmaakt zijn, terwijl van dit uiterst groote, maar nog eindig aantal veranderlijke denkbeelden deze het sterkste veranderlijk moeten zijn, welke het meeste met de denkbeelden der afgescheiden geesten (en voornamelijk met die qualitatief het meeste met den oergeest verschillende) in contact zijn.

Op blz. 143 hebben wij daarvan reeds gewag gemaakt en tevens gemeld dat de beweging der zelfstandigheid de denking moet bepalen en omgekeerd. Slechts bij de hemelbollen en, zooals hierboven gezegd is, bij een grootst eindig deel van den ether bestaan er nu veranderlijke bewegingen (ofschoon te zamen met onveranderlijke) en daar slechts zij veranderlijke denking kunnen bepalen en hierdoor bepaald worden, zoo volgt ook hieruit, dat slechts een grootst eindig maar betrekkelijk volstrekt nietig deel der denkbeelden van den oergeest veranderlijk [171]en aan den op blz. 64 gemelden invloed der traagheid onderworpen kan zijn.

Men dient hierbij wel te onderscheiden de wederkeerige bepaling der beweging en denking der zelfstandigheid van de overeenkomst tusschen hetgeen op het gebied der veropenbaring der zelfstandigheid door beweging en door denking bestaat. Een zich als iets onderscheiden veropenbarende op dit laatste gebied, is vergelijkbaar met een evenzoo onderscheiden iets op het andere gebied, maar wordt niet door zulk een onderscheiden iets hierop bepaald. De denking van eenig wezen wordt bijv. niet door iets onderscheiden op het gebied der veropenbaring door beweging bepaald, maar kan vergeleken worden met de bewegingen (de moleculaire ingesloten) van een hemelbol, terwijl omgekeerd de bewegingen hiervan niet door een onderscheiden iets op het gebied der denking bepaald worden. Zoo hebben wij bijv. het oerwezen met den ether vergeleken, terwijl ook bewegingen bij de massas der hemelbollen bijdragen om de veranderlijke denkbeelden van den oergeest te bepalen, en daarentegen veranderlijke bewegingen bij den ether voor een deel de denking der afgescheiden geesten kunnen bepalen.

De enkelvoudige etheratomen zullen misschien oneindig klein zijn, oneindig digt bij elkander zijn gelegen, en in een oneindig kleine tijden trillingen maken, voor zooverre deze niet ontstaan door den invloed van hetgeen op de hemelbollen plaats heeft, zooals bijv. wel het geval is bij de ethertrillingen der stralende warmte. Zulke binnen een oneindig kleinen tijd zich herhalende bewegingen kunnen nu in zekeren zin als een onveranderlijke bewegingstoestand beschouwd worden en onveranderlijke denkbeelden bepalen. Elk der moleculen der ligchamen, een oneindig aantal etherdeelen bevattende, zal voorts op een eindige distantie van andere moleculen gelegen zijn. [172]

De op blz. 159 gemelde bollen, zullen, naarmate zij trager gemiddeld naar buiten dringen, in grooter aantal op concentrieke boloppervlakken, het middelpunt, van blz. 161 tot middelpunt bezittende, gelegen zijn, en bij al die boloppervlakken de naar buiten dringende massa gemiddeld even groot moetende zijn, zoo zullen aldus de uiterst groote bijna etherachtige bollen met zeer kleine gemiddeld buitenwaarts gerigte snelheden kunnen volstaan. Voorts zal de ether, ter vergrooting der massa dier bollen strekkende, naar binnen stroomen en met de landwaarts zich verplaatsende dampen te vergelijken zijn, zoo men die zich vergrootende bollen met de rivieren, en de ether met den Oceaan en het dampkringswater vergelijkt.

Elk verschijnsel ondervindt den invloed van eene reeks van verledene en oefent invloed uit op eene reeks van toekomstige verschijnsels, doch doet zulks minder, naarmate deze verschijnsels verder in het verleden en in de toekomst gelegen zijn. Zoo nu een bestanddeel van een zamengesteld verschijnsel in het heden min of meer verflaauwd bevat is in zamengestelde verledene of toekomstige verschijnsels, kan men zeggen dat wat van het verleden nog en wat van de toekomst reeds in het heden bevat is, en dit zal in sterkere mate het geval zijn, naarmate zulke bestanddeelen van verschijnselen in het heden minder veranderlijk en tevens meer algemeen zijn. Zoo bijv. een volk eene ingewortelde liefde voor een vorstenhuis bezit, moet die liefde, ofschoon in flaauwere mate, zoo zij door de daden dier vorsten later niet opgewekt wordt, in de toekomst nog bestaan en alsdan op den toestand van dit volk, waaraan inmiddels eene andere dynastie opgedrongen kan zijn, van invloed zijn. Van de toekomstige omstandigheden van dit volk is aldus reeds een deel in het heden bevat. De aard van zulk een volk, een minder veranderlijk en meer algemeen verschijnsel als de populariteit van eene dynastie, zal aldus in de [173]toekomst minder verzwakken dan die populariteit en veel langer dan deze van noemenswaardigen invloed zijn op de lotgevallen van zulk een volk.

Als zulk een verschijnsel kan ook beschouwd worden de gunstige ligging eener stad voor den zeehandel, waardoor die stad, terwijl de beschaving toeneemt, zulks in rijkdom en uitgestrektheid moet doen. De verheffing van zulk eene stad in de toekomst, zoo accidentele oorzaken dit niet tegengaan en in dit geval zekeren wederstand aan accidentele oorzaken van verval, is aldus een feit reeds in het heden begrepen, doch, evenmin als het karakter eener natie, is de gunstige ligging eener stad voor den zeehandel iets dat door eene volstrekt constante oorzaak steeds in stand gehouden wordt.

Die van *Amsterdam* is bijv., door het ondieper worden der Zuiderzee en het vergrooten van het charter der schepen, na gedurende de opkomst der zeevaart tijdens de middeleeuwen in waarde gestegen te zijn, na de zestiende eeuw van lieverlede vermindert, en evenzoo zal het toenemende verkeer tusschen de volken de eigenaardigheden van den Nederlandschen volksaard van lieverlede uitwisschen. Kenden wij uitmuntend den aard onzer ziel, zoo zouden wij welligt door aanschouwing er bij gewaar worden eene constante oorzaak, haar in ontwikkeling trachtende te doen toenemen. Die oorzaak zou aldus een verschijnsel zijn van een onveranderlijk en algemeen karakter, en het gemiddeld minder ontwikkeld zijn eener ziel, naarmate men hoever ook in derzelver verleden teruggaat en het gemiddeld meer ontwikkeld zijn er van, aan hoe verder afgelegen toekomstige tijden men denkt, iets zijn in den huidigen toestand dier ziel bevat.

Het is aldus klaar dat, naarmate verschijnsels in het heden, door meer onveranderlijk en algemeen te zijn, de verledene en toekomstige toestanden meer bepalen, [174]zij absoluut belangrijker worden en eene ruimere plaats in de denking van eenig wezen zouden innemen, zoo diens inzigt in den tijd niet beperkt ware. Bij den oergeest dit laatste het geval niet zijnde, zoo moet bij dit wezen het denken aan de volstrekt algemeene en onveranderlijke verschijnsels oneindig maal sterker zijn, dan dat over de veranderlijke en niet volstrekt algemeene, welke slechts bij en door den invloed van eindige wezens en eindige hemelbollen ontstaan. Het denken betreft steeds min of meer direct de veropenbaring der zelfstandigheid door beweging, doch, naarmate de geestontwikkeling grooter is, is de kennis dier veropenbaring der zelfstandigheid door beweging rijker en van meer beteekenis en wordt zij algemeener en dieper opgevat (zooals bijv. bij sterker onderzoek der oorzaken der verschijnselen en der werking der Natuurwetten). In den allerhoogsten graad behoort men zoo iets te veronderstellen bij de denking van het oerwezen, doch men hierbij geene kennis ontstaan door het afleiden van het onbekende uit het bekende door oordeelen en raden, maar slechts eene, door directe aanschouwing van het tegenwoordige verkregen, moeten veronderstellen. De ether niet onder den invloed der er van onderscheiden hemelbollen zijnde, maar waarmede deze, na het bereiken eener oneindige grootte zamensmelten, vormt eene oneindige massa en deszelfs bewegingen moeten aldus bepalen de oneindige en onveranderlijke denkbeelden van den oergeest (de geesten, nadat deze eene oneindige grootte bereikt hebben en er mede qualitatief gelijk geworden zijn in zich bevattende). Daar nu die denkbeelden moeten betreffen dienzelfden ether, beschouwd als eene oneindig rijke en diepe veropenbaring der zelfstandigheid door beweging en oneindige en onveranderlijke verschijnsels te weeg brengende, zoo moet het gezegde, dat het oerwezen verzonken is in de contemplatie van zich zelf en er voor al het algemeenste van het [175]verledene en toekomende door het huidige bepaald is, waar zijn.

De zelfstandigheid, wier veropenbaring door beweging al de veranderlijke verschijnselen bij de eindige hemelbollen en die bij den ether, voor zoo verre deze den invloed van die bollen ondervindt, vormt, kan kwalijk zich door denking veropenbarende, bij het oerwezen anders dan eindige en veranderlijke denkbeelden te weeg brengen. Zoo deze echter slechts de kennis van het thans bestaande bevatten, voor zoo verre dit voor volmaakte aanschouwing vatbaar is, en die van het verledene en toekomstige, voor zooverre deze in het tegenwoordige vervat zijn, zal die kennis volmaakt juist zijn. Van eene kennis zooals wij menschen bezitten, waarbij uit de beschouwing van verschijnselen afgeleid is het bestaan van zekere natuurwetten en, door het bestaan zulke wetten te stellen, tot het aanwezig zijn van andere verschijnsels besloten wordt, moet zij aldus onderscheiden zijn. De wetenschap van wetten dient bij de kennis van het oerwezen bevat te zijn in de aanschouwing van al de er door te weeggebragte verschijnsels, want slechts dan kan zij geheel zeker zijn. Die veranderlijke denkbeelden van den oergeest (door zijne onveranderlijke denkbeelden oneindig maal in sterkte overtroffen wordende) moeten niet als deze laatste slechts betreffen de bewegingsveropenbaring van het geheel van bewegingen *m* welke die denkbeelden bepalen en er door bepaald worden, evenmin als zulks bij ons menschen het geval is. Het geheel van beweging, onze denking bepalende, vormt toch geen verschijnsel op het gebied der veropenbaring der zelfstandigheid door beweging, waarmede onze denking zich alleen bezig houdt, ja zij is zelfs onnaspeurlijk voor onze zintuigen. Die bewegingen *m* moeten echter van invloed zijn op andere bewegingen, bijv. die waardoor de organisatie der planten en dieren gevormd wordt en [176]deze omhoog drijven en voor de levensomstandigheden waarin zij verkeeren geschikt maken. Minder naauwkeurig, aangezien denking slechts op denking en niet direct op bewegingen van invloed is, zou men kunnen zeggen, dat door de denkbeelden van den oergeest door de bewegingen *m*bepaald, die organisatien op eene wijze, direct uit de bestaande gebreken voortvloeijende, voor derzelver levensomstandigheden geschikt gemaakt worden. Wegens de kracht waarmede het bestaande, of dit al of niet moge voldoen, onveranderd tracht te blijven, of anders gezegd wegens de werking der traagheid, zullen die verbeteringen te laat plaats hebben, doch zij kunnen niet ten gevolge van zulk eene onzekere en indirecte aanschouwing der gebreken en niet in zulk een indirect verband hiermede aangebragt worden als de verbeteringen van ons menschen voortspruitende. Het oordeelen of deze of gene verbetering te verkiezen is, zal er aldus niet bij kunnen plaats hebben. Het aannemen van die bewegingen zonder er door bepaalde denking heeft sommige menschen geleid tot het ontkennen van doel in de natuur, terwijl het niet aannemen van zulke bewegingen, maar wel van die denking, andere menschen geleid heeft tot de miskenning van het noodwendig uit elkander voortvloeijen der stoffelijke verschijnsels.

Elk verschijnsel bevat iets bijzonder, tot alleen eigen, voorts iets meer algemeen en minder veranderlijk, dat het met meer soortgelijke verschijnsels gemeen heeft, iets nog meer algemeen en nog minder veranderlijk, dat het met eene grootere verscheidenheid van verschijnsels gemeen heeft enz.

Een verschijnsel is het bijv. dat een dier des winters eene zwaardere vacht verkrijgt. Het meest bijzondere hiervan bestaat in de eigenaardigheden dier vachtverzwaring bij dit eene dier verscheiden van die in het algemeen bij de dieren dierzelfde soort bestaande, het minder [177]bijzondere, in het eigenaardige der verzwaring der vacht bij de gansche soort, het meer algemeene, in het eigenaardige der natuurlijke beschutting van al de diersoorten tegen koude, het nog meer algemeene, in dat van derzelver beschutting tegen schadelijke invloeden in het algemeen en het meest algemeene, in dat der beschutting der levende organisme op al de wereldbollen tegen schadelijke invloeden in het algemeen. Bij elk verschijnsel, bij elk in vachtverzwaard dier kan het meer bijzondere niet bestaan, zonder het meer algemeene, doch wel omgekeerd, en kan de zorg voor het meer bijzondere niet bestaan zonder die voor het meer algemeene en is dit laatste iets van meer gewigt dan het eerste. Men kan die geschiktmaking der organisatikn der dieren voor derzelver levensomstandigheden vergelijken met het in goeden gang houden van machines van verschillend maaksel, tot verschillende einden dienende en aan allerlei storende oorzaken blootgesteld. De hiervoor te nemen maatregelen zullen dan, deels voor elk dier machines verschillende, doch deels ook voor alle dezelfde worden.

Behalve die gedurige verbetering van zulke machines kan men eene beschouwing van derzelver goede werking aannemen. Wij menschen zouden, niet alleen wegens den aard onzer zintuigelijke waarneming, maar tevens ook wegens die onzer denkvormen, zulke machines achtervolgens bezigtigen, en, van de eene naar eene andere gaande, de denkbeelden betreffende de eerste latent maken. Men kan zich echter ook voorstellen dat, even als men het bespelen van al de instrumenten van een orkest tegelijk en niet achtereenvolgens hoort, al zulke machines te gelijk bezigtigd worden. Geschiedt zulks en verandert de werking van elk dier machines, zoo is de denking van den toeschouwer niet veranderlijker dan de taferelen die hij aanschouwt; terwijl dit daarentegen wel het geval is, zoo hij die veranderlijke werking dan bij de eene [178]en dan bij de andere machine beschouwt. Dit kan met op blz. 182 gemelde in verband gebragt worden.

De bewuste aanschouwing der verschijnselen leidt niet alleen, zooals op blz. 119 gezegd is, tot onderzoek en verklaring er van, maar ook tot verificatie der waarde onzer begrippen over die verschijnselen. De eerste soort van bewuste aanschouwing betreft meer verschijnselen dan die waarvan den aard verklaard wordt, terwijl de tweede soort van aanschouwing der dingen (dieper en grondiger dan de eerste zijnde en waaronder bijv. behoort die van de telescopische planeet Neptunus), slechts van eenige dier verklaringen de waarde aantoont. Zoo nu die eerste soort van aanschouwing niet grooter werd, zou de kennis der verschijnselen en de controle hiervan door de tweede soort van aanschouwing zich van lieverlede, op derzelver hoogte stellen, die kennis aldus eindelijk volmaakt juist worden, en die tweede soort van aanschouwing alsdan direct den aard en het verband der verschijnselen aantoonen, zoodat men naar geene verklaringen er van zou te zoeken hebben. Zulk een eind toestand kan bij in geestontwikkeling toenemende en deze aarde tot standplaats bezittende wezens niet bestaan; doch, naarmate bij aardsche wezens de geestelijke ontwikkeling en eerstgemelde soort van bewuste aanschouwing minder toenemen, zal de controlerende aanschouwing minder ten achteren blijven, en de afwijkingen van dien eindtoestand geringer zijn. Dit bijv. kan bij de dieren het geval zijn, niettegenstaande bij hen de eerste soort van bewuste aanschouwing geringer dan bij ons menschen is. De werking der traagheid, waardoor bij ons menschen de sterkte der controlerende aanschouwing der verschijnselen ten achteren is betrekkelijk onze denkbeelden over den aard en de toedragt dier verschijnselen, maakt dat vele verschijnselen ons toevallig voorkomen. Kon men bijv. uiterst goed waarnemen op welk eene wijze een witte of zwarte bal blindelings uit [179]eene bus (evenveel witte als zwarte ballen bevattende) getrokken wordt, zoo zou het trekken van een witten bal ons niet meer toevallig voorkomen.

Dat ons ligchaam en onze zintuigen van dien aard zijn, dat zij bij de verst verwijderde generatikn nimmer zoodanig kunnen worden, dat de controlerende aanschouwing van elk verschijnsel der aard hiervan zoo sterk aantoont, dat geene onzekere veronderstellingen daaromtrent kunnen gevormd worden, is slechts een bewijs dat op deze aarde de harmonie tusschen die aanschouwing en de redeneering bij der menschen geest onmogelijk kan ontstaan en dat deze aldus geen product dezer aarde is.

Hierbij dient echter onkunde, waarvan men bewust is, als kennis aangemerkt te worden, daar zij vordert het bezit van denkbeelden over verschillende wijzen waarop eene zaak zich kan toedragen, doch waar tusschen men, wegens de onvolkomenheid der waarneming, geene keus weet te doen. Zoo iemand, in eene foul staarde, bijv. door den bliksem wordt getroffen, zal een naturalist zeggen, de vochtigheid van het ligchaam en de aard van den bodem waarop de getroffen persoon stond, de verplaatsing van de donderwolk kunnen hiertoe geleid hebben, en hij blijft in het onzekere. Niet alzoo de supre-naturalist, zoo deze dit verschijnsel wijdt aan het opwekken van den toorn Gods door den getroffen persoon. Hij die zulk eene verklaring geeft bewijst slechts dat hij van zijne onkunde weinig bewust is. Zoo nu de inrigting van het Heelal zoodanig was, dat die supre-naturalist gelijk had, zouden de Natuurwetten zoo uiterst zamengesteld zijn, dat verstandige redenering over den aard der verschijnselen tot geene uitkomst zou leiden, en dat slechts de directe aanschouwing van elk derzelve ons er mede bekend zou maken11. [180]

Met zulke wetten kunnen eenigzins vergeleken worden die voor de uitspraak der Engelsche taal. Het is circa even gemakkelijk om van die taal woord voor woord door nazegging goed te leeren uitspreken, dan om de regels dier uitspraak te leeren en toe te passen.

Voor zooverre de menschen schijnbaar vrijwillig handelen, zijn hunne handelingen geheel toevallig, of anders gezegd, de vruchten van accidentele oorzaken, en kan men evenmin uit de omstandigheden, waarin die menschen verkeeren, opmaken, welke schakels van redeneringen uit die omstandigheden zullen voortvloeijen en tot welke handelingen die redeneringen zullen leiden, als dat men uit de houding der hand, welke men in eene met ballen van verschillende kleur gevulde bus zal steken, benevens uit de kennis van de kleur dier ballen, kan opmaken, van welke kleur een blindelings getrokken bal zal zijn. Er bestaat echter onderscheid tusschen handelen ten gevolge van inwendigen dwang bij het doen van aaneengeschakelde redeneringen, en handelen ten gevolge van uitwendigen dwang. Zoo overigens wij en anderen steeds in den letterlijken zin schijnbaar vrijwillig handelden, zouden, zoowel onze daden als die van anderen, ons steeds raadselachtig voorkomen. Wordt toch iemand niet door bekende beweegredenen gedwongen tot zekere handeling, zoo is deze toevallig, dat is zoo iemand weet zich volstrekt niet te verklaren waarom hij zoo handelt. Zulke beweegredenen bestaan nu ook bij het doen eener keus, zoodat, wanneer deze schijnbaar vrijwillig geschiedt, het is alsof zij door dobbelen bepaald wordt.

Dat der menschen daden afhangen van constante oorzaken zooals bijv. den aard van hun geest, is voor hen een waarborg, om, althans niet binnen zeer korten tijd, daden, geheel met den huidigen toestand hunner ziel in strijd, te verrigten. Overigens moet die inwendige dwang [181]slechts bij den geest verondersteld worden te bestaan en die dwang hierop door het ligchaam uitgeoefend, slechts als een meer nabijzijnden uitwendigen dwang als dien der omgeving aangemerkt worden. Zedelijke daden, ten gevolge van innerlijken dwang gedaan, gaan van het individu zelf uit (van daar het gevoel der toerekenbaarheid) en toonen op welken trap van zedelijke ontwikkeling het, met betrekking tot de maatschappij waarin het verkeert, staat, en voor welke behandeling het aldus geschikt is. Doet een individu, zonder uitwendig hiertoe gedwongen te worden, kwaad, zoo is het niet voldoende zijne omgeving zoodanig te maken, dat het geen kwaad meer kan doen, en aldus den uitwendigen dwang hiertoe weg te nemen, maar het moet ook gestraft, dat is als een lager ontwikkeld wezen behandeld worden. Is de intellectuele ontwikkeling van dit individu even groot als die van het gros der menschen, zoo moet klaarblijkelijke die behandeling anders zijn, dan zoo zij even laag als de zedelijke ontwikkeling staat, hiervoor bestaat er even goed reden als om bijv. een hond anders te behandelen dan een schaap. In het eerste geval heeft men te doen met een disharmonisch wezen, dat in zijn eigen oog behoort vernederd te worden, in het tweede met een meer harmonisch wezen, dat naar lagere rangen behoort te worden verbannen.

Ongerijmd is het echter zoo bijv. een zedeloos mensch zegt: “ik kan mijn gedrag niet verbeteren, want mijne denkbeelden zijn gedetermineerd, dat is uit een dezer kunnen niet zus of zoo andere volgen.” Zoo iemand stelt toch zijne keus, om zijn gedrag niet te verbeteren, ongedetermineerd, en niet voor een deel zijn later gedrag noodwendig te moeten bepalen. De menschen handelen onder den gezamentlijken invloed van bekende oorzaken (zooals bijv. hun karakter) en van onbekende accidentele oorzaken, welke de gevolgen van eerstgemelde oorzaken [182]kunnen vergrooten, maar ook verkleinen en zelfs opheffen. Van daar hunne bewustheid dat hunne daden anders kunnen zijn, dan zoo deze enkel de gevolgen van eerstgemelde oorzaken waren. Waar dit niet het geval is, hebben wij dan ook het bewustzijn dat onze denking niet vrij is, bijv. dat wij de tastbaarste waarheden niet in gemoede kunnen ontkennen. Door accidentele redeneringen kan men echter constante oorzaken bijv. zijn karakter en een graad van verlichting, waardoor het onmogelijk wordt om aan bijgeloovigheden te hechten, veranderen. De indeterminist, die den drang dier constante oorzaken ontkent, maakt (zie blz. 112) van de wereld een warboel, de determinist, die de werking der accidentele redeneringen niet telt, vervalt tot fatalisme, voor beiden zal echter in de praktijk de illusie dat hun wil vrij is sterker zijn, naar gelang hunne kennis van hetgeen er met hen voorvalt de op blz. 178 gemelde controlerende aanschouwing meer overtreft.

Op blz. 67 hebben wij gezegd, dat denkbeelden, uit het hoofd gebragt zijnde, tijdens het verkrijgen van nieuwe denkbeelden, van lieverlede uitgewischt worden. Moeijelijker echter geschiedt dit, naarmate die latente denkbeelden dieper in den geest gegrifd zijn, moeijelijker aldus wanneer zij, al of niet door middel van de spraak uitdrukbaar, betreffen iets, dat men met inspanning geleerd heeft, dan wanneer zij slechts door vlugtige zintuigelijke indrukken ontstaan. Wanneer men bijv. zich in eenige wetenschap geoefend heeft en er gedurende eenigen tijd niet meer aan doet, zal men wel van die wetenschap het een en ander en wel voornamelijk datgene, wat meer bepaaldelijk geheugenwerk is, vergeten, doch andermaal de beoefening dierzelfde wetenschap weder opvattende, zij gemakkelijker als vroeger zijn. Die eerste leering is aldus niet te vergeefs geworden. Dit bestaan van latente denkbeelden is een gevolg van de veranderlijkheid [183]van ons bestaan, zoodat, bij het komen in nieuwe toestanden, nieuwe denkbeelden sterk in het hoofd gebragt of werkdadig worden. Ware dit niet het geval, kon men al zijne denkbeelden in ligte mate in het hoofd houden, geen dezer zou dan vergeten worden, doch de som der denkbeelden, de diepte dezer ook in acht nemende, niet vergrooten, terwijl daarentegen dit opdagen van nieuwe toestanden de belangstelling opwekt, tot grootere inspanning leidt en maakt, dat men (zie blz. 151) meer nieuwe denkbeelden verkrijgt dan oude vergeet. Die invloed der veranderingen van toestand doet zich in sterke mate gevoelen bij de denkbeelden betreffende der menschen eigen geschiedenis, en wel in veel sterkere mate bij kinderen dan bij bejaarden. Men kan het er dus voor houden, dat die invloed sterker is, naarmate de geestelijke ontwikkeling en de zelfbewustheid geringer zijn, ofschoon dan niet steeds de betrekking der kennis van verleden en heden eene kleinere breuk zal zijn. Het laat zich toch denken, dat, wanneer de bewuste aanschouwing van het heden zwakker is bij eenig wezen van zwakkere zelfbewustheid dan bij een ander, die breuk bij dit eerste wezen grooter dan bij het tweede kan zijn, niettegenstaande, dat het zich absoluut minder dan dit tweede van zijn verleden herinnert. In elk geval zal bij een in geestelijke ontwikkeling en zelfbewustheid toenemend wezen de herinnering van feiten, naarmate deze langer verleden zijn, niet slechts kleiner zijn, wegens den langeren tijd sedert verloopen, maar tevens omdat, toen zij pas verleden werden, de zelfbewustheid van het wezen geringer was.

De zelfbewustheid van dit wezen constant zijnde, zoo zou zijne herinnering van feiten, bij het begin der achtervolgende veelvouden van zekere tijdseenheid geschiedt, vertragende verzwakken, naarmate die veelvouden grooter zijn en aldus nimmer volmaakt nul zijn, hoe groot [184]die eindige veelvoud ook zijn moge. Aldus zal bijv. de herinnering van een feit, voor $2n$ jaren plaats gegrepen, minder met die van een dergelijk feit, voor n jaren geschiedt, verschillen dan die laatste herinnering met die van een dergelijk feit, zoo dit gisteren heeft plaats gehad.

Wegens bovengemeld effect van het zwakker zijn der zelfbewustheid van de waarnemers van feiten, naarmate deze tijdens het begin van grootere veelvouden van zekeren tijd plaats gehad hebben, zullen de herinneringen dier feiten bij in zelfbewustheid toenemende wezens, kleinere onderdeelen dezer herinneringen zijn, (in de veronderstelling, dat die zelfbewustheid steeds even groot als in het heden geweest was), naarmate die feiten tijdens het begin van grootere veelvouden van zekere tijdseenheid geschiedt zijn. Aldus zullen bij elk wezen, zekeren graad van zelfbewustheid verkregen hebbende, die herinneringen geheel nietig zijn, zoo zij feiten betreffen geschiedt toen zijne zelfbewustheid nog betrekkelijk gering was, en de som der herinneringen van al die feiten zelfs geheel nietig zijn, al is dit aantal feiten grooter dan de grootst mogelijke eindige grootheid12. Dit betrekkelijk kleiner worden der herinnering van feiten, naarmate deze waargenomen zijn door wezens van kleinere zelfbewustheid, bestaat bijv. bij de geschiedenis der menschheid, omdat, naarmate volken op een lager standpunt van beschaving staan, hunne geschiedenis meer verloren raakt. Van hetgeen bijv. vroeger dan 1000 jaren voor het begin onzer jaartelling geschiedt [185]is, weten wij zeer weinig en de kennis hiervan kan vergeleken worden met hetgeen een bijv. 34jarig mensch weet van de geschiedenis van zijn eigen leven voor bijv. zijn zesde jaar. De kennis van zijn verleden gedurende een acht-en-twintigjarig tijdvak vormt aldus zeer nabij zijne gansche kennis van zijn verleden, even als de kennis der geschiedenis van het menschdom gedurende de jongste acht-en-twintig verloopen eeuwen bijna onze gansche kennis vormt der geschiedenis van de voorouders van het thans bestaande menschelijke geslacht, sedert dat het organische leven op deze aarde begonnen is te ontluiken zie blz. 30. Sommige geologen stellen nu dat dit voor meer dan tienduizend millioen eeuwen geschied is, zoodat, stellende, dat bij een imaginair menschelijk wezen de toeneming in geestontwikkeling honderdmaal sterker is dan bij het menschdom en deszelfs stamboom vormende voorouders, zulk een imaginair mensch, voor tienduizend millioen plus acht-en-twintig jaren geboren, gedurende dit eerste aantal jaren het maar tot den staat van een zesjarig kind zou gebragt hebben, en geen noemenswaardige herinnering van zulk een ontzettend lang bestaan zou bezitten.

Dit in de geschiedenis onbekende ontzaggelijk lange verleden van het menschelijke geslacht, voor dat dit eene noemenswaardige mate van beschaving verkregen had, heeft echter er voor eene werkelijke waarde. Op blz. 31 hebben wij toch aangegeven, hoe, wegens de werking der traagheid, naarmate een organisch wezen sneller verandert, deszelfs organisatie slechter wordt. Die trage opklimming der organisatie der voorouders van het menschelijk geslacht heeft aldus gemaakt, dat dit voor de levensomstandigheden waarin het verkeert, geschiktere ligchamen bezit.

Vooral moet dit het geval zijn bij de eigenaardigheden dier organisatie vroeger bij de achtervolgende generatikn [186]van den stamboom van het menschelijke geslacht bestaan hebbende, en die aldus in sterkere mate als de grondslagen er van kunnen beschouwd worden. Hetgeen der menschen organisatie, met die van al de gewervelde dieren gemeen heeft, behoort toch meer tot de grondslagen hunner organisatie dan de bijzonderheden hiervan, bij geen viervoetig en dus nog minder bij visschen aangetroffen wordende, en, hetgeen de organisatien van al de dieren gemeen hebben, vormt nog in sterkere mate den grondslag der organisatie der gewervelde dieren dan hunne geraamten en ledematen. Daar nu de sterkte van opklimming der organisatie bij de achtervolgende generatikn van bovengemelden stamboom zwakker geweest is, naarmate die generatien vroeger geleefd hebben en eene lagere organisatie bezaten, zoo moeten de eigenaardigheden der organisatie der menschen volmaakter zijn, naarmate zij in sterkere mate de grondslagen er van vormen.

Evenzoo zou dit het geval zijn met de geestelijke ontwikkeling van den op blz. 185 gemelden imaginaire mensch na tienduizend millioen levensjaren slechts den graad van ontwikkeling van een zesjarig kind bereikt hebbende. Eene zeer zwakke toeneming in geestontwikkeling gepaard gaande met zeer geringe verandering en vernieuwing van denkbeelden, moet deze zie blz. 115 en 178 eene zeer groote mate van juistheid geven, en van daar misschien, dat de dieren binnen een zeer beperkten kring zoo oordeelkundig te werk gaan13. Nu zijn het juist de denkbeelden, welke een wezen bezit, voor snel in ontwikkeling toe te nemen, welke den grondslag vormen [187]der later te verkrijgen denkbeelden, en waarvan de deugd dier latere vergrooting in geestontwikkeling voornamelijk afhangt.

Een mensch, ofschoon zich zijne lotgevallen voor zijn zesde jaar niet meer herinnerende, bezit op dien leeftijd eene geestontwikkeling, wel is waar betrekkelijk die van later gering, doch uithoofde van het zooeven gemelde, van eene betrekkelijke belangrijke waarde, zie voorgaande noot. Het is nu echter de vraag of een kind, van af het oogenblik, dat het begint te zien en te hooren, betrekkelijk snel in geestontwikkeling zou kunnen toenemen, zoo er op dit oogenblik geen grondslag aanwezig was voor dit op te trekken gebouw van denkbeelden dat is zoo dit kind alsdan niet reeds eene voor ons onwaarneembare geestontwikkeling bezat. Deze achten wij nu niet te bestaan uit zoogenaamde aangeboren denkbeelden, maar wel uit die, gedurende vroegere zielenlevens, door tusschenkomst van met de aardsche verschillende zintuigelijke indrukken, verkregen. De verschillen hierin vergelijkende met die tusschen de behandeling van buksen en van bogen, zoo zou men zulk een kind, op het oogenblik der geboorte reeds zekere geringe geestontwikkeling bezittende, kunnen vergelijken met iemand, nooit eene buks in handen gehad hebbende, maar geoefend in de behandeling van den boog.

Wel zijn de tot het domein der denking behoorende zintuigelijke indrukken in zekeren zin de bouwstoffen der denkbeelden, doch, even goed, als men deze eerst in eene en later in eene andere taal uitdrukt, kan men hen eerst uit deze en later uit andere zintuigelijke indrukken zamenstellen.

Op blz. 174 hebben wij gezegd, dat werkdadige denking onbestaanbaar is zonder aanschouwing der veropenbaring der zelfstandigheid door beweging, zoodat, deze bij het [188]heelal niet bestaande, alle denking zou vervallen. Van den anderen kant drukt het woord veropenbaring uit het bestaan van iets waaraan zij geschiedt, dat niet anders dan bewuste denking, onder welke vorm ook, kan zijn, zoodat, zonder deze, er wel van zelfstandigheid, doch van geene veropenbaring hiervan sprake kan zijn.

Bij dit woord van zelfstandigheid mag dan niet eens aan massa en beweging gedacht worden, omdat dit begrippen onafscheidelijk van denking zijn. Op verschillende plaatsen hebben wij op blz. 144 gezegd, dat de denking bepaald wordt door atomistische beweging, ofschoon zij volstrekt niet in reden der sterkte hiervan is; naauwkeuriger is het echter om te zeggen, dat de zelfstandigheid, in den toestand zijnde waarin zij zich veropenbaart, eenige denking bepaalt, omdat die toestanden niet aanschouwd wordende, de zelfstandigheid zich op geenerlei wijze zou veropenbaren. Men kan echter niet zeggen, dat die veropenbaring verloren gaat, wanneer ligchamen niet het voorwerp der aanschouwing van menschen zijn, evenmin als men kan zeggen, dat de denking dezer onbestaanbaar is, wanneer bij derzelver aanschouwing de aardsche zintuigelijke indrukken niet meer worden opgewekt. Dat menschen kunnen stellen, dat die onbestaanbaarheid niet bestaat, bewijst de juistheid dier stelling. Elke met ernst geopperde stelling moet toch, hoe weinig ook, zekeren grond van waarheid bevatten. Zegt men bijv. van een schurk, dat hij een braaf mensch is, zoo moet braafheid met betrekking tot dien persoon niet iets volstrekt onbestaanbaar zijn, evenals bijv. met betrekking tot een spiegel. Zoo nu het bestaan van eenigen grond van waarheid bij eene stelling vereischt, dat deze geheel waar is, moet zulks het geval zijn en aldus iets niet onbestaanbaar zijn, zoo er eenigen grond voor de bestaanbaarheid er van bestaat. Bespiegelingen over hetgeen op buitenzinnelijk gebied bestaat, zijn voor ons [189]menschen mogelijk en kunnen aldus, hoeveel dwalingen ook inhoudende, niet in alle deelen ongerijmd zijn.

Hebben de menschen immer gedacht eenige wetenschap te beoefenen, terwijl deze, geheel op het gebied van het ongerijmde verkeerde? Naar ons inzien neen. Zoo bijv. zochten de alchimisten goud in waardelooze stoffen en uit klei is het aluminium voor den dag gekomen. De astrologen veronderstelden dat de hemelligchamen allerlei invloeden op deze aarde uitoefenen, en meer en meer invloeden schrijft men thans aan het zonnelicht toe. Buitendien dient men wel onderscheid te maken tusschen hetgeen de astrologen zelf voor wetenschappelijk waar hielden, en hetgeen zij oningewijden zochten wijs te maken.

Bij het op blz. 185 gemelde hebben wij het oog gehad op eene prekxistentie der zielen van menschen en dieren, gedurende welke zij, annex zijnde aan ligchamen op andere wereldbollen, wel zie blz. 169 gemiddeld in geestontwikkeling versnellende zijn toegenomen, doch hierin nog steeds te laag stonden, om, betreffende verledene feiten, denkbeelden in den latenten toestand, niet uiterst nabij geheel door nieuw opgekomen denkbeelden verdrongen en uitgewischt, te behouden.

Er bestaan naar ons inzien voor die hypothese even veel gronden als voor die van het niet ophouden van het bestaan der ziel na den dood van het ligchaam. Men dient toch aan te nemen, dat, even als de wereldbollen in massa toenemen, door etherdeelen den aard hunner bestanddeelen te geven en aan zich te voegen, de zielen in grootte toenemen, door denkbeelden van den oergeest te verflaauwen ten bate hunner eigen hoeveelheid denkbeelden, want anders bestaat er op het gebied der veropenbaring der zelfstandigheid door denking niet iets overeenkomende met de onveranderlijkheid van het totaal der massa op het gebied der veropenbaring der zelfstandigheid [190]door beweging. Op blz. 158 hebben wij gezegd, dat de hemelbollen voor den grootst eindigen tijd reeds eene eindige grootte bezaten en aldus gedurende geen eindigen tijd van af nul eene eindige grootte bereikt hebben. Ware dit het geval wel, zoo zouden zij gedurende een eindig tijdvak in massa betrekkelijk oneindig maal vergroot zijn, hetgeen, bij een zelfstandig en door eigen vermogen en impulsie zich vergrootend iets, niet aanneembaar is.

De zaken, bij hun ontstaan oogenblikkelijk eene eindige grootte verkrijgende, zijn afgescheiden en vervormde deelen van andere er mede gelijkslachtige zaken, en is bijv. de dierlijke vrucht eene afscheiding van de uitgegroeide ligchamen der ouders.

Stelt men nu, dat geene reeds vroeger bestaande denking aan de vrucht annex wordt, maar dat er zich eene denking van nul af er bij ontwikkelt, zoo weten wij niet waarom men deze voor geene afscheiding der denking der ouders zou houden. Terwijl echter het ligchaam in grootte toeneemt door afscheidingen uit massa's voedsel, wier aard op die van het ligchaam van invloed is en waarvan, door die er bij gedane afscheidingen, de quantiteit vermindert, waarmede vergroot zich de, bij het aanhouden der werkdadigheid, tot aan den dood in ontwikkeling toenemenden geest? Tegen de ontkenning der prekxistentie bestaat buitendien ook dit bezwaar, dat alsdan op eenige bollen zooals bijv. de aarde er bij ligchamen denking van niet af zou ontstaan, terwijl er slechts vroeger bestaande denking annex zou worden aan de ligchamen op andere bollen aanwezig, een onderscheid, waarvoor geene reden van bestaan is. Wezens kunnen naar ons inzien niet binnen een eindigen tijd van nul af zekeren graad van aanleg verkrijgen, en deze dient zie blz. 151, tijdens dezelfde toeneming in geestontwikkeling, meer te vergrooten, naarmate die toeneming [191]der geestontwikkeling gedurende meer tijd heeft plaats gehad14. Daar, na het komen van wezens onder geheel andere omstandigheden, de door eene nieuwe aanschouwing opgewekte denkbeelden meer zullen verschillen van die in vroegere omstandigheden verkregen, naar gelang zij meer het bijzondere betreffen, en er aldus van de vroeger verkregen denkbeelden in den latenten toestand minder uitgewischt zullen worden, naarmate deze het meer algemeene betreffen, zoo zal, naarmate van eenig wezen de denkbeelden meer van laatstgemelden aard zijn, het zich onder geheel nieuwe omstandigheden in sterkere mate herkennen. Dit houden wij voor het ware deel van het dogma der zielsonsterfelijkheid verkregen door het geloof, omdat dit geloof gewaand werd in te houden begrippen verheven boven de denkbeelden verkregen door de indrukken der omgeving en van het heden, bijv. de denkbeelden over der menschen handel, bedrijf en vermaken, welke allen het zeer bijzondere betreffen.

De physica leert, dat zekere geheelen van moleculaire bewegingen van stofdeelen, als zoodanig niet waar te nemen, maar zekeren zintuigelijken indruk, bijv. het beeld van eenig voorwerp te weeg brengende, zich bij eene middenstof onbegrijpelijk snel golfvorming in de eene of andere rigting voortplanten en aldus onbegrijpelijk snel van stofdeelen verwisselen. In uiterst korten tijd breiden zij zich uit over stofdeelen binnen verbazende inhouden bevat, en ongehinderd doorkruisen zij andere [192]dergelijke zich in andere rigtingen golfvorming voortplantende geheelen van moleculaire bewegingen. De electriciteit, van eene in den grond gegraven zinkplaat uitgaande, bestaat hoogstwaarschijnlijk uit zulke binnen de vochtige aardkorst zich golfvorming voortplantende moleculaire bewegingen, en deze breiden zich van af die zinkplaat uiterst snel over de omringende ruimte alsware tastende uit; doch, zoodra een deel er van eene honderde mijlen verwijderde ingegraven koperen plaat bereikt heeft (iets dat, uiterst kort nadat die golfvormige voortplanting begonnen is, geschiedt) dringen zij alsware hier naar toe en verzamelen zij zich er bij.

Men verbeelde zich eene lange goot, uitgezonderd bij de beide einden, waar zich afgesloten vakken bevinden, met water en aldaar met eenig ander vocht van even groot specifiek gewigt als water gevuld. Zoo nu dit vocht binnen een dier vakken in golving is, en men verbreekt de afsluiting, wordt die golving voortgaande, plant zij zich voort tot binnen het water, dat vroeger in rust was, doorloopt zij, navolgbaar dezelfde blijvende, al verandert zij van gedaante, de goot en komt zij eindelijk binnen het tegenovergestelde vak, zoo dit open is. Wordt dit laatste vak alsdan direct gesloten, zoo blijft die golving hier binnen en het vocht binnen het eerste vak is dan op het oog in rust15. Even als nu het wezen van ligchamen in het algemeen, waartoe ook zulke, golvingen behooren, (omdat ligchamen zijn de veropenbaringen der zelfstandigheid door beweging) zich in sommige omstandigheden onbegrijpelijk snel verplaatsen kan, om op uiterst verren afstand van de primitieve plaats, wegens den aard der localiteit daar ginds, weder [193]stil te staan, zoo kan dit, naar ons inzien, ook doen het niet zintuigelijk aanschouwbare geheel van bewegingen het denken van eenig wezen bepalende, en omgekeerd door die denking bepaald wordende. Wel is waar is de moleculaire beweging bij den ether, tusschen en binnen de hemelbollen gelegen en deze, zie blz. 165 en 171 in verbinding met elkander brengende, anders dan bij het cellenweefsel der zenuwknoopmassa, doch op blz. 144 is reeds gezegd, dat het niet de zintuigelijke aanschouwing te weeg brengende moleculaire bewegingen der zenuwknoopmassa behoeven te zijn, welke de denking der menschen bepalen. Bij het bovengemelde voorbeeld zijn het toch niet de moleculaire bewegingen van het vocht, waardoor dit bijv. spiegelend, blaauw en vloeibaar voorkomt, welke de golving te weeg brengen.

Wegens de talrijkheid der bevolking dezer aarde (en nog in veel sterkere mate van die van het uiterst groote aantal hemelbollen na hun vertrek van het op blz. 161 gemelde middelpunt, tot een gelijksoortigen graad van ontwikkeling gestegen zijnde) zullen de oorzaken, tot veel en weinig sterfte bijdragende, door gelijktijdig te bestaan, te zamen eene resulterende gemiddelde sterfte te weeg brengen en dit eveneens plaats hebben met de oorzaken welke de geboorten bevorderen en verhinderen.

Op die, wegens gelijktijdigheid van ontstaan in zekere zin gelijksoortige hemelbollen, te zamen beschouwd, zullen gedurende korte tijdperken er aldus evenveel vruchten bestaan, waarbij eene zelfstandige denking annex wordt, en dit constante aantal door zeer algemeene oorzaken bepaald worden.

Diezelfde algemeene oorzaken kunnen nu tegelijkertijd bepalen de sterfte gedurende even groote tijdvakken plaats hebbende op de verzameling bollen *m*, aan de middelpuntszijde van gene gelegen, en die tot op den voorafgaanden trap van ontwikkeling van die der bollenverzameling [194]*n*, waartoe onze aarde behoort, gestegen is. Die algemeene oorzaak is te vergelijken met de verhouding tusschen de witte en zwarte ballen binnen eene bus, waaruit blindelings een uiterst groot aantal ballen getrokken worden. Doen nu twee personen, onafhankelijk van elkander, even veel trekkingen, zoo zal de kans, dat beide even veel witte ballen trekken, uiterst groot zijn, en, zoo er eene oorzaak bestaat hen hiertoe dwingende, het bestaan hiervan geheel onmerkbaar kunnen zijn, daar, zoo beide personen geheel vrij en onafhankelijk van elkander te werk gaan, er uiterst groote kans bestaat, dat zij tot dezelfde uitkomst zullen geraken, als onder den dwang dier oorzaak. Een zoo kan het annex worden van zelfstandige denking bij de vruchten op de verzameling van bollen *n*, gedurende korte tijdvakken even menigvuldig zijn, als het ophouden van het annex zijn van zelfstandige denking bij stervende ligchamen op de verzameling van bollen *m*, niettegenstaande het eene schijnbaar geheel onafhankelijk van het andere plaats heeft. Wat meer is gedurende uiterst korte tijden kan dit het geval zijn, daar bijv. hier op aarde het juiste oogenblik van het sterven niet aan te geven is, zoodat men bijv. onmogelijk kan opmaken, hoeveel personen er gedurende achtervolgende secunden werkelijk sterven, terwijl er geene questie van is om het juiste tijdstip, waarop de vruchten beginnen te denken, aan te geven. Wij moeten hier zelfs de hypothese opperen, of niet alle ontstaan van organisch leven op de verzameling bollen *n* gepaard gaat met vernietiging van dit leven op de verzameling bollen *m*, zoodat de bollen hiervan alsware levensstroomen (in den zin van electrische stroomen opgevat zie blz. 192) naar de bollen der verzameling *n* zenden16. [195]

De geene zintuigelijke indrukken teweegbrengende moleculaire bewegingen bij die stroomen, zouden alsdan bepalen de denking, de organisatie der er aan annex zijnde levende bewerktuigde natuur trachtende, zooals op blz. 143 gezegd is, geschikt voor levensomstandigheden te maken, en tegelijk die organisatie eene hoogere ontwikkeling trachtende te geven. Binnen die uit zich golfvormige voortplantende moleculaire of liever atomistische bewegingen zouden zich dan evenzoo voortplanten de geheelen van moleculaire beweging, de denking der afzonderlijke wezens bepalende, wanneer deze van er aan annex zijnde ligchamen veranderen. Die bijzondere stroomen zouden dan bij de plaatsen van aankomst van den algemeenen levenstroom van een bol uitgaande, naar speciale punten leiden, namelijk naar die waar vruchtbeginsels in een sterk stadium van groei, den algemeenen stroom sterker zien naar toetrekken17.

Tot het sterven der ligchamen van dieren moet, naar ons inzien, ook bijdragen de drang tot verhooging der ontwikkeling dier ligchamen door de er aan annex zijnde denking buiten die eigen denking der dieren, en eerstgemelde denking alleen, door te trachten de organisatie der gewassen eene hoogere ontwikkeling te geven, deze doen sterven. Hiervan zijn toch de accidentele variatikn der omstandigheden, waarin die gewassen verkeeren, niet, de eenigste oorzaak, zelfs voor de gemiddelde dier omstandigheden zijn de organisatien dier gewassen niet geschikt, iets dat daarentegen wel het geval zou zijn, zoo zij niet sneller in ontwikkeling toenamen, dan op blz. 157 gezegd is door onze gansche planeet te geschieden. Van daar ook, dat de laagst ontwikkelde planeten een taaijer leven dan de hooger ontwikkelde bezitten. [196]De oorzaak van het sterven der planten en der ligchamen der dieren (bij deze laatste, voor zooverre de toename in ontwikkeling hunner eigen denking dit zie blz. 143 niet bevordert) hebben aldus volgens deze hypothese plaats wegens de toename in ontwikkeling der bijzondere denkbeelden van den Oergeest aan die levende planten en dierenligchamen annex, iets dat, naar ons inzien, slechts dan bijna niet bestaat, als die ligchamen bijna niet onderscheiden zijn van de overige massa van de hemelbollen, dat weder slechts mogelijk is, als deze bijna etherachtig van aard zijn. Slechts dan zullen die bollen bijna in geen staat van groei, van verandering verkeeren, bij derzelver organische natuur geboorten en sterfgevallen betrekkelijk niet noemenswaardig in aantal zijn en die aan die natuur annex zijnde bijzondere denkbeelden bijna niet naar hooger streven. Al het bijzondere en wel in sterkere mate, naarmate het meer van het algemeenste op het gebied der veropenbaring der zelfstandigheid door denking (de algemeenste en onveranderlijke denkbeelden van den Oergeest) en opdat der veropenbaring dier zelfstandigheid door beweging (de ether buiten invloed der hemelbollen) afwijkt, moet, naar ons inzien, in ontwikkeling toenemen, om reden van bestaan te hebben. Men kan zich wel iets bijzonder denken, dat, even als alles aan wiens invloed het blootgesteld is, in geen opzigt, of wel er tegelijk regelmatig periodiek mede verandert (zoo als bijv. het openen en sluiten der bloemen met de afwisseling van dag en nacht) en dat aldus volmaakt geschikt is voor de omstandigheden waarin het verkeert, doch, door naar geen einddoel te streven, zou het niet absoluut volmaakt zijn. De op blz. 194 gemelde levensstroom, bepalende de bijzondere denking annex geweest aan de pas gestorven planten en dieren, moet naar ons inzien uitkomen daar waar die bijzondere denking weder annex kan worden [197]aan stofmassas er voor geschiktheid bezittende, en die zij op een hongeren trap van organisatie kan voeren, dan die welke zij verlaten heeft. Gesteld, dat iemand ter zijner beschikking heeft eenige stukken stof, in grootte verschillende, en, naarmate zij zulks meer doen in aard, meer onderscheiden zijnde, uit welk stuk zal dan die persoon een nieuwen rok laten maken, zoo hij die, gemaakt van een stuk waarvan de qualiteit hem het beste paste, door te groeijen verscheurd heeft? Klaarblijkelijk uit het stuk stof, in grootte en in qualiteit het digtste grenzende aan dat waaruit zijn vernielde rok gesneden geweest is, en zelfs, zoo hij nog een dergelijk stuk stof ter zijner dispositie had, zou hij dit niet kiezen, omdat de alsdan er uit te snijden rok te klein voor hem zou zijn.

Wegens dezelfde reden moet de bovengemelde levensstroom uitkomen bij eene verzameling van hemelbollen een trap in ontwikkeling verschillende en van buiten (namelijk aan de van het middelpunt van blz. 161 afgekeerde zijde), grenzende aan de bollenverzameling waarvan hij uitgaat.

Zooals bekend is ontstaat de geslachtsvoortplanting door het ophouden van den groei der ligchamen der ouders, en die groei moet, dunkt ons, het gevolg zijn van de toeneming in ontwikkeling der bijzondere denking aan het groeijende ligchaam annex (zie blz. 143 wel van de eigen denking van een persoon te onderscheiden) zonder toeneming in geestontwikkeling onderscheiden. Bij onveranderlijke wezens, zonder toeneming in geestontwikkeling, voor hunne levensomstandigheden volmaakt geschikt en volmaakt in harmonie met hunne niet groeijende ligchamen, zou er aldus ook geene reproductie bestaan, zoodat die toeneming in geestontwikkeling zoowel die reproductie, door de ligchamen te doen groeijen, als, door deze als ware geweld aan te doen, het sterven te weeg brengt18. Welvaren [198]der ligchamen moet zoowel de reproductie als derzelver groei gemakkelijker maken en aldus den op blz. 194 gemelden levensstroom er naar toe trekken, terwijl sterkere drang van dien stroom de reproductie ten koste van den groei der ligchamen moet bevorderen.

Zooals bekend is, is de organisatie der dierlijke vrucht bij het begin van derzelver ontstaan uiterst laag en, evenmin als (zie blz. 30) bij de laagste soort van dieren (zooals bijv. de infusoria) behoeft er dan eigen denking bij die vrucht annex te zijn, en zal dit welligt eerst plaats hebben, wanneer de organisatie er van zekeren trap (iets hooger voor de bolverzameling *n* van blz. 193 dan voor die *m* genaamd) overschreden heeft. Ook kan de invloed der ligchamen der ouders de toename in ontwikkeling der organisatie der vrucht bevorderen, doch, even als de op blz. 28 gemelde locomotief het paard helpt om den trein voort te trekken, zoodat de impulsie tot die toename in ontwikkeling der organisatie der vrucht ontstaat door het er aan annex en min of meer werkdadig worden der door den op blz. 194 gemelden levensstroom aangebragte bijzondere denking. De invloed der ligchamen der ouders op de organisatie der vrucht is vergelijkbaar met die van het onderwijs op leerlingen. Deze behooren de zucht naar onderwijs niet van hunne leeraren te bekomen, en zulk een onderwijs hen slechts in staat te stellen om sneller te leeren, dan zoo zij dit uit hun eigen moesten doen, benevens om de vakken te bepalen, welke geleerd moeten worden. Men kan zich hierbij voorstellen, dat dit onderwijs in zulk eene sterke mate gegeven wordt, als de leerling poogt vorderingen te maken, en dit vergelijkbaar zijn met het zich afmeten van den opheffenden invloed der ligchamen der ouders op de vrucht naar de werkdadigheid [199]der hieraan annex zijnde bijzondere denking. Met de oorzaak der gelijkenis der jongen op hunne ouders is alsdan de aard der leervakken vergelijkbaar. Even weinig kan men zeggen, dat de individuen dienen om de eigenaardigheid der soort te perpetueren, alsdat leerlingen van gymnasia dienen om de kennis der oude talen in stand te houden.

De aan de vrucht annex zijnde bijzondere denking zou, door de organisatie er van vooruit te zijn, hierdoor alsware achterwaarts getrokken worden en aldus in geestontwikkeling verkleinen, zoo zij niet een eigen drang tot uitbreiding en verhooging van haar veld van aanschouwing en dientengevolge tot vergrooting dier geestontwikkeling bezat. Bovengemelde werking van de ligchamen der ouders op de vrucht zal maken, dat de organisatie hiervan minder bij de ontwikkeling dier bijzondere denking ten achteren blijft en, naarmate hierbij den geestelijken aanleg, die, zooals op blz. 150 gezegd is, met de geestontwikkeling toeneemt, grooter is, men kunnen stellen, dat die bijzondere denking annex wordt aan eene vrucht van ouders eene hoogere organisatie bezittende, en die aldus de ontwikkeling der organisatie dier vrucht krachtiger vergrooten. Dit zou vergeleken kunnen worden met het zenden van vlugge kinderen naar scholen, waarop het onderwijs sneller opklimt en, de vorming tot eene hoogere maatschappelijke betrekking ten doel heeft.

Dat de reproductie bij eenige diersoort grooter wordt, wanneer, ten gevolge der vervolging door nieuwe vijanden, de sterfgevallen er bij menigvuldiger worden, kan misschien ontstaan, doordat het aantal individuen zulk eener soort verminderende, terwijl het aantal sterfgevallen betrekkelijk grooter dan vroeger blijft, die individuen wegens overvloediger voeding sneller dan vroeger zullen groeijen. [200]

Het omgekeerde zal daarentegen plaats hebben, zoo wegens overbevolking de voeding schaarscher wordt, en aldus dan de gestalte der menschen verkleinen en het betrekkelijke aantal geboorten zooveel verminderen, tot dat deze weder even menigvuldig als de sterfgevallen zijn19.

Naarmate de hemelbollen in aard minder met den ether verschillen, zullen zij, zooals op blz. 160 gezegd is, betrekkelijk trager bewegen en in massa toenemen en, in harmonie hiermede, de er op wonende wezens in zeker opzigt qualitatief minder met den Oergeest verschillen, trager in geestontwikkeling toenemen, op elk dier bollen gemiddeld langer leven. Hunne verwisseling van ligchaam zal meer geleidelijk geschieden en bij de denking dier wezens eene minder scherpe verandering te weeg brengen, terwijl de op blz. 94 gemelde terugtrekkende werkingen geringer zullen zijn bij hen dan bij ons. Zoo lang de denking van wezens annex wordt aan ligchamen achtervolgens in aard meer met den ether verschillende, moeten die denkingen qualitatief meer met die van den Oergeest in natuur gaan verschillen en (zie blz. 169) in grootte of ontwikkeling gemiddeld versnellende toenemen.

Dat de toeneming op deze aarde van het aantal menschen eenmaal niet noemenswaardig zal worden, blijkt ook uit het volgende. Hetgeen de menschen jaarlijks aan voedsel, kleeding, woning, huisraad en andere kunstwerken benevens aan brandstof verteren, kan toch beschouwd worden als de rente van een kapitaal bestaande uit: 1°. de voor de weide, bouw- en boschgronden benoodigde zouten;

2°. het voor de gewassen gevorderde koolzuur; 3°. de den bodem bedekkende nuttige gewassen; [201]4°. het vee en 5°. de voor voedsel en mestspecie gebruikt wordende waterdieren en planten. Daar nu de drie laatste deelen van dit kapitaal in reden zijn met de hoeveelheden zouten en koolzuur, ter vorming er van benoodigd, zoo kan met dit kapitaal in zeker opzigt stellen geheel te bestaan uit zulke zouten, benevens uit koolzuur. Neemt men nu de vermeerdering van dit gas, door de verbranding der fossile brandstof, benevens door de vulcanische werkingen, niet in aanmerking, zoo wordt dit kapitaal constant, maar vergrooten, naarmate de beschaving en het aantal aardbewoners stijgen, de deelen N°. 3 en 4 er van ten koste van de deelen N°. 1, 2 en 5. Buitendien wordt alsdan de omzetting van dit kapitaal en dus ook de jaarlijksche rente er van grooter; doch, zoowel dit als die vormverandering van dit kapitaal, moeten noodwendig begrensd zijn.

Naarmate de landbouw volkomener is, draagt elke oppervlakte grond gemiddeld meer planten en wordt er meer en zwaarder vee gehouden, doch, wegens het alsdan meer opvangen der mestspecien, zullen er minder zouten hiervan door het grondwater en de rivieren naar zee gevoerd worden, en aldus al het water alsmede de dampkring (op de op blz. 5 verklaarde wijze) minder van die zouten inhouden. Zoo wegens deze oorzaak, waardoor het voedsel der zeedieren vermindert als, wegens het verjagen, zullen deze dan minder in aantal worden. Neemt de beschaving toe, zoo vindt men middelen om het vee sneller vet te doen worden, om de nuttige gewassen sneller te doen groeijen, om de bosschen jaarlijks meer brandhout te doen leveren en om de vischvangst te verbeteren, hetgeen de hierboven gemelde rentevergrooting uitmaakt. Zoowel dit als de vermindering der hoeveelheden vrij koolzuur en vrije voor den landbouw benoodigde zouten zal echter steeds bezwaarlijker worden, naarmate men beide verder doordrijft, en aldus de middelen [202]van bestaan van het menschdom, tegelijk met de totale massa der menschelijke ligchamen, vertragende en eindelijk niet meer noemenswaardig toenemen20.

Op blz. 9 en 18 hebben wij gezegd, dat de verschillen tusschen de op natuurlijke wijze ontstane rassen, waaronder ook de menschenrassen behooren, bepaald worden door de verschillen hunner levensomstandigheden in verband met die tusschen de grond en luchtgesteldheid, en op blz. 26, dat de verschillen in lucht en grondgesteldheid, naarmate de beschaving klimt, van minder invloed zijn op de menschen, zoodat, zie blz. 9, de verschillen tusschen de thans bestaande menschenrassen geringer moeten zijn dan tusschen die aanwezig, toen het menschdom ontstaan is. De thans bestaande verschillen zijn echter grooter dan door de verschillen in lucht en grondgesteldheid der woonplaatsen der onderscheidene menschenrassen gewettigd wordt. Zoo kan men bijv. kwalijk aannemen, dat de organisatie van menschen, zich geschikt hebbende naar het tropische klimaat van Afrika, de neger en die van menschen, zich geschikt hebbende naar het tropische klimaat van Amerika, de roodhuidentype heeft voortgebracht. De verschillen tusschen de thans bestaande menschenrassen moeten aldus, zie blz. 24 voor een deel de gevolgen zijn van accidentele oorzaken, of wel zij moeten, (zie blz. 30) voor het ontstaan van het menschdom, door de verschillen in levensomstandigheden der voorouders der menschen in de verschillende werelddeelen teweeggebragt, ten gevolge der werking der traagheid, zie blz. 41 later, te groot gebleven zijn, en dus gedeeltelijk als iets verouderd beschouwd moeten worden.

Naar ons inzien mag men niet stellen, dat primitief [203]elk der zoogenaamde menschenrassen een volk heeft gevormd, eene enkele taal sprekende en later in verschillende natikn gesplitst, daar toch de toeneming der beschaving (zie blz. 26) juist het tegenovergestelde namelijk aglomeratie en eenheid te weeg brengt. Elk der zoogenaamde menschenrassen moet integendeel in een groot aantal onzamenhangende en verschillende talen sprekende stammen verdeeld zijn geweest en eene primitieve taal van het zoogenaamde Arische menschenras, naar ons inzien, evenmin beslaan hebben, als thans eene enkele Australische Indianentaal. Zoodra echter wilde stammen niet volstrekt vreemd aan elkander blijven, door bijv. door zeekn, woestijnen, enz. van elkander gescheiden te zijn, zullen zij bij die plaatsen van onderlinge aanraking, gebruiken, woorden, enz. van elkander overnemen en zelfs hun bloed vermengen, en die kruisingen zich alsware van af die plaatsen van aanraking naar het midden de woonplaatsen van elk der stammen, zie blz. 12, voortgeplant hebben. Volksverhuizingen hebben er steeds plaats gehad, stammen hebben, (zie blz. 12) stammen teruggedrongen, of onder deze hunne woonplaatsen gevestigd en met hen hun bloed, zeden, taal, enz. vermengd, (zooals bijv. de Normandikrs met de Anglo-Saxen). Wegens de met de toename der beschaving plaats hebbende aanwas in bevolking, zal het indringen meer dan het terugdringen (zooals dat der Mooren uit Spanje) plaats gehad hebben; doch men mag, naar ons inzien, niet stellen, dat wilde stammen na hunne verhuizing zeer veel uitgestrekter jagtvelden en weidegronden hebben ingenomen dan voor die verhuizing. Hetgeen thans in Amerika en Australik plaats heeft kan toch niet vergeleken worden met hetgeen heeft plaats gehad tijdens de nederzetting der Germanen in Duitsland en Scandinavik. De Engelschen en Duitschers leven, wegens hunne hooge mate van beschaving, in hun [204]vaderland digt opeengehoopt, en vinden aldus in Amerika en Australik voor hunne behoeften zeer uitgestrekte akkers en vermenigvuldigen aldaar sterk. Zoo echter, in plaats dat er Engelschen zich in Australik vestigen, men er Sioux en andere Indiaansche stammen bragt, zou dit geenszins het geval zijn, en niet veel uitgebreider streken als die welke deze stammen in de Vereenigde Staten innemen, zouden door de inboorlingen van Australik op dit eiland, al zij het zelf gedwongen, (zie blz. 13) aan die Amerikaansche wilden afgestaan kunnen worden. [205]

1 Hierbij moet men volstrekt niet aannemen, dat die bewegingen, naar gelang hunner plaats, een of ander denkbeeld bepalen, maar eerder, dat door elke beweging elk der denkbeelden meer of minder en dus gedeeltelijk bepaald wordt omgekeerd.

2 Er bestaat voorts naar ons inzien een groot onderscheid tusschen gewoonte en instinct. Men is bijv. gewoon om eene daad te doen, wanneer de primitief door redenering verkregen denkbeelden, het verrigten dier daad moetende vergezellen, zoo diep ingeworteld zijn, dat zij met weinig inspanning voor den geest, of buiten den latenten toestand kunnen gehouden worden; terwijl men iets uit instinkt verrigt, wanneer men door de denking buiten de onze, of die van andere menschen of dieren, er toe gedreven wordt.

3 Zie blz. 69 van ons werk get. *Over de werking der Natuurwetten op zedelijk gebied enz.*

4 Zie hierover ons geschrift get: Over den aard en de toekomst der beweegkracht blz. 4 en 16.

5 Zie hierboven ons werk get: "Vervolg van het werk get: Over de werking der Natuurwetten op zedelijk gebied enz. blz. 123 en 524.

6 Zie hierover het in de voorgaande noot gemelde werk, blz. 322.

7 Deze baanverkleining zal ook ontstaan, doordat van een uitzettenden bol de verschillende deelen door een anderen bol niet even sterk aangetrokken wordende en aldus ongelijke snelheden bezittende, tegen elkander zullen wrijven zie blz. 154.

8 De kleinste dier beide bollen zal alsdan, wegens de ongelijke snelheid van derzelver verschillende deelen, betrekkelijk meer uitzetten en warmte binden dan den grootsten, zie noot blz. 156.

9 Vooral op lage breedten ontstaat er namenlijk door de werking der verticale ontbondene der centrifugale krachten eene circulatie overeenkomende met die der passaatwinden en anders vooral op hooge breedten door de werking der horizontale ontbondene der centrifugale kracht eene tegengestelde circulatie. De oorzaak hiervan is door ons elders verklaard.

10 Even als de hemelbollen vergrooten door omzetting van deelen der algemeene oerstof in hunne eigen soorten van bijzondere stof, zoo vergrooten geesten door omzetting van bijdragen tot de algemeene denkbeelden bij deelen van den oergeest in bijdragen tot hunne eigen bijzondere denkbeelden, zie blz. 144.

11 Dit zou ook het geval zijn, zoo menschen zoodanig aan zeker lot verbonden waren, dat bijv. de accidentele wejrverschijnselen zich er naar zouden regelen.

12 De beoefenaars der wiskunde is het bekend, dat de ruimte besloten tusschen eene kromme, derzelver assijmptoot en eene zekere ordinaat dier kromme eindig kan zijn, ofschoon de lengte dier ruimte oneindig is.

13 Ook zal, naarmate die toeneming in geestontwikkeling trager is, de aanleg gedurende een zelfde aanwas in ontwikkeling sterker toegenomen zijn.

14 Op diin aanleg kan de praekxistentie een invloed uitoefenen, vergelijkbaar met den op blz. 185 gemelden invloed van het ligchaamsleven der reeks onzer antiduliviaansche voorouders op de deugd van de type van ons ligchaam. Hetgeen op blz. 186 gezegd is

van het algemeene van dit type gaat door voor den aanleg voor het verkrijgen van denkbeelden, innig in veel andere bevat, vooral voor deze gronddenkbeelden moet de praekxistentie den aanleg bevorderd hebben.

15 Men denke hierbij aan de geluidsgolven, binnen vloeistoffen of vaste ligchamen, de in onze monden gevormde phrasen, getrouw naar een anders ooren overbrengende.

16 Zie ons geschrift get.: Over den aard en toekomst der beweegkracht, blz. 43.

17 Men denke hier aan de ligchamen waarop de electriciteit bij verkiezing overspringt.

18 Dit is te vergelijken met de uitwerking van overspanning der spieren. Deze worden er door onbruikbaar, niettegenstaande zij door het gebruik zich ontwikkelen, zie blz. 168.

19 De oorzaak van geschiktmaking moet de stofwisseling bij de ligchamen der individuen in het eerste geval versterken en in het tweede verzwakken, zie blz. 49.

20 De oppervlakte van het land zal een en ander slechts begrenzen, zoo de vulcanische werkingen de voor de gewassen benoodigde zouten uit de vloeibare aardkern brengen.

Beschouwingen over de geestelijke ontwikkeling van den mensch.

Er bestaat in des menschen geest een strijd tusschen de zucht naar toestanden, waarvoor hunne natuur, zooals zij thans is, zekere geschiktheid bezit en waaraan zij gewoon zijn, hetgeen eene soort van geschiktheid is, en de zucht naar hoogere, maar hun onbekende toestanden. Van daar dat bijv. menschen, geruimen tijd in de gevangenis vertoefd hebbende, aan hunne enge cel hechten, en er somtijds tegen op zien, om weder in de wijde en hun vreemd geworden maatschappij te treden1. Vandaar ook de liefde der menschen niet slechts voor bestaan in het algemeen, maar tevens voor het aardsche leven, dat wel is waar hun veel leed oplevert, maar met wiens aard zij bekend zijn, en waarvoor zij zekere geschiktheid verkregen hebben. Hoe lager des menschen trap van geestontwikkeling is, en aldus hoe zinnelijker zij en hoe meer bekrompen hunne denkbeelden zijn, hoe sterker (althans zoo men het zwakker zijn hunner zelfbewustheid niet in aanmerking neemt) hunne gehechtheid aan bekende levenstoestanden, [206]en tegelijk hoe sterker hun afkeer voor door hen veronderstelde vreemde toestanden zal zijn. Dit kan nu de oorzaak zijn, dat de oude Grieken het verblijf in den Hades zoo weinig aanlokkend voorstelden, en dat de menschen zekere neiging bezitten om den zielstoestand na den dood wel verhevener, maar overigens gelijkende op die hier op aarde te stellen. Kan bijv. de meest philosophische mensch vurig verlangen naar een leven, waarin hij een veel hoogere ontwikkeling, maar tegelijk geheel andere denkvormen dan hier op aarde bezit, en dat hij aldus wel kan stellen te zullen bestaan, maar voor zich niet begrijpelijk kan maken? Naar ons inzien neen, maar zulk een philosoof zal zeggen, dat de aardsche levenstoestanden thans voor hem niet eene grootere absolute, maar slechts eene grootere relatieve waarde bezitten dan alle andere wier bestaan hij kan stellen, en dat die voorkeur voor het aardsche bestaat door zijne bekendheid er mede, aldus door eene oorzaak, die, wanneer hij eenmaal vertrouwd zal zijn met andere levenstoestanden, hem voor deze dezelfde voorkeur zal inboezemen, al thans voor de aardsche.

Wel zal hij, naar ons inzien, een oneindig, onveranderlijk en dus volmaakt, maar hem geheel vreemde denkvormen en denkbeelden bezittend en aldus hem onbegrijpelijk wezen, in waarde onvergelijkbaar hooger schatten dan de menschen, die hij liefheeft, maar toch, wegens de onmogelijkheid om het te kunnen begrijpen, dit wezen niet kunnen beminnen op de wijze als hij menschen bemint. Hiervoor zou hij dit Oerwezen moeten vermenschelijken en aldus een karakter moeten geven, dat zijne rede en wetenschap hem zegt, dat het niet bezitten kan. Die voor hem onbegrijpelijke aard van het Oerwezen zal die wijsgeer achten volmaakt geschikt te zijn voor het Heelal en zelfs voor zijn eigen geestelijken loopbaan, gedurende de eeuwigheid als een geheel beschouwt, [207]maar voor zijn gemoedsgevoel, zooals dit thans is en zelfs, zoolang zijn geest binnen de palen der eindigheid besloten is, zijn zal, moet die onbegrijpelijke aard als iets ongeschikt voorkomen2.

Slechts wanneer de wezens, na eene oneindige groote geestontwikkeling bereikt te hebben, geheel met den Oergeest vereenigd zijn, moeten zij, naar ons inzien, zijne natuur door deze volkomen te deelen, volkomen begrijpen, en dan ook eene volmaakte wetenschap van hunne eigene bestemming en van het werelddoel bezitten. Voor dien tijd, terwijl die geestontwikkeling uiterst groot, maar nog eindig is en, ofschoon uiterst weinig, nog toeneemt zie blz. 200, kan dit begrijpen wel reeds uiterst goed, maar nog niet volkomen goed zijn, evenmin als eene kromme lijn *ac* (zie onderstaande fig.), een assymptoot *lg* bezittende, deze op uiterst groote eindige distantikn volkomen kan raken. Zoo nu, na het bereiken van zekere eindige grootte, de geestontwikkeling, na steeds verzwakkende vergrooting er van, niet meer toenam, zou na een uiterst langen tijd er (zie blz. 178) geene noemenswaardige dwaling en disharmonie bij onze denkbeelden meer moeten bestaan. Daar dan echter het begrijpen van het oneindige zeer onvolkomen zou zijn, zou het stellen er van in 's menschen geest niet meer moeten plaats hebben, want anders zou de disharmonie zelfs niet zeer nabij weggenomen zijn. Van den anderen kant kan een niet in grootte van ontwikkeling afnemende geest, het stellen van [208]het oneindige niet verleeren, en dit toont dunkt ons aan, dat dit stellen (door de wijsgeeren slechts bepaalder en naauwkeuriger dan door andere menschen geschiedende, en waarvan bij alle metaphysische godsdienstbegrippen zelfs de laagste, er reeds eene kiem bestaat) bewijst, dat de natuur van onzen geest zoodanig is, dat bij geen trap van eindige ontwikkeling er tusschen zijne denkbeelden eene volmaakte harmonie kan bestaan, en dat aldus binnen geen eindigen tijd hij in een volmaakt bevredigenden toestand kan geraken.

Het zich bevinden der stelling van het eeuwige, onveranderlijke en oneindige binnen de hierdoor nimmer derzelver aanhangers geheel bevredigende godsdienstbegrippen, heeft gemaakt, dat de vermogensvergelijking der goden slechts tot zekeren graad mogelijk werd. Bij den Oergod, tijdens het begin der tijden begonnen zijnde den chaos te ontwarren, ging dit het minste goed, bij de ondergoden en middelaars beter, en uit zucht, om voor zich zooveel mogelijk geschikte godsdienstbegrippen te verkrijgen, hebben de menschen dan ook niet verzuimd om zulke middelaars, wier bijna menschelijke natuur hen goed begrijpelijk, en ten gevolge van dien vrij beminnenswaardig en geschikt om gebeden te verhooren maakte, te scheppen. Somtijds geen, somtijds eenigen, maar steeds een grootendeels toevalligen historische oorsprong bezittende, zoo waren die middelaars vaak zinnebeelden van zaken op geestelijk of stoffelijk gebied binnen de bewuste aanschouwing vervat, en verhevener was hunne natuur, naarmate hunne voorstelling deel uitmaakte van hooger staande godsdienstbegrippen.

De disharmonie van hetgeen wij op het buitenzinnelijk gebied stellen met wat wij hiervan begrijpen, is, naar ons inzien, de oorzaak waardoor de arbeid der eigenlijke wijsgeeren voor de verhooging der godsdienstbegrippen der massas zoo weinig vruchtbaar geweest is en [209]waarom men aan de juistheid, van hetgeen men op buitenzinnelijk gebied gelooft met de waarheid ongeveer over een te komen, te kort moet doen bij het mededeelen van godsdienstbegrippen aan kinderen en onbeschaafde menschen. Terwijl de wiskundige kennis bij de achtervolgende generatikn door juxtaposa aangroeit, zoodat het nieuwe zich naast het oude vleit, zonder aan de waarheid hiervan te kort te doen, groeit de kennis van het buitenzinnelijke door interposa, namelijk elk deel ontwikkelt zich en nadert gemiddeld meer tot de waarheid. Tracht men aldus bij het onderwijs der jeugd die deelen in hun vorigen verachterden toestand alleen te verbeteren en te zuiveren, zonder hen tegelijk te verhoogen, zoo zal men gebrekkig werk leveren. Zie blz. 130.

Zelfs menschen, welke zich boven de voorstelling van middelaars verheven hebben, zijn niet vrij van het toeschrijven van menschelijke denkvormen aan het Opperwezen.

Zij zeggen, wij zijn geene loondienaars, doch de hartekenner volgt onze schakel van denkbeelden en, naarmate deze goed of slecht zijn, keurt hij die goed of af, en daarvoor is het dat wij gevoelig zijn. Men zou nu aan zulke menschen kunnen vragen, of die opvatting der denking van God niet insluit, dat zij voor een deel even als Godsvoorwetenschap van al het toekomstige bijzondere (en derhalve ook van hetgeen door al de menschen in de toekomst gedacht zal worden) eene overbodige duplicata is van het geestelijke leven der menschen, en tevens dezelfde vorm als de denkbeelden dezer laatste bezit, zie blz. 175. Die goed of afkeuring kan ook kwalijk zonder het bezit der menschelijke denkvormen geschieden, en zou buitendien niets beteekenen, zoo zij aan God geene vreugde of verdriet verschafte, hetgeen de toekenning van menschelijke hartstogten aan hem noodzakelijk maakt3. [210]

Wijsgeeriger is het naar ons inzien te zeggen, dat, door goed te doen, men zijne zedelijke ontwikkeling, en wel te meer hoe verhevener door onbaatzuchtigheid de gehalte van die goede daden is bevordert, en zich hierdoor een blijvenden schat verwerft, zoo het geestelijke leven niet met vernietiging bedreigd wordt, en men zorgt die verkregen vergrooting van zedelijke ontwikkeling in stand te houden. Zie blz. 153. Even als toch eene nietige oorzaak, gedurende zeer langen tijd werkzaam, groote kwalen kan doen verdwijnen en eene groote ommekeer van zaken te weeg kan brengen (reden waarom ongelukkige en door de omstandigheden magteloos gemaakte, maar met wijsheid en wilskracht begiftigde menschen vertrouwen in de toekomst kunnen stellen), zoo moet een verworven goed, niet onderhouden wordende gedurende een lang tijdsverloop tot op een niet noemenswaardig deel wegslijten.

Op blz. 122 hebben wij aangegeven wat ons noopt om onze geestontwikkeling naar de hoogte te werken, en op blz. 207 wat het einddoel dier vergrooting is. Die vergrooting onzer geestontwikkeling is aldus onafscheidelijk van de denking van den Oergeest, en zonder deze zou ons bestaan zelfs onmogelijk zijn, zoodat de gedachte aan hem onafscheidelijk is van die dat de vergrooting onzer geestontwikkeling onze roeping is.

De zooveel mogelijk regtvaardige vergelding der daden, of anders gezegd het beloonen en straffen, dit is de taak [211]der met elkander verkeerende eindige wezens. Dit moet dunkt ons niet alleen hier op aarde, maar ook op de hemelbollen, waar er hooger ontwikkelde levende wezens met elkander in contact komen, het geval zijn. Wegens de gelijkslachtigheid tusschen oorzaken en gevolgen (zie blz. 70) moet de behandeling van andere wezens door deze laatste, of, wanneer op hoogeren trap van geestesontwikkeling zij met andere wezens zamenwerken, door die welke hunne partij opnemen, beantwoord worden. Slechts omdat dit het geval is, kunnen wij onderzoeken hoe die beantwoording moet zijn om tot heil van de geheele maatschappij te strekken, of anders gezegd om onregt te weren. Dit onderzoek, die pogingen vereischen geestinspanning en leiden aldus tot de vergrooting zoo van eigen geestontwikkeling, als tot de verheffing der maatschappij. Zoo er eene supranaturalistische vergelding bestond, zouden wij de handen in den schoot kunnen leggen, zoo zulk eene vergelding kort na het begaan der daden op een goed merkbare wijze plaats had. Het is waar, dat, wegens het bestaan van allerlei accidentele omstandigheden en wegens de kortheid van het aardsche leven, het voor de menschen zelfs met den besten wil onmogelijk is om elk hunner voor zijn dood zijn geregeld deel te geven; doch beide die oorzaken, en aldus ook het er door teweeggebragte kwaad, zijn zie blz. 84 onafscheidelijk verbonden aan levenstoestanden waarin toename der geestontwikkeling mogelijk is.

Het voorschrift, dat men andere menschen even sterk als zich zelf moet beminnen, en aldus in de wederwaardigheden van vreemdelingen evenveel belang stellen als in zijn eigen lot, kan, naar ons inzien, eerst een vereischte worden voor wezens, na eene oneindige vergrooting hunner geestontwikkeling, zie blz. 169 volmaakt met elkander samengesmolten zijnde. Uit het feit, dat wij thans individueel bestaan, volgt direct, dat wij voor ons zelf moeten [212]zorgen en een levensdoel met betrekking tot ons eigen persoon moeten bezitten, terwijl uit het feit, dat wij met andere wezens behooren zamen te werken, volgt, dat wij ons het lot dier anderen behooren aan te trekken. Wij behooren hen te helpen voor zooverre zij onze strijdmakkers zijn, en wel niet slechts in den strijd van partijen van het menschdom tegen elkander, maar zie blz. 55 tevens in de hoogere soort van strijd door het gansche menschdom vereenigd gevoerd. Slechts in zooverre de menschen aldus behooren zamen te werken, moet elk hunner voor de maatschappij leven, en dit kan nu hun levensdoel met betrekking hun eigen persoon hooger en edeler doen worden.

Wanneer begrippen over levens- en wereldbeschouwing te laag staan met betrekking tot de wetenschap en de behoeften der maatschappij, zijn zij voor deze laatste wel in het algemeen, maar niet in allen deele ongeschikt geworden, en zijn dien ten gevolge de hoogere begrippen over wereld- en levensbeschouwing ongeschikt voor bijzonderheden der maatschappelijke behoeften. Om dit op te helderen stellen wij bijv. dat iemand te klein gehuisd is. Vooreerst zal hij, wegens de werking der traagheid, later verhuizen dan op het oogenblik, dat hij ondervindt te eng gehuisd te zijn, al kon dit verhuizen zonder de minste zwarigheid geschieden, maar buitendien wordt hij terug gehouden, omdat zijne vloerkleederen en gordijnen zoo goed in het oude huis passen, omdat hij geen meubels genoeg bezit voor eene ruimere woning enz.4.

Precies in dezelfde verhouding staan nu de massas [213]iets bezittende, dat in het algemeen te laag voor hen staat tegenover novateurs, welke zulk eene zaak op een hooger standpunt willen brengen, al is het dat hierdoor aan eene werkelijke behoefte voldaan wordt, en aldus nog zooveel te meer zoo die behoefte nog maar flaauw is, en het nieuwe, dat wordt aanbevolen, voor die massas nog te verheven is. De geschiktheid van het oude voor bijzonderheden van den bestaanden toestand en de ongeschiktheid van het nieuwe hiervoor, verklaren de inertie dier massas, en ten gevolge hiervan worden die hervormers, meestal bekwame personen, maar die weinig te verliezen hebben, gehouden voor lastige menschen en onpraktische warhoofden, goed om te worden verwaarloosd. Komen deze nu in aanraking met magthebbende personen, wier positie aan den ouden stand van zaken verbonden is, zoo wordt de zaak erger voor hen, althans zoo men vervolging erger kan noemen dan voor anderen vruchteloos te arbeiden. Al komen zulke magthebbenden niet tegen beter weten in veel te kort in de vervulling der eischen van hunne positie, al zijn het dus geen slechte menschen, zoo zullen zij, door overdrijving der bezwaren der verandering, door gehechtheid aan hunne wijze van zien, door gekwetste ijdelheid, al ligt er toe komen om die hervormers voor monsters en vijanden van het heil der maatschappij te houden, en hen, wanneer de stand van beschaving en de wetten dit veroorloven, naar het schavot zenden. Dit in aanmerking nemende, zoo is het gemakkelijk te verklaren hoe de Atheners, zonder te meenen onregt te plegen, Socrates konden ter dood veroordeelen, omdat hij beticht werd de jeugd tot ongeloof en zedeloosheid te verleiden.5 Wat [214]nu is de oorzaak dier verkeerde oordeelvellingen en van het verwonderlijke verschil in appreciatie der waarde van zaken door de menschen? Niets anders dan de verandering der wereldsche zaken, waardoor, wegens de werking der traagheid, bij verandering van eene zaak, niet al de andere direct eene overeenkomstige verandering ondergaan en zich er naar schikken, maar op verschillende hoogten staan, zie Noot blz. 69, en voorts het verschil in werking der traagheid niet alleen bij onderscheidene menschen, naar gelang van hun karakter, beelding, antecedenten en positie, maar ook bij denzelfden mensch bij de verschillende zaken, waarmede hij zich bezig houdt.

Zoo zal bijv. een geleerde, de vader der nieuwste ontdekkingen op het gebied van eenige wetenschap, in zijne kleeding de mode van voor twintig jaren volgen, ofschoon hij volstrekt niet overtuigd is, dat deze doelmatiger dan de thans bestaande is, en eenig ander mensch hevig liberaal, maar tevens voorstander zijn van classieke studikn voor regtsgeleerden en sterrekundigen zijn, omdat het toeval hem rector gemaakt heeft.

Eene constante oorzaak (bij het voorbeeld van blz. 132 de doorloopende orde tot opsluiting zijnde) tracht echter, wanneer bij iemand, of bij eenige maatschappij verschillende zaken op ongelijke hoogte staan, deze in hoogtestand naar elkander te trekken. Zoo is het bijv. niet aan het toeval te wijten, dat thans de geestelijken eene ouderwetsche kleeding dragen en gehecht zijn aan de klassieke studikn.

Bij zwakke verandering der maatschappelijke toestanden, meeningen en behoeften zal men daarentegen bij instellingen geene groote ongeschiktheid van het een voor het ander en evenmin groote verschillen in opinie bij de menschen, ten gevolge van bovengemelde werking der traagheid, waardoor zie blz. 119 de kritiek met [215]betrekking tot de vorming van nieuwe opinikn ten achteren blijft, bespeuren.

Tusschen den mensch van genie van heden en den gewonen mensch van lateren hoogeren trap van beschaving, wiens toename in geestontwikkeling door uitgebreider onderwijs en zelfs zie blz. 199 door den ligchamelijken invloed zijner ouders meer begunstigd is dan die zijner voorzaten, bestaat het verschil, dat gene betrekkelijk zijne tijdgenooten in eene soort van geestontwikkeling kan uitmunten, waarvan later weinig werk wordt gemaakt zie blz. 67, en waarin dus zijne niet geniale nakomelingen hem niet evenaren, ofschoon deze in andere soorten van geestontwikkeling hem zullen overtreffen. Desniettemin kan men zeggen, dat in zeker opzigt, vooral de in het algemeen geniale mensch van heden, vertoont wat de gewone mensch in de verre toekomst zal zijn, en dat hetgeen hij voor zich (niet voor zijne tijdgenooten) op maatschappelijk en religieus gebied geschikt acht, in de toekomst bij hoogeren trap van beschaving eenmaal zal bestaan. Beide zullen zie blz. 84 gebrekkiger dan den gewonen mensch van heden aan de door hen gestelde levenseischen voldoen, sneller dan dezen voorwaarts schrijden op de baan der geestontwikkeling, en beter dan dezen begrijpen hoeveel er voor den individuelen mensch te leeren valt, en welke kennis hunne nakomelingschap zal kunnen opdoen. Van den in kennis boven zijne tijdgenooten verheven mensch, wordt vaak de leering, van den hen zedelijk overtreffenden mensch, de beweegredenen zijner handelingen gebrekkig begrepen. Beide nu moeten binnen zekere grenzen trachten zich geschikt te maken voor hunne omgeving, de eerste door zich door deze te doen begrijpen, de tweede door de verdediging zijner regten minder aan de hoede der maatschappij over te laten en haar meer op zich te nemen.

Hiervoor behoeft men echter zijne toeneming in intellectuele [216]en zedelijke ontwikkeling slechts te wijzigen, zonder haar te verzwakken. Zoo men toch minder tijd wijdt aan het opdoen van kennis, ten einde pligten jegens anderen te vervullen, zal men zijne zedelijke ontwikkeling bevorderen, en zoo men zich sterk tracht te maken, ten einde zijne belangen beter te verdedigen en geene vergevingsgezindheid en onbaatzuchtigheid betoont waar misbruik van gemaakt zou worden, zijne intellectuele ontwikkeling begunstigen.

Verder mag men evenwel naar ons inzien niet gaan, en aldus niet zeggen, ik zal die kennis niet opdoen, omdat ik haar niet ten volle aan anderen kan mededeelen, ik zal mij niet meer zedelijk veredelen, omdat anderen hierdoor slechts weinig gebaat zouden worden. Zulk eene nuttigheidsleer zou slechts kunnen opgaan zoo de menschen uiterst innig met elkander verbonden en alsware geestelijk zamengesmolten waren, zoo er een geestelijk communisme bestond.

Even als de door de regtbanken opgelegde en tot afschrikking dienende straffen, zooveel mogelijk aan de zedelijke verheffing der veroordeelden dienstbaar gemaakt worden, zoo moet een ieder, zooals hierboven gezegd is, de verhooging zijner geestelijke ontwikkeling zooveel mogelijk dienstbaar trachten te maken aan het heil zijner medemenschen. Dit nu wordt door hen, welke zich aan het zoogenaamde comtemplatieve leven wijden, verzuimd, doch dit leven kan voor die personen zelve even heilzaam zijn als eene de veroordeelden niet zedelijk opheffende straf voor de maatschappij.

Het verzuimen van lagere soorten van geestontwikkeling, ten einde zijn leven toe te wijden aan vergrooting van meer verhevene soorten er van, was primitief het doel van het kloosterleven, en zoo iets kan niet ten allen tijde geschieden, zonder zich van de maatschappij af te zonderen. De vergrooting der geestelijke ontwikkeling [217]dier maatschappij, zijn eigen persoon hier in begrepen, zooveel mogelijk bevorderen, behoort een ieders streven te zijn, doch om (zooals op blz. 85 gezegd is) de geschiktheid dier maatschappij voor het aardsche te paren aan haren geestelijken vooruitgang, dient die vergrooting niet alleen bij de hoogste ons bekende soort, maar ook bij lagere soorten van geestontwikkeling (waarvan op blz. 67 gesproken is) plaats te hebben. Alles komt toch neder op gedachten.

Onjuist komt ons voor Gvthes epicuristische stelling, dat men gedurende zijn leven de som der aangename en verstandige gedachten zoo groot mogelijk moet trachten te maken. Deze stelling zou passen voor wezens, individueel in geen phase van vooruitgang zijnde. De eischen hiervan maken (zie blz. 84) dat men zich dikwijls onaangename en bezwarende gedachten moet opleggen.

Wanneer bij eenig wezen de zedelijke ontwikkeling hooger staat dan de intellectuele, zal gene verlagen door onwetendheid en gebrek aan kracht, terwijl in het omgekeerde geval, de intellectuele ontwikkeling door toegeving aan hartstogten zal verlaagd worden. Op den langen duur kunnen beide soorten van geestontwikkeling niet op verschillende hoogten blijven staan, en van daar dat de genius van het kwaad, bestendig eene hooge intellectuele aan eene zeer lage morele ontwikkeling parende, niet slechts een niet bestaand, maar zelfs een onbestaanbaar wezen is. Het kwaad bezit steeds het karakter van dierlijkheid, zwakheid of bekrompenheid. Hij die bijv. zelfs ter bereiking van een goed en groot doel (zooals bijv. het daarstellen van een deels meer geschikten, deels meer geavanceerden maatschappelijken toestand) slechte middelen aanwendt, handelt bekrompen, daar hij weinig vertrouwen in zijn talent schijnt te stellen en een gebouw op zwakke grondslagen sticht. Even als het afbreken veel gemakkelijker dan het opbouwen [218]is, zoo is het benadeelen en bedriegen van een ander veel gemakkelijker dan het met hem zamenwerken ter bevordering van zijn heil. Hiervoor wordt meer menschenkennis en overleg gevorderd dan voor het bedriegen, waarbij men met eene lage soort van geestontwikkeling, ook bij de roofdieren bestaande, kan volstaan. Deze kunnen toch goed onderscheiden welk dier zij aan en welk zij niet aan kunnen, zich in hinderlagen leggen en hunne prooi onverwachts bespringen, doch wat zij slechts op eene zeer beperkte schaal kunnen doen is met elkander zamenwerken. Zoo iemand door kwaad te doen, zijne zedelijke ontwikkeling betrekkelijk die der andere menschen verlaagt, trachten de door deze opgelegde straffen hem te verlagen, en omgekeerd, na het plegen van goede daden, de ontvangen loonen hem in eene hoogere positie te plaatsen. De menschelijke vergelding strekt dus niet alleen, om door afschrikking en aanmoediging de zedelijke ontwikkeling der menschen te verhoogen, maar tevens om deze in voor hen geschiktere toestanden te brengen, door een ieder digter bij de plaats te brengen, waarop de hoogte zijner geestelijke ontwikkeling hem aanspraak geeft.

Overigens loonen en straffen de menschen slechts voor zoo verre hen door iemand goed of kwaad gedaan wordt. De verhooging of verlaging der zedelijke ontwikkeling van een persoon, gevolgen zijner daden, bestaan naast die loonen en straffen, zijner niet steeds mede evenredig, worden er meer of minder door geinfluenceerd en zijn sterker en duurzamer, naarmate de zelfbewustheid der menschen grooter is. Tegelijk hiermede moet het bewustzijn der morele verhooging of verlaging, bij de menschen sterker wordende, deze meer wiirhouden om anderen kwaad of te kort en meer dringen om anderen goed te doen. Werden de eischen van het maatschappelijke en zedelijke bestaan der menschen alsdan niet hooger, zoo [219]zouden de menschen zeldzamer door anderen te kort gedaan en menigvuldiger goed bejegend worden, dit kwaad en dit goed minder geteld en menschelijke straf en loon zwakker worden6. Men ziet aldus hoe wenschelijk het is, dat de menschen hunne zedelijke verlaging of verhooging ten gevolge hunner slechte of goede daden, groot en duurzaam voorstellen, en hoe is dit nu mogelijk, zoo zij haar bij het einde van hun aardsche leven stellen op te houden? De voorstelling der zedelijke verhooging of verlaging van den mensch na den dood is thans bij de massas nog kinderlijk, daar zij is die van opgelegd menschelijk loon of straf, doch verdween zij bij die massas, zoo zouden deze betrekkelijk wat slechter worden, hierdoor de eischen van hun maatschappelijk en zedelijk bestaan verlagen, en dit successivelijk voort gaan, tot dat het menschdom zou dalen tot op het standpunt dier wilde volken wier zelfbewustheid zoo gering en wier zinnelijkheid zoo groot is, dat zij zich nog hoegenaamd geene voorstelling van een toekomstig leven kunnen vormen. De atheosten door redenering zouden aldus van lieverlede atheosten uit onwetendheid zijn geworden, of is het niet waar, dat bij den mensch alles zich op dezelfde hoogte tracht te stellen, en dat, zoo aldus iets bij hem op een zeer laag standpunt te houden was, al het ander van lieverlede op een even laag standpunt zou komen? Hij die zoo iets ontkent, kent de natuurwet der geschiktwording van het een voor het ander niet. Of zou men denken, dat, zoo het mogelijk ware dat de menschen steeds naakt gingen loopen, en hunne dierlijke lusten in het publiek dan met deze en dan met gene gingen voldoen, kunsten en wetenschappen nog lang zonden bloeijen? Apen zouden zulke menschen [220]worden, apen in ligchaamsvorm, in intellectuele en zedelijke ontwikkeling, in levenswijze.

Dit onverzettelijk zeer laag houden van een factor der ontwikkeling van eenig wezen, betrekkelijk de andere factoren, is echter op den duur onmogelijk, daar niet slechts alles in hoogte elkander tracht te naderen, maar bij dit alles een drang tot vooruitgang bestaat.

Door dien vooruitgang worden de wezens magtiger, en streven zij sterker dan hunne gelijken voorwaarts, zoo worden zij magtiger dan deze.

De menschen bezitten eene zucht hiernaar, doch trachten zij macht te verkrijgen, niet door vergrooting hunner intellectuele en morele ontwikkeling onder gestadige inspanning, maar ten koste dezer laatste soort van geestontwikkeling, zoo worden zij eene prooi hunner hartstogten en zinnelijkheid, en het gebouw hunner magt valt weldra ineen. Zinnebeeldig heeft men zoo iets voorgesteld door verbonden van naar magt en grootheid hunkerende menschen met den booze, en het geloof aan tooverij heeft geen anderen oorsprong. De toovenaars toch werden beschouwd magt verkregen te hebben door onwettige middelen, terwijl godsdienst en vroomheid als de wettige middelen beschouwd werden, en de maatschappij, zich door de toovenaars benadeeld achtende, strafte deze.

De toovenaars zijn verdwenen, doch waarop berust thans veler ephemere grootheid? Op intrigue, op bedrog en opligterij, en hunne weelde en saturnalikn duiden genoegzaam den onwettigen oorsprong dier magt aan. Hoogere intellectuele ontwikkeling maakt, dat men meer bespeurt, welke voordeelen in het heden misdaden te weeg kunnen brengen, en beter de middelen weet te vinden om deze te volvoeren. Vandaar dat, ofschoon de menschen gedurende hun leven gemiddeld absoluut in zedelijke ontwikkeling toenemen, in het oog loopende [221]misdaden, zie blz. 72 niet meer door jonge lieden dan door oudere van dagen gepleegd worden.

Dat menschen in beschaving toenemen en absoluut moreel slechter worden, gebeurt somtijds en naar ons inzien door dat zij dan aan qualitatief lagere eischen van zedelijkheid minder gaan voldoen, en zulks nog vrij slecht aan qualitatief hoogere doen. Dit kan vergeleken worden met het slecht schieten door een wilde, die afgeleerd heeft om met den boog om te gaan, maar nog niet goed met vuurwapens overweg kan, alsmede met het ongeloof van hen die hunne voorvaderlijke godsdienst ontgroeit, maar nog slechts gebrekkig eene meer verhevene godsdienst aangenomen hebben. Dit verschijnsel is echter bij de menschen in beschaving toenemende slechts tijdelijk.

Bij vergrooting zijner intellectuele ontwikkeling verkrijgt de mensch een dieperen blik in verschijnselen op stoffelijk en geestelijk gebied meer vreemd zijnde aan die onder het directe bereik zijner waarneming gelegen, zoo wegens derzelver aard als wegens het plaats hebben er van in verder verleden of toekomst. Hij verkrijgt aldus dan kennis van alsware sterker buitenzinnelijke zaken, van zaken welke een meer algemeen karakter bezitten, dan de het gevolg er van zijnde bijzonderheden die hij direct waarneemt; in een woord een wijderen blik in tijd en ruimte, zoo men die laatste uitdrukking niet slechts volgens de letter, maar tevens in figuurlijken zin opneemt. Bij vergrooting der zedelijke ontwikkeling verkrijgt de mensen liefde (uit met zekere eigenschappen begiftigde denkbeelden bestaande) voor wezens sterker van hem onderscheiden, en dus in figuurlijken zin in de ruimte verder van hem verwijderd, voor belangen dier wezens verder in de toekomst verscholen, en van een meer verborgen en meer algemeenen aard zijnde dan die welke direct onder het bereik zijner [222]waarneming vallen. Zijne liefde dringt aldus dan door tot meer buitenzinnelijke zaken, tot verder in ruimte en tijd. Naarmate de zedelijke ontwikkeling grooter wordt, veranderen de er bij behoorende denkbeelden, door verhevener en dieper te worden, op dezelfde wijze van karakter als die der intellectuele ontwikkeling.7 Er moet aldus eene constante oorzaak bestaan beide soorten van geestontwikkeling, door te trachten hen op gelijke hoogte te stellen, een overeenkomstig karakter trachtende te geven.

Aldus bestaat bij een hoog intellectueel ontwikkeld mensch, een ver en diep ziende geest parende aan groote wijsgeerige kennis, en zich verheffende boven het heden en de omgeving, een drang om opofferingen in het heden ligt te tellen, om niet een alles aan zijn eigen en oogenblikkelijk belang opofferend bekrompen egoost te blijven en om door de ruimte van zijn blik, tot regtvaardigheid geleid te worden. Hij die daarentegen zeer van hem onderscheiden wezens en ver in de toekomst verscholen belangen met zijne liefde bereikt, moet daarentegen klaarblijkelijk geleid worden om zich bekend te maken met den aard van hetgeen in tijd en ruimte (ook in figuurlijken zin opgevat) ver van hem gelegen is. Kan men bijv. deelneming in vreemdelingen stellen en onverschillig blijven voor hun ganschen zijn en alles wat daarop betrekking heeft, en moet omgekeerd de kennis hiervan niet leiden tot deelneming voor zulke personen. Het spreekwoord zegt "onbekend maakt onbemind," maar evenzeer moet onbemind onbekend houden. [223]

De godsdienstbegrippen moeten van die vergrooting der intellectuele en zedelijke ontwikkeling de gevolgen en het doel aangeven, tevens deel uitmaken dier intellectuele ontwikkeling, en op dezelfde wijze als derzelver andere deelen verkregen worden. Onze voorstellingen der daden van andere menschen vergelijken wij bijv. met de voorstellingen onzer eigen daden en uit de overeenkomst van beide, leiden wij af dat zij gelijkslachtige oorzaken moeten bezitten, en dat aldus andere menschen even als wij denken. Die denking van andere wezens behoort echter reeds met alles wat ligt buiten de voorstellingen door de zintuigelijke indrukken teweeggebragt, tot het gebied van het buitenzinnelijke, en niettemin verkeeren wij daaromtrent niet in onzekerheid. Bij hoogeren graad van geestontwikkeling gaat men echter vragen of een oester denkt, iets dat insgelijks uit de door dit dier verrigt wordende daden moet opgemaakt worden. Zekerheid bestaat hierbij niet, doch het is vrij waarschijnlijk, dat de oesters wel denken, maar andere denkvormen bezitten als de menschen. Moet nu uit hetgeen wij opmerken, dat in de stoffelijke en zedelijke wereld plaats heeft, zonder dat de eigen denking van menschen of dieren daarvan de oorzaak kan zijn, de menschen niet evenzoo leiden om na te gaan of die verschijnselen al dan niet denking tot oorzaak hebben, of hiermede vergezeld gaan, een vraagstuk waarbij men, door middel van op zinnelijke waarnemingen gebouwde redeneringen, komt tot de vaststelling van iets dieper op buitenzinnelijk gebied gelegen dan de denking van andere menschen. Bestaat er een anderen weg om tot de kennis van het Oerwezen te komen? Naar ons inzien neen, en dat die kennis zoo gebrekkig is, spruit naar ons inzien alleen voort uit de disharmonie tusschen onze denkbeelden over buitenzinnelijke zaken en die door de zintuigelijke indrukken teweeggebragt. [224]Wanneer de geestontwikkeling van wezens sedert lang slechts zeer langzaam aan het toenemen is, moet de laatste soort van denkbeelden zeer nabij in hoogte gelijk staan met de eerste, even als, bij eenigen dwang tot opsluiting, een mensch, zeer ver voor een ander uitgaande, na sedert zeer lang zeer langzaam geloopen te hebben, door deze bijna ingehaald moet worden. Op blz. 80 hebben wij aangegeven hoe, wanneer de geestontwikkeling van een wezen toeneemt, deszelfs ligchaam in figuurlijken zin omhoog getrokken wordt; en aldus hierbij, hetzij door eigen, of wel door kunstmatige hulpmiddelen, het veld der zintuigelijke waarneming vergroot. Dat er hiervoor op deze aarde een grens bestaat, bewijst dat wezens, welke zelfs rudimentaire denkbeelden over het buitenzinnelijke en oneindige verkregen hebben, omdat die denkbeelden door middel van zintuigelijke waarneming en directe ervaring op deze aarde niet tot volle zekerheid en klaarheid kunnen komen, van eene natuur zijn, dat zij er slechts tijdelijk op kunnen wonen.

Een hersenschimmige, ongevallen en ligchamelijk onsterfelijk gebleven Adam zou, sedert uiterst langen tijd in geestontwikkeling niet toegenomen zijnde, slechts denkbeelden kunnen bezitten door directe ervaring en zintuigelijke waarneming zeer nabij ten volle bevestigd, en zijn geest alsware een aardsch product zijn. In sommige opzigten zou hij aldus lager dan de laagst ontwikkelde onzer, en niettemin hooger staan dan een slechts kortstondig op deze aarde levend, maar overigens zijne geestelijke natuur bezittend wezen. Zoo bijv. een leerling al zijne denkbeelden van zijn onderwijzer bekomt, zal hij, uiterst lang onderwijs genietende, eindelijk bijna even bekwaam als dien onderwijzer en klaarblijkelijk bekwamer dan na het kortstondig genieten van zulk onderwijs zijn. Ook in dit laatste geval zou aldus de leerling een product zijn van zijn onderwijzer, even als onze geest [225]een der aarde, zoo hij zich niet, even als de vogels boven den bodem, boven de aardsche ervaring wist te verheffen.

Ons gemis aan volmaakte juiste en klare bevatting, van hetgeen wij op buitenzinnelijk gebied en betreffende het oneindige stellen, is echter niet oneindig groot, want alsdan zouden wij, evenmin als de dieren, zulke stellingen kunnen maken, en veler onzer niet kunnen wanen, dat bij hen dit gemis niet noemenswaardig bestaat. De grootte hiervan kan aldus bij ons menschen, zie fig. blz. 207 niet door de oneindige hoogte der assijmptoot *al* der kromme *a b c* uitgedrukt worden. Zij zal dit integendeel voor onbeschaafde, bewoners dezer aarde door de ordinaat *i h* en voor beschaafde door de ordinaat *f b* gedaan worden; terwijl de kromme *a b c*, voorbij *c* uiterst ver verlengd gedacht, aldaar uiterst kleine ordinaten bezitten zal.

Het op blz. 223 gemelde geldt ook voor het verkrijgen der kennis van het werelddoel en van 's menschen bestemming. Zoo wij ons bijv. een vroeger leven, op een anderen hemelbol doorgebragt, konden herinneren, zouden wij slechts door directe ervaring weten, dat de ziel het leven van iine soort van er aan annex geweest zijnde ligchaam kan overleven, maar volstrekt niet dat die ziel gedurende eene eeuwigheid voor eene steeds gemiddeld vergrootende ontwikkeling bestemd is. Dit laatste zou eene stelling op buitenzinnelijk gebied blijven, en buitendien bedenke men, dat de graad van wetenschap, door middel van directe ervaring te bekomen, geheel afhangt van den graad der intellectuele geestontwikkeling.

De stelling der oneindigheid en onveranderlijkheid van het Opperwezen, benevens het voorschrift, dat men voor ieder mensch evenveel liefde als voor zich zelf moet gevoelen, iets (eerst geschikt wordende tijdens de op blz. 211 gemelde volkomene zamensmelting der wezens) zijn, wegens [226]derzelver ongeschiktheid voor ons veranderlijke, betrekkelijk laag geestelijk ontwikkelde en weinig met elkander zamenwerkende menschen, bijna geheel doode letters gebleven8. Het Opperwezen heeft men vermenschelijkt en tot eene Voorzienigheid en liefderijken Vader gemaakt, en als leiddraad voor liet practische leven zooeven gemeld voorschrift vervangen door het overal bekende, dat men een ander niet mag doen, hetgeen men wenscht dat ons niet gedaan worde. Dit laatste voorschrift heeft het voordeel, dat het voor alle trappen van geestontwikkeling geschikt is, zoodat bijv. een Indiaan, zeer weinig medelijden van een overwinnaar vorderende, er weinig aan te kort zal doen, wanneer hij door hem verslagen vijanden op eene wreede wijze behandelt.

Met de hierboven gemelde stellingen kan vergeleken worden die op politiek gebied, dat eene de gansche menschheid omvattende republiek de eenigste absoluut zuiver rationele regeringsvorm is. Als men nu nagaat hoe, bij toeneming der beschaving, de staten steeds grootere groepen gaan vormen en in aantal verminderen, en de menschen meer cosmopolietisch worden, meer eerbied verkrijgen voor krachtens de wet uitgeoefend gezag en meer gezind worden om met elkander zamentewerken, zoo zullen zij, die begrijpen welke ontzettende veranderingen geringe constante oorzaken, gedurende eene reeks van eeuwen werkzaam, kunnen voortbrengen, moeten toegeven, dat, zoo de aardkorst lang genoeg voor wezens van eene geestontwikkeling, hooger dan die wij thans menschen bezitten, bewoonbaar blijft; de thans voor de behoeften [227]van het menschdom geheel ongeschikte, of anders gezegd alle praktische waarde missende universele republiek eenmaal eene werkelijkheid zal worden.

Uit hetgeen op blz. 223 gezegd is, blijkt, dat der menschen stellingen op buitenzinnelijk gebied, waarin hunne godsdienstbegrippen (voor zoo verre deze niet, zie blz. 108 de vruchten van het toeval, of der op de verbeelding werkende hartstogten zijn) bevat zijn, de uitkomsten van redeneringen, van de ervaring uitgaande, moeten zijn. Zij hebben dit gemeen met al onze wetenschappelijke kennis, en slechts kunnen zij minder dan vele der uitkomsten op het gebied van wetenschappen, zooals de zovlogie, chemie, astronomie, enz. door de ervaring gecontroleerd worden. Wij zeggen dan vele, want bijv. wie kan door zintuigelijke waarnemingen bewijzen, dat de ether de eenige absoluut enkelvoudige stof is, dat de aarde eene voorbij de maan reikende dampmassa geweest is, dat dieren van af de laagst ontwikkelde tot menschen opgeklommen zijn? Deze laatste hypothese, althans voor dat zij door de jongste onderzoekingen der fossilen eene nog zeer onzekere bevestiging verkregen had, tot het gebied van het weten en de stelling, dat de ziel gedurende den grootst eindigende lijd voor eene gemiddelde toename in ontwikkeling bestemd is, tot het gebied van iets, dat men geloof noemt, te rangschikken, achten wij ongerijmd.

Men is echter hiertoe gekomen, omdat men voor de zedelijkheid en het geluk der menschen het voor waar houden dier laatste stelling noodzakelijk achtte en die der eerste, ofschoon ten onregte, voor verderfelijk achtte, zie blz. 1509. [228]

Die noodzakelijkheid dient echter in iets haren grond te hebben, en waarin anders kan dit zijn, dan in den aard en werking of denking onzer ziel, zooals wij die gedurende dit leven waarnemen, en die wij tot voorwerp van bespiegelingen kunnen maken, namelijk van wetenschappelijke bespiegelingen, waarin de werking der natuurwetten op stoffelijk en geestelijk gebied nagegaan wordt, en welke aldus aan 's menschen ontwikkeld verstand gerigt zijn.

De kennis, welke wij op lateren leeftijd bezitten, is de vrucht van hetgeen wij tijdens onze jeugd en later geleerd hebben, en de toepassing er van verklaart het doel van dit leeren. Evenzoo moeten de godsdienstbegrippen de vruchten zijn der toename in intellectuele ontwikkeling en in wijsbegeerte, en tevens verklaren het doel waartoe de verhooging onzer geestelijke ontwikkeling dient. Zij behooren aldus een voornaam deel uit te maken van der menschen wijsgeerige kennis, en in verband gebragt te worden met de overige deelen hiervan. Onder wijsgeerige kennis verstaan wij die der werkingen der natuurwetten op stoffelijk en geestelijk gebied, dat is op het gebied van het absolute Al, waaronder het oneindige en onveranderlijke Oerwezen ook begrepen is. Dit boven die wetten te stellen, zou slechts zijn het te stellen te zijn onder andere meer primitieve natuurwetten, waarvan die wij trachten op te sporen, (aldus dan eigenlijk niet de ware onveranderlijke wetten van het Al), de producten zouden zijn. Stelt men bijv. de zwaartekrachtswet is eenmaal ingesteld, zoo kan men vragen, volgens welke wetten bewogen zich vroeger de ligchamen, en hebben die bewegingen zich tijdens die instelling zoo gewijzigd, dat zij thans juist geschieden als volgens de vermeende natuurwet der algemeene aantrekking plaats moet hebben. Ware die stelling juist, zoo zouden er aldus niettemin nimmer ingestelde natuurwetten bestaan, maar deze slechts zamengestelder zijn dan de naturalisten met grond vermeenen, [229]dat zij zijn. Men kan aan niets hoegenaamd zekere natuur toeschrijven, of men bepaalt tevens, zonder hiervan bewust te zijn, dat die natuur het product der werking van zekere onveranderlijke wetten is, en zegt men dit wezen, aan wie ik die natuur toeschrijf, kan in strijd hiermede en met die wetten handelen, zoo bekent men tegelijk, dat dit wezen eene andere meer zamengestelde natuur; door andere meer primitieve wetten beheerscht, dan die men gesteld heeft, bezit. Met de noodwendige aaneenschakeling van oorzaken en gevolgen verkeert men precies in hetzelfde geval. Steeds moet men ze aannemen, doch van zekere feiten kan de eene mensch dit en de ander iets anders de noodzakelijke oorzaak stellen te zijn.

Het is aldus klaar, dat de godsdienstbegrippen niet alleen niet in strijd met de wetenschap, maar tevens in harmonisch verband met het wijsgeerige deel daarvan moeten zijn, iets dat thans bij die van vele onzer het geval niet is, en maakt dat hunne godsdienstbegrippen uit de plaatsen, waar de wetenschap moet heerschen, als belemmerend verbannen worden. Dit gebrek aan overeenstemming moet noodwendig ontstaan, zoo men tracht met die begrippen slechts op eene pietistische wijze te voldoen aan het gemoedsgevoel, de zucht naar regt, de menschelijke kortzigtigheid, in een woord aan eenige hartstogten en te bevreesd en te traag is om hen te zuiveren en opwaarts te drijven.

Het gevolg daarvan is, dat (zie blz. 74) de geest van ontkenning het hoofd opsteekt, omdat verscheidene (zooals bijv. de zoogenaamde materialisten) ziende dien verwarden toestand van den Gordiaansche knoop, dezen liever doorhakken dan ontwarren, en, wars van de kinderlijke oplossingen van het vraagstuk van het werelddoel, het bestaan hiervan ontkennen. Zij doen dit bezield met eene overtuiging, waarachter hen onbewust veel moedeloosheid, beperktheid en eenzijdigheid van opvatting schuilt, en [230]zijn nuttig als critisie. Terwijl de Deosten van het gehalte van Martinet en Uilkens alles in het Heelal goed vinden, en slechts der menschengeest en diens werken onvolmaakt en gebrekkig achten, houden de Materialisten er voor, dat er nergens doel bestaat dan in het menschelijke brein en bij de menschelijke werken, zoodat en voor gemelde Deosten en voor de Materialisten de menschen en in zwakkere mate ook de dieren (want ook deze toch dwalen en houden zeker doel voor oogen), voor zoo verre hunne denking en hetgeen daaruit voortspruit betreft, wanklanken en raadsels in de Natuur zijn, voor gene wegens hunne onvolmaaktheid, voor de Materialisten, omdat, volgens deze, bij hen alliin denking en doel bestaat. [231]

1 Van daar het hechten van grijsaards aan oude gebruiken, en dat het ten bate hunner vooruitgang noodig is, dat de menschen gedwongen in nieuwe toestanden worden gebragt.

2 Dat men iemand dient te begrijpen om hem lief te hebben, blijkt hieruit, dat het bezit van kleine zwakheden, waardoor zij voor anderen begrijpelijker worden, menschen beminnenswaardiger maakt,

en dat men bij onbekende weldoeners deelneming voor zich moet veronderstellen, om hen te kunnen beminnen.

3 Die vreugde zou vergelijkbaar zijn met die van een vader, zich verheugende, dat zijn zoon zich zoo gedraagt als diens welbegrepen en ruim opgevat belang zulks vordert, en zij zal gewis zeer matig zijn, zoo die zoon zuinig is met eene geldsom bestemd om toch binnenkort verloren te raken. Wel is waar kan die vaderlijke vreugde den zoon aanmoedigen om zich goed te gedragen, doch hetzelfde resultaat verkregen worden, zoo die zoon inniger het belang van goede gedragingen gaan beseffen.

4 Zoo kunnen de behoeften van het vervoer den aanleg van een groot werk vereischen, maar deze te bezwarend zijn voor de financien, omdat deze, wegens de werking der traagheid, niet op de hoogte der eischen van den tijd zijn. Aldus kunnen de bestaande vervoermiddelen ten achteren zijn betrekkelijk de eischen van het vervoer, en de financien dit zijn betrekkelijk die vervoermiddelen.

5 Zouden niet velen onder ons, die, wegens het gevestigde prestige van den naam van Socrates, diens gedragingen thans verheerlijken, zoo zij zijne tijdgenooten geweest waren, dien wijze naar het vaderlijke atelier hebben verwezen?

6 Zie ons werk, get. *Vervolg van het werk, get. Over de werking der Natuurwetten op zedelijk gebied, enz.* blz. 322.

7 De zedelijke ontwikkeling, noodig om wezens geschikt te maken voor den strijd, staat bijv. lager dan die noodig om hen voor zamenwerking geschikt te doen zijn. Bij overigens gelijke omstandigheden zal een zedelijk mensch meer denkbeelden bezitten over hetgeen hij aan zijne medemenschen en aan zijn eigen toekomst verschuldigd is, dan een onzedelijk mensch.

8 Wij willen hiermede niets afdingen op de absolute waarde dier beide stellingen, welke, door waarheden op het gebied van het volstrekt hoogste ideaal te bevatten, de hoogste eertitels der menschheid zijn. Tusschen de absolute deugd en de geschiktheid of betrekkelijke deugd moet, zie blz. 82, onderscheid gemaakt worden.

9 Men neme in acht dat zoo (zie blz. 187) de ziel een zelfstandig iets is, wij slechts naar het ligchaam op deze aarde voorouders hebben.

Beschouwingen over de drie algemeene natuurwetten en eenige andere hiermede in verband zijnde zaken.

Men kan zich voorstellen, dat bij een onveranderlijken toestand van zaken iets volmaakt geschikt is voor eenig zamengesteld doel, doch onmogelijk kan iets bij een veranderlijken toestand van zaken tegelijk volmaakt geschikt voor twee of meer in verschillende omstandigheden voorkomende doelen. Zoo kan bijv. geen geweer met bajonet tegelijk zeer geschikt zijn om dan te schieten en dan te steken. In het eerste geval zal het bij de lans en in het tweede bij het geweer zonder bajonet ten achteren staan. Bij verandering van omstandigheden maakt de werking der traagheid dat dergelijke zaken niet genoegzaam snel en sterk gewijzigd worden, om hen dan voor het eene en dan voor het andere doel zeer geschikt te maken. Bestond er toch geene traagheid, zoo zouden in een oogwenk de grootste metamorphosen mogelijk worden. Wegens haar bestaan kan bijv. de Natuur geen dierlijk ligchaam zeer geschikt maken, om dan op de vaste aarde te leven en dan te vliegen, en daar nu op den vasten bodem er meer zamengestelde wijzen van leven kunnen bestaan dan in de lucht, zoo zijn het niet de vogels welke de hoogst ontwikkelde wezens dezer aarde zijn. Hiermede stemt overeen, dat in het algemeen communicatie [232]middelen over land, welke de reizenden steeds in contact met de woonplaatsen der menschen doen blijven, en aldus bij hoogere standen van beschaving, waarbij de behoefte aan gedurig contact van veel menschen grooter wordt, meer gezocht zullen zijn dan die over water, alsware hooger dan deze staan. Het vervoer op een kunstweg met wagens staat bijv. hooger dan dat met schuiten op eene rivier.

Zoo de levensomstandigheden van eenig dier gedurende deszelfs leven veranderen, zal er bij deszelfs organisatie en zeker vermogen ontstaan om ook wat te veranderen en wel door inwendigen drang, te vergelijken met den op blz. 28 gemelden locomotief, zoo de uitwendige drang, door de levensomstandigheden teweeggebragt, met het aldaar gemelde paard vergeleken wordt. Zoo bezitten wij bijv. een inwendigen drang om achtervolgens gedurende eenige uren te slapen en dan gedurende eenige uren te waken. Die drang is gewis ontstaan ten gevolge der impulsie der verandering der uitwendige omstandigheden gedurende het etmaal. Men kan bijv. geen mensch van zijne geboorte af wennen om achtervolgens eene maand lang te slapen en dan eene maand lang te waken, en evenmin om het een en ander om de minuut te doen, en veranderden die omstandigheden gedurende elk etmaal niet, zoo zouden welligt onze hersenen en ledematen, evenmin als thans ons hart, een alternatieven toestand van inspanning en rust noodig hebben. Kan echter dit vermogen tot periodieke verandering onzer organisatie deze, zooals wij op blz. 23 en 196 beweerd hebben, even goed dan voor werkzaamheid en dan voor rust geschikt maken, als de oorzaak van geschiktwording van blz. 7 zulks voor onveranderlijke omstandigheden kan doen? Naar ons inzien neen, omdat het niet uit gebrek aan tijd bij alle deelen van het ligchaam de werking der traagheid hiervoor genoegzaam kan overwinnen. Bij de werking van hart en maag geschiedt die periodieke verandering [233]bijv. slechts in zwakke mate, en de rust gedurende den slaap moet hierdoor minder volkomen worden. Trouwens, wanneer dit vermogen meer tijd heeft, om de neiging der ligchaamsdeelen, om in beweging te zijn, te overwinnen, doet het zulks ook, zooals bijv. bij den winterslaap van sommige dieren. De op blz. 7 gemelde oorzaak van geschiktmaking neemt in die gevallen een middenweg. Zoo zij dit vermogen tot verandering der organisatie van het ligchaam te groot maakte, zoo zij dit laatste ongeschikt voor het leven maken, en deed zij dit vermogen te klein blijven, zoo zou zij het ligchaam te onvatbaar maken om anders te zijn, wanneer de uitwendige omstandigheden tot werkzaamheid, dan wanneer zij tot rust nopen. Een inwendigen drang om binnen elk jaar eenmaal dikker en eenmaal dunner haar te verkrijgen bezit de organisatie der zoogdieren niet. Worden deze bijv. verplaatst naar klimaten, alwaar het des winters warm is, zoo verkrijgen zij aldaar geen winterhaar; terwijl, naar de poolstreken verplaatst, zij wel gedurende den aldaar maanden langen dag in slaap vallen. Met betrekking tot die voorziening der dieren tegen de koude, maakt de werking der traagheid dat de oorzaak van geschiktwording hierbij in gebreke blijft.1 Muizen en vogels lijden bijv. van de winterkoude, terwijl het ijskoude water, waarin zij zich steeds bewegen, de walvisschen waarschijnlijk niet hindert. Hunne organisatie is hiervoor welligt nog beter ingerigt dan de levenswijze en woningen der Javanen voor de warmte, waarvoor wij, omdat deze hier te lande slechts kort aanhoudt, ons slechts vrij gebrekkig inrigten. [234]

Bij de organisatie van dieren bestaat er ook een inwendigen drang om te veranderen met den ouderdom dezer dieren. Veranderingen bij de uitwendige omstandigheden dier dieren gedurende hun leven hebben welligt tot impulsie gediend voor het ontstaan van dien inwendigen drang. Hiertoe behoort het groeijen, het sterker worden der dieren, omdat dit gebeurt, al blijft de moeder het jong even zoo beschermen en koesteren als vlak na de geboorte. Dit groeijen doet in zeker opzigt de dieren geschikter worden voor de omstandigheden waarin zij achtervolgens komen, doch brengt met zekere snel heid veranderingen teweeg in derzelver organisatie, waarnaar deze, wegens de werking der traagheid, zich niet in andere opzigten even snel kan voegen, en kan hierdoor zelfs somtijds het ligchaam ongeschikter voor het leven maken. De uit hunne krachten groeijende jongelieden strekken tot voorbeeld hiervan.

Onder de groote veranderingen der organisatie van dieren gedurende hun leven, ten gevolge van innerlijken drang, behooren de gedaante-verwisselingen van vele der lagere dieren. Veranderingen der levensomstandigheden dier dieren gedurende de achtervolgende tijdperken van hun leven zullen wel primitief de op blz. 7 gemelde oorzaak van geschiktmaking geleid hebben om de organisatie dier dieren met dit vermogen tot gedaante-verwisseling te begiftigen. Whl kan, wanneer eenige accidentele oorzaak de organisatie van eenig dier veranderd heeft, dit zijne levenswijze hiernaar wat voegen, doch men heeft bij die gedaante-verwisseling met een te algemeen verschijnsel te doen, om aan te nemen, dat het de vrucht is van een toeval. Kinderen kruipen en klauteren meer dan volwassen menschen, en denkt men zich nu het menschelijke ligchaam op ongeveer het vijftiende jaar door innerlijken drang eene verandering te ondergaan, waardoor het voor kruipen en klauteren minder geschikt wordt, zoo heeft men iets dat te vergelijken [235]is met de gedaante-verwisseling der insecten, die, wegens de werking der traagheid, bij latere generatien in verzwakkende mate kan blijven bestaan, wanneer de veranderingen der levensomstandigheden bij die generatien er niet meer de impulsie toegeven. Waarom moeten nu de levensomstandigheden van vele der lagere dieren gedurende derzelver jeugd anders zijn dan op lateren leeftijd? Wegens eene overeenkomstige reden waarom de levensomstandigheden van kinderen, niet slechts om zoo te zeggen quantitatief, maar tevens ook qualitatief anders dan die der volwassenen gehouden worden, en dit niet enkel uit een hygienisch oogpunt, maar tevens, omdat het doelmatig is, om zie blz. 67 eerst lagere en later hoogere soorten van geestontwikkeling te vergrooten.2 Meestal veranderen de levensomstandigheden der aan gedaante-verwisseling onderworpen dieren in verheffenden en slechts bij uitzondering in verlagenden zin. In dit laatste geval kunnen zulke dieren, even als op blz. 42 gezegd is, naar lagere levensomstandigheden teruggedrongen zijn en de op blz. 7 gemelde oorzaak hebben getracht hen hiervoor geschikt te maken. Het is echter de vraag of die teruggang gedurende het leven van elk individu niet meer schijnbaar dan wezenlijk is.

Ten gevolge van den op blz. 231 gemelden innerlijken drang, groeijen de hersens, onder omzetting in derzelver zelfstandigheid van het door het ligchaam opgenomen voedsel. Was nu het denken eene functie der hersens, zoo zou eten en groeijen hierbij de geestelijke ontwikkeling even goed moeten doen toenemen, als de vorming en afleiding van zekere stoffen bij andere ligchaamsdeelen zie blz. 197. De op blz. 7 gemelde oorzaak van geschiktmaking der organisatie der levende wezens voor de levensomstandigheden [236]dezer laatste, heeft de pasgeboren kinderen veel hulpeloozer dan de jongen der dieren gelaten, omdat de ouderlijke hulp natuurlijke hulpmiddelen, voor die jongen noodzakelijk, voor de kinderen overbodig, en dus in andere opzigten hinderlijk voor deze heeft doen worden. Onze levensomstandigheden vorderen dat ons ligchaam geschikt is voor zekere beweging, zoodat te groote inertie er ongeschikt voor is. Van den anderen kant is eene inspanning, waardoor het ligchaam veranderd wordt en bijv. de spierkracht toeneemt, dit insgelijks, omdat, wegens de werking der traagheid, de bate der voeding betrekkelijk die grooter wordende werkzaamheid ten achteren blijft. Hoe langzaam men nu ook de vermeerdering der werkzaamheid van kinderen maakt, steeds zullen deze aan zekere uitputting lijden, omdat het vermogen voor die werkzaamheid dan ook wel toeneemt, maar steeds wat te klein hiervoor blijft. Kon dit nu geweerd worden, door tegelijk met de werkzaamheid de voeding te vergrooten, zoo zou de verandering van het ligchaam, wegens de werking der traagheid, desniettemin op de eene of andere wijze ongeschiktheid er bij baren. Wordt de voeding versterkt, zoo zal, wegens de werking der traagheid, het profijt er van voor het ligchaam er bij ten achteren blijven en dit door die voeding lijden, en natuurlijk meer, zoo geene vergrooting der werkzaamheid het profijt van het genomen voedsel betrekkelijk grooter doet worden.

Uitputting moet van teruggang van spiersterkte onderscheiden worden, het gelijkt hier evenmin op, als breken op wegsmelten, en als het ligchaam van een grijsaard op dat van een nog zwak kind.

Uniformiteit van omstandigheden leidt tot geschiktheid bij de in die omstandigheden verkeerende wezens, omdat de op blz. 64 gemelde ongeschiktheid barende werking der traagheid, dan weer weggenomen wordt. Verscheidenheid van omstandigheden leidt daarentegen bij zulke wezens [237]tot ongeschiktheid, maar tevens tot vooruitgang. Het is toch klaar dat wezens, dan in deze en dan in andere omstandigheden verkeerende, al zijn deze van even verheven aard, door zich gedurig voor een nieuwen toestand van zaken geschikt te willen maken en hierin te willen dringen, tot grootere geestinspanning en aldus tot eene grootere toeneming in geestontwikeling geleid zullen worden, dan wezens, wie een veel meer beperkt veld van leering ten dienste staat, door dat zij steeds in dezelfde omstandigheden verkeeren. Iemand die reist, al zij het zelfs bij minder beschaafde natien, dan die waartoe hij behoort, zal bijv. meer leeren dan een ander die te huis blijft, mits beide zich met even gewigtige zaken bezighouden. Volken, op denzelfden trap van beschaving staande, maar in aard, zeden en behoeften verschillende, zullen zich sneller ontwikkelen zoo zij met elkander verkeeren, dan zoo zij dit niet doen. Bewoners van een hemelbol, waarbij de onderscheidene deelen in lucht- en grondgesteldheid verschillen, en elk dier deelen slechts geschikt is om eenige der voor die bewoners noodzakelijke producten voort te brengen, zullen sneller in ontwikkeling toenemen dan de bewoners van een hemelbol, waarbij elk plekje alles oplevert waaraan deszelfs bewoners behoefte hebben, zoodat er geene aanleiding tot handel en vervoer bestaat. Wie zullen echter de gelukkigste zijn, zoo althans de drang tot vooruitgang een eentoonig leven niet vervelend maakte? Gewis zij die in elk dier gevallen het minste kunnen leeren. Geschiktheid verzwakt den drang tot vooruitgang, want men zal toch moeijelijker zekeren toestand verlaten, om in een hoogeren te komen, naargelang men zich in eerstgemelden toestand beter bevindt. Vandaar dat de toevallige afwijkingen der jongen van hunne ouders, zooals op blz. 15 gezegd is, gene in organisatie gemiddeld ongeschikter dan die ouders makende de verhooging der organisatien [238]bij de achtervolgende generatien zullen bevorderen.

De toestand onzer aarde is zeer verscheiden en wel voornamelijk wegens hare nabijheid van de zon, zie blz. 26. Hierdoor ontstaan er toch bij de afwisseling van licht en duisternis, van koude en warmte, sterke verandering van luchtstroomen en welligt ook eene sterke werking van de gesmolten kern op de schors. Hieruit volgt dat de toestand onzer aarde zeer geschikt is voor den vooruitgang der er oplevende wezens, maar niet voor derzelver geschiktheid voor de omstandigheden waarin zij verkeeren, en dat die wezens er op snel in geestontwikkeling zullen toenemen, maar kort zullen leven en aan allerlei oorzaken van vernietiging zullen blootstaan. Dit nu moet in het algemeen het geval zijn bij hemelbollen in de nabijheid van anderen zijnde, en alzoo zich snel verplaatsende en een sterken en wederkeerigen invloed op elkander uitoefenende. Wegens eene constante oorzaak zullen bij het op blz. 160 gemelde wereldsterrenstelsel er steeds een zeker aantal bollen in zulk een geval verkeeren, doch dat onze aarde er thans in verkeert en eene weinig elliptische baan om de zon beschrijft, moet zie blz. 69 als een toevallig gevolg der uiterst zamengestelde werking der natuurwetten bij het wereldsterrenstelsel beschouwd worden. Het is aldus verkeerd te zeggen, dat de zon onze planeet bewoonbaar maakt. Maakt de zon eene komeet meer bewoonbaar, wanneer deze, er digt bij gekomen, aanzienlijk vervormd en uitgezet wordt? Men zal dit ontkennen, en waarom zou de zon op de aarde, met betrekking tot de hier op bestaande organische natuur, eene tegenovergestelde uitwerking uitoefenen als op eene komeet?

De sporen van het ontstaan der organische natuur op onze aarde zijn nog niet uitgewischt, een bewijs dat dit ontstaan betrekkelijk kort geleden heeft plaats gehad, en dat de tijd, dat eene zelfde organische natuur zich op deze aarde heeft kunnen staande houden, omdat [239]de toestand dezer, met betrekking tot andere hemelligchamen zie blz. 168, niet snel sterk veranderd is, betrekkelijk kort is.

De op blz. 200 gemelde zeer etherachtige hemelbollen binnen- en buitenwaarts van de bolvormige schil den Melkweg gelegen, deze zijn het, naar ons inzien, die aan derzelver bewoners bijna onveranderlijke levensomstandigheden kunnen aanbieden, en daardoor die bewoners veroorloven om zeer geschikt voor die omstandigheden te worden, en om een zeer geringen drang tot vooruitgang te bezitten.

Het niet beseffen, dat de veranderlijkheid, voor den vooruitgang noodig, de geschiktheid vermindert, heeft tot de meest bekrompene en scheve opvattingen van het werelddoel bij sommigen, en tot ontkenning van eenig werelddoel bij anderen aanleiding gegeven. De eerste hebben overal geschiktheid gezocht, zonder deze steeds te kunnen vinden, en de tweede hebben geschiktheid ontkend, waar zij in zekere mate bestaat. Dat bijv. het zeewater zout is, kan als een gevolg van het toeval beschouwd worden, doch de op blz. 7 gemelde oorzaak heeft de organisatie der zeevisschen voor het leven in dit zoute water geschikt gemaakt, omdat die schepselen, niet ten gevolge hunner eigen denking, de zee zijn gaan bewonen. Wij menschen verkeeren daarentegen in een ander geval. Ten gevolge onzer eigen denking hebben wij schepen gebouwd en ons op den Oceaan begeven; onze eigen denking moet aldus de hulpmiddelen voortbrengen om het zout zijn van het zeewater voor de zeevaarders niet hinderlijk te maken, hetgeen tot geestinspanning en aldus tot vooruitgang aanleiding geeft. Dit is eveneens het geval met andere zaken. De kunstwarmte is bijv. voor de menschen noodig geworden, ten gevolge van hun kunstmatigen toestand, een gevolg hunner eigen denking. Deze moet aldus ook de hulpmiddelen [240]weten te vinden om die kunstwarmte daar te stellen, en dat de menschen daarvoor nog gedurende eenige eeuwen van de fossile brandstoffen gebruik zullen kunnen maken, moet slechts als een gelukkig toeval beschouwd worden, even als bijv. het bezit van natuurlijke havens. Zulke toevallen maken de toeneming in beschaving gemakkelijker, doch is deze, ondanks hen, op de hoogte gekomen, dat men hetzelfde als met hun hulp wil bekomen, zoo maakt hun gemis, dat men zich dan sterker inspant om dit gemis te vergoeden, en die grootere inspanning leidt dan tot sterkere toeneming der geestontwikkeling zie Noot blz. 89.

Het toeval is het product van eene reeks van oorzaken en gevolgen die wij niet kunnen naoogen, en bestaat aldus bij zeer samengestelde verschijnsels noodzakelijk voor de verscheidenheid, op hare beurt weder noodzakelijk voor den vooruitgang der wezens. Waarom spreken wij van het blinde toeval? Omdat het gemiddeld niet leidt tot geschiktheid voor ons menschen, en omdat het grillige der toevallige accidentele verschijnselen het ons menschen moeijelijk maakt, om ze onschadelijk of voordeelig voor ons te maken, wegens de werking der traagheid zie blz. 64, doch, zooals op blz. 236 gezegd is, strekt juist dit veranderlijke, mits op blz. 68 gemelde wijze beschouwd, ter bevordering van den vooruitgang der levende wezens.

Eene accidentele oorzaak is een beloop van zaken, deel uitmakende van een zeer zamengesteld verschijnsel, en die tot een waargenomen wordenden toestand van zaken aanleiding geeft, die, zoo hij gedurende voor ons menschen lange tijdvakken onveranderd blijft, eene constante oorzaak van secundaire verschijnselen is.

De helling der aardas is bijv. het gevolg van zulk eene accidentele oorzaak, en is tevens de constante oorzaak der regelmatige afwisseling der saizoenen. Deze is [241]aldus evenzeer het gevolg van het toeval als het blindelings trekken van een hoogen prijs uit eene loterij, doch daar die regelmatige afwisseling der jaargetijden gedurende voor de menschheid zeer langen tijd onveranderd aanhoudt, zoo heeft deze in zekere mate er zich naar geschikt, terwijl de trekker van het goede nummer geen tijd gehad heeft om zich te schikken naar het bezit van zijne zoo plotseling ontvangen geldsom. Behoudt hij echter deze, zoo zal hij zijne behoeften zoo vergrooten, dat, al was dit primitief hoegenaamd niet het geval, het bezit dier som zie blz. 50 van lieverlede noodzakelijker voor hem zal worden.

Het is niet denkbaar dat, bij het bestaan van slechts eenvoudige verschijnsels, witte en zwarte ballen binnen eene bus onregelmatig gegroepeerd kunnen raken, en hierdoor wordt aangetoond dat toevallige groepering dier ballen onafscheidelijk is van een zeer zamengesteld verschijnsel.

Men moet voorts wel onderscheid maken tusschen langer of korter durende en een meer uitgestrekt, of meer beperkt veld van werking bezittende standvastige oorzaken, zelve verschijnsels zijnde en andere verschijnsels tot gevolg bezittende, en de wetten der Natuur, eigenlijk wel absoluut constante oorzaken, die alle verschijnsels regelen, maar zelf geen objectief bestaan bezittende. Deze zijn in zeker opzigt te vergelijken met de Staatswetten, zoo deze noch te verwaarlozen, noch te overtreden, noch te ontduiken, noch te veranderen waren, en al de verschijnsels op maatschappelijk gebied bepaalden. De doodstraf bijv. is geen verschijnsel, maar zij bepaalt het verschijnsel der executien en dit is eene verschijnsel-oorzaak tot gevolg afschrikking voor het moorden hebbende. Er bestaan absoluut constante verschijnsels, zooals bijv. de gemiddelde vergrooting der hemelbollen, die weder andere verschijnsels tot gevolg hebben, en aldus, ofschoon volgens het gewone spraakgebruik, absoluut constante oorzaken, desniettemin [242]geene natuurregels zijn, maar, even als derzelver gevolgen, door die natuurwetten bepaald worden. Het komt ons nu verkieselijk voor om onder oorzaken steeds te verstaan verschijnseloorzaken, bepaalt door de vereenigde en in elkander grijpende werking der natuurregels, en waarbij de werking van sommige dier regels meer kunnen predomineren en die van anderen nietiger zijn. Geheel ontbreken zullen die laatste werkingen nimmer doen, want toch wordt zie blz. 144 alle denking bepaald door beweging, zoodat bijv. op onze denkingsverschijnselen de deze hoegenaamd niet bepalende bewegingen middelijk van invloed zijn, daar toch deze influenceren op de onze denking bepalende niet zintuigelijk waarneembare atomistische bewegingen. Van elk der natuurwetten heeft de werking steeds dezelfde strekking, maar vertoont zich gedurig onder andere gedaanten, en, met betrekking tot die gedaanten, verkeeren zij in hetzelfde geval als de accidentele en betrekkelijk constante oorzaken, zij zijn namelijk even als deze de vruchten van accidentele omstandigheden, en min of meer beperkt van duur. Zulk een natuurregel is bijv. de geschiktwording van levende wezens voor de omstandigheden waarin zij verkeeren. Waar de werking van dien regel zich nu vertoont als geschiktwording der organisatie der zeevisschen voor het zoute water van een Meer, is deze bijzondere gedaante dier werking een gevolg van het toevallig zout zijn van zulk een Meer, en zal zij ophouden, wanneer, door het verkrijgen van afvoer langs den bodem, dit meerwater deszelfs zoutheid verliest. Iemand wandelt op straat, eene wolk bedekt toevallig de zon, en die wandelaar knoopt zijne jas digt, ten einde zich te hoeden tegen koude. Die gedaante der werking der wet van geschiktwording duurt in dit geval al zeer kortstondig, en is het gevolg van een zeer vlugtig en toevallig verschijnsel. De reeksen van achtervolgende verschijnsels, hoe zamengesteld ook, [243]ontstaan door de vereenigde in elkander grijpende werking van al de Natuurregels, doch onnaspeurlijk is het voor ons hoe dit geschiedt, welk aandeel elk dier regels in die vereenigde werking heeft, en hoe deze de achtervolgende verschijnsels uit elkander doen voortvloeijen. Tot voorbeeld hiervan strekken de uiterst zamengestelde banen door verschillende bollen, onder de vereenigde werking der zwaartekracht en der traagheid beschreven. Die banen zullen ons meest als toevallig voorkomen, doch wanneer zij hoofdzakelijk ontstaan door de aantrekking van slechts een bol op een anderen, men kunnen nagaan hoe of de vereenigde werking dier beide natuurwetten plaats heeft. Evenzoo op het gebied der geschiedenis. De vereenigde werking der natuurwetten brengt op dit gebied zulke zamengestelde verschijnsels te weeg, dat van deelen er van het ondoenlijk is om na te gaan, hoe die vereenigde werking heeft plaats gehad bij de achtervolgende uit elkander voortspruitende accidentele oorzaken, waarvan de laatste tot dit feit aanleiding gegeven heeft. Dit bijv. is niet te doen voor het feit dat de Zwitsers eene zelfstandige natie vormen.3 Wel weten wij dat hierbij in het spel is de werking der wet van geschiktwording, die gescheiden tracht te houden wat niet bij andere zaken past, doch die wetenschap staat gelijk met die, dat de zwaartekracht in het spel is bij de meest onregelmatige bewegingen der hemelbollen. Even als echter, zooals bijv. bij ons zonnenstelsel, die zeer zamengestelde bewegingen weinig, ofschoon op zeer zamengestelde wijze gestoorde meer eenvoudige bewegingen worden, waarbij wel nagegaan kan worden hoe deze door de werking der zwaartekracht en der traagheid ontstaan, zoo ontmoet men in de geschiedenis dikwerf eene toedragt van gebeurtenissen, wel [244]is waar, op eene zeer zamengestelde wijze gestoord wordende, maar niettemin in hoofdzaak genoegzaam eenvoudig, om er bij de werking der natuurwetten op maatschappelijk gebied na te gaan. Men moet voorts niet denken wanneer, wegens de zeer samengestelde wijze waarop zij ontstaan zijn, zaken ons toevallig voorkomen, zij daarom steeds minder geschikt zijn. Bij eene eenvoudige toedragt van zaken kan dit ook het geval zijn. Onder de standvastige oorzaken behoort bijv. de werking der inertie, waardoor bijv. menschen, wanneer zij vrees of afkeer voor iets gevoelen, dit wegens de werking der traagheid blijven doen, nadat de aanleidende oorzaak er voor verdwenen is, zooals bijv. volken doen, wanneer deze, uit een anarchistischen toestand gerakende, onder een despotisch juk vallen, om later, nadat zij hunne despoten verjaagd hebben, weder tot anarchie te vervallen. Ons geheel toevallig voorkomende storingen kunnen nu zulke eenvoudige schommelingen van den politieken toestand van een volk vernietigen, even als een toevallige stoot de verflaauwende schommelingen van een slinger, en zulk een volk hierdoor in een meer geschikten toestand geraken. Nu zal men zeggen, wanneer de toedragt van zaken op geschiedkundig gebied eenvoudiger is, kan men beter nagaan wat er gebeuren zal, en, door de oorzaak der geschiktwording te doen werken, tot een meer bevredigenden toestand geraken. Dit is zoo, doch daartegenover staat, dat die zeer zamengestelde toedragt van zaken, waarbij ons zoo dikwerf het toeval overvalt, zoo als op blz. 240 gezegd is, den vooruitgang der individuen bevordert, en met betrekking tot den geestelijken vooruitgang dier op- en aftredende individuen moet de geschiedenis beschouwd worden. Om na te gaan, hetgeen eene school bewerkt heeft, moet men niet vragen, wat is er van die school geworden, maar wat heeft zij van de haar bezocht hebbende leerlingen gemaakt. [245]

Er bestaat een groot onderscheid tusschen de zeer zamengestelde werking van een klein getal natuurwetten, en die van uiterst zamengestelde natuurwetten. Bijv. op eene hoe gecompliceerde wijze hemelbollen ook betrekkelijk elkander bewegen, zoo slechts de zwaartekracht en de traagheid hierbij in het spel zijn, zal een sterrekundige direct zeggen, dat een dier bollen, versnellende in zekere rigting bewegende, niet plotseling eene andere rigting, een niet afgeronden regten hoek met eerstgemelde vormende, kan gaan volgen. Drie of meer van die bollen digt bij elkander zijnde, zoo kan een astronoom vrij wel aangeven, hoe zij althans, voor eerst zullen bewegen, hetgeen onmogelijk voor hem zou zijn, zoo de verplaatsing dier bollen geschiedde door de vereenigde werking van een onnoemelijk aantal natuurwetten. Ware dit het geval, zoo zou naar ons inzien de meest volkomene controlerende aanschouwing, zie bl. 178, den zamenhang en de oorzaken van al de verschijnselen aan geen wezen, welk ook, kunnen aangeven.

Evenzoo in andere zaken. Tusschen twee plaatsen bestaat er bijv. een groot verschil in luchtdrukking, zonder dat men weet door welke aaneenschakeling van oorzaken dit ontstaan is. Het ontstaan van harden wind in zekere rigting is echter alsdan te voorspellen, omdat in zulk een geval de beweging der luchtdeelen niet van de vereenigde werking van een uiterst groot aantal oorzaken, maar slechts van drie afhankelijk is, namelijk het verschil in drukking, de traagheid der luchtdeelen, waardoor zij, op hoogere breedten komende, den aardbodem van west naar oost vooruitloopen en ten derde de wrijving. Een sterke wind blaast tegen een beschot, zonder dat men de aaneenschakeling van oorzaken kent, waardoor die wind ontstaan is en dit beschot aldaar staat. Zoo een onnoemelijk aantal vereenigt werkende en in elkander grijpende oorzaken in zulk een geval van invloed waren op de [246]drukking van den wind met betrekking tot het beschot, zou men niet kunnen weten, dat men dit aan de benedenwindzijde moet stutten, om het voor vallen te behoeden. Weet men echter, dat men hierbij slechts te doen heeft met de werking der wet der botsing eener bewegende veerkrachtige vloeistof, en dat deze het beschot wil medeslepen zoo, dit al de hierop uitgeoefende drukking niet op den bodem kan overbrengen, zoo verkrijgt men de wetenschap van hetgeen er te doen valt, om het beschot staande te houden. Onwetende menschen weten dit uit ervaring, doch, zoo een uiterst groot aantal oorzaken bij zulk een geval in het spel waren, zou die ervaring niet dezelfde zijn, en zou zij zelfs in het geheel niet bestaan, voor zulke onwetende menschen zou hetgeen dan gebeurt een warboel zijn. Iemand voelt zich kleinmoedig en bevreesd, zonder dat hij weet hoe dit ontstaan is. Wat hiertegen te doen? De oorzaak van geschiktmaking laten werken, door zich voor den geest te brengen de geestelijke en stoffelijke hulpmiddelen, waarover men beschikt, door hiermede den aard der bezwaren te vergelijken, door in zijn geest het denkbeeld van krachtige en doelmatige handeling en van vertrouwen overheerschende te maken. Verkiest men nu zulks te doen in den vorm van een gebed, het is wel, doch men zal dit doen, door de oorzaak van geschiktmaking niet onder dezelfde gedaante als in het vorige geval te doen werken, omdat men weet dat nu niet in het spel is de wet van botsing van bewegende vloeistoffen. Door de beenen wijd van een op den bodem te plaatsen zal men aldus geen gevoel van kleinmoedigheid weren, evenmin als men, door zich aan te moedigen zonder meer, zich zal behoeden tegen omverwaaijing. Zeer eenvoudige opmerkingen en waarvan desniettemin de supranaturalisten geen helder begrip hebben.

Dat de totale hoeveelheid der zelfstandigheid onveranderlijk [247]is, moet naar ons inzien, ontstaan doordat haar bestaan traagheid bezit. Anders toch zou eene oorzaak, kleiner dan eenige te geven grootheid, gedurende een eindigen tijd het bestaan van een eindig deel dier zelfstandigheid kunnen vernietigen, terwijl, zoo de traagheid niet het ontstaan van zelfstandigheid tegenging, eene dergelijke oorzaak als zoo even de absolute quantiteit dier zelfstandigheid zou kunnen vergrooten. Terwijl de traagheid een oneindig sterken wederstand schijnt te bieden aan eindige oorzaken de hoeveelheid dier zelfstandigheid trachtende te veranderen, biedt zij slechts een eindigen wederstand aan de oorzaken, leidende tot veranderingen der veropenbaring dier zelfstandigheid door beweging, (namelijk de bewegingen der ligchamen, alsmede derzelver eigenschappen, welke zie bl. 165, ook door bewegingen worden bepaald) en der veropenbaring dier zelfstandigheid door denking (namelijk de denkbeelden en de door den aard der denkbeelden bepaalde karaktertrekken der geesten.) De traagheid biedt niet slechts wederstand aan de veranderingen in sterkte, maar ook aan die in aard dier veropenbaringen, aldus niet alleen aan het werkdadig maken van latente denkbeelden, zie blz. 167, maar tevens aan de verwisseling en vervanging dezer laatste door andere denkbeelden, niet alleen aan het ontstaan van beweegkracht, van welken aard ook, bij de ligchamen, maar tevens aan de verandering van den aard der zeer zwakke met de structuur der ligchamen verbonden atomistische bewegingen, waardoor den aard der eigenschappen dier ligchamen bepaald worden.

Bij die eigenschappen bestaat er onderscheid tusschen derzelver intensiteit en derzelver uitbreiding, (dat is of zij tot een grooter of kleiner ligchaam behooren) en bij de veropenbaring der zelfstandigheid door denking bestaat er eveneens onderscheid tusschen de intensiteit van latente denkbeelden en derzelver uitbreiding. Deze laatste [248]is bijv. grooter, wanneer zij bij veel dan wanneer zij bij weinig personen bestaan, en zelfs bij een enkel wezen kunnen, bij gelijke intensiteit der denkbeelden, deze in uitbreiding verschillen. Om aldus bij de denkbeelden van wezens groote veranderingen te weeg te brengen, dient er, wegens de werking der traagheid, eene oorzaak te bestaan, die, zoo deze slechts gedurende korten tijd werkt, met betrekking tot de intensiteit en uitbreiding dier denkbeelden groot is. Vandaar dat bijv. op het gebied der geschiedenis groote verschijnselen slechts kleine oorzaken kunnen bezitten, wanneer deze gedurende zeer langen tijd werkzaam zijn. Integendeel, kan bijv. wanneer in eenig land de individuen sterk voor den vrede geneigd zijn, een oorlogzuchtig pamflet hen evenmin eene noemenswaardige zucht tot oorlogvoeren geven, alsdat de aantrekking eener komeet van geringe massa de snelheden en banen der planeten noemenswaardig kan wijzigen4. De uitwerking van zulk een pamflet zal van lieverlede verdwijnen, dat is de traagheid dier uitwerking zal met den tijd geheel overwonnen worden, zoo de inhoud van het pamflet de drijfveeren, tot oorzaak dier vredelievende neiging strekkende, onveranderd laat. Eveneens zal eene accidentele snelheid gegeven aan waterdeelen, wier snelheid door het verhang en de wrijving bepaald worden, van lieverlede verdwijnen, zoo de kortstondige oorzaak dier accidentele snelheid noch op het verhang, noch op de wrijving van het water van invloed is.

Bij de (zie blz. 174) onveranderlijke ofschoon zeer zamengestelde veropenbaring der zelfstandigheid door beweging en denking, doet de traagheid, door telkens den bestaande alsdan steeds volmaakt geschikten toestand in [249]stand te willen houden, het effect van eene alleenheerschende oorzaak van geschikthouding. Bij de veranderlijke veropenbaring der zelfstandigheid door beweging en door denking is dit integendeel anders, en wel te meer hoe grooter die veranderlijkheid is. De traagheid tracht alsdan slechts gebrekkig geschikte toestanden, en zoowel het kwade als het goede hierin bevat, in stand te houden, met betrekking tot het geschikte en ongeschikte is zij neutraal.

Bij de veranderlijke veropenbaring der zelfstandigheid bestaan er naar ons inzien eigenlijk slechts drie natuurwetten, namelijk 1°. de traagheid, 2°. de drang tot geschiktwording en 3°. die tot veranderlijkheid.

De door de wetenschap gestelde natuurregels zijn slechts de bijzondere ofschoon onveranderlijke regels, waardoor bepaald worden de verschillende gedaanten, welke de werkingen dier drie algemeene natuurwetten aannemen. De wet der traagheid der met gewone snelheden begiftigde ligchamen, de wetten volgens welke afstooting en aantrekking, zie blz. 171, onveranderlijke doch zeer zamengestelde atomistische trillingen regelen, en de daarmede vergelijkbare natuurwetten, waardoor de aard onzer denkbeelden onveranderd tracht te blijven, bepalen toch de gedaanten waaronder zich vertoont de werking der algemeene wet der traagheid, in het eerste geval op astronomisch gebied, in het tweede op bijv. scheikundig gebied, omdat die trillingen de chemische eigenschappen der ligchamen kunnen bepalen en in het derde op zielkundig gebied.

Bij elke verandering van verschijnsels, bij alle opvolging van verschijnsels door er mede in verband zijnde andere verschijnsels, ontmoet men steeds de zich onder de eene of andere gedaante vertoonende werkingen van die drie algemeene natuurwetten.

Die der geschiktmaking zal trachten den bijzonderen [250]aard der dingen meer algemeen te maken, omdat hier door dien aard nadert tot die van het onveranderlijke en aldus volmaakte deel van het Heelal, zie blz. 174. Door de werking dier algemeene natuurwet zal aldus het bijzondere bij de veropenbaring der zelfstandigheid door denking verzwakken, die denking naderen tot de algemeenste denkbeelden van den oergeest, en het bijzondere bij de veropenbaring der zelfstandigheid door beweging verzwakken, en die bewegingen naderen tot de algemeenste en onveranderlijke van den ether. In beide gevallen zal echter de werking dier natuurwet slechts eene qualitatieve en niet, zie blz. 169, eene quantitatieve verandering te weeg brengen.

Bestond de wet der veranderlijkheid niet, zoo zou het bijzondere en verscheidene bij de veropenbaring der zelfstandigheid ook niet bestaan, terwijl, zoo de wet van geschiktmaking niet bestond, de ontwikkeling van de bijzondere en veranderlijke hemelbollen en wezens niet zou strekken om deze, wanneer derzelver ontwikkeling de palen der eindigheid bereikt, de natuur van het onveranderlijke en aldus volmaakte te geven, maar eerder om de afwijking hier van steeds grooter te doen worden. Gedurende het gemiddeld gaan dier hemelbollen en der er op verblijvende wezens van het op blz. 161 gemelde middelpunt naar het midden der dikte van den Melkweg, moet er bij naar ons inzien de werking der natuurwet van de veranderlijkheid en tegelijk die der wet van geschiktmaking grooter worden, zoo bij dit midden der dikte van den Melkweg de aard der hemelbollen het meeste van die van den ether verschilt, en dit ook het geval is met de op die bollen bestaande ligchamen, waarmede de geene zintuigelijke indrukken voortbrengende atomistische beweging, de denking der wezens bepalende, in contact komen. Gedurende derzelver gemiddelde verwijdering van die plaats [251]naar buiten, bij die bollen de werking van beide die wetten geringer wordende, zoo zal alsdan de aard dier bollen en der daarop wonende wezens van lieverlede minder bijzonder en verscheiden worden. Gedurende deze laatste periode zal de werking der natuurwet der geschiktmaking die der wet der onveranderlijkheid overtreffen, en gedurende de eerste periode het tegenovergestelde plaats hebben. Door die eerste werking zullen zie blz. 155 de gewone snelheden of overgaan in warmtetrillingen of, wanneer gedurende derzelver verzwakking de aantrekking overwonnen wordt, veranderen in de op blz. 165, gemelde aantrekkingstrillingen, de warmte zal er door verspreid worden, de elektrische trillingen in warmtetrillingen overgaan, de chemische zamenstellingen meer gaan gelijken op die der absoluut enkelvoudige stof den ether enz. De werking der wet der veranderlijkheid moet daarentegen, bij het grooter maken der afwijkingen van den toestand der zaken van den toestand van der ether, voor zooverre deze niet aan den invloed der hemelbollen blootgesteld is, juist het tegenovergestelde doen, zoodat de werkingen der bijzondere natuurwetten der zwaartekracht, der warmte, der electriciteit, van het chemismus enz. begrepen zullen zijn deels in de werking der algemeene natuurwet der geschiktmaking en deels in die der natuurwet der verscheidenheid, zoodat zij in dezelfde verhouding tot deze algemeene wetten staan als de op blz. 269 gemelde bijzondere natuurwetten tot de algemeene wet der traagheid.

Uit het bovenstaande volgt dat de op blz. 243, gemelde, hetgeen wij toeval noemen, barende verschijnsels de vruchten zijn der werking der wet van de verscheidenheid. De snelheden, waarmede de hemelbollen volgens allerhande rigtingen den ether doorklieven, zijn bijv. het werk er van, de ongelijke verspreiding der warmte en de hierdoor ontstaande ongelijke drukkingen eveneens, het alsdan

[252]veranderen van warmtetrillingen in gewone snelheden bij vloeistoffen evenzoo. De werking der wet der geschiktmaking tracht, zie blz. 169, de werkdadigheid van den geest, waarbij er geoordeeld, afgeleid en onder vooruitloopen der ervaring gedwaald wordt, te vernietigen, of liever om te zetten in de algemeene werkdadigheid van den Oergeest, hetgeen met de omzetting van gewone snelheden der ligchamen in de algemeenste atomistische bewegingen van den ether vergelijkbaar is. Van den anderen kant zal die werking bij de wezens eene werkdadigheid trachtten op te wekken als bij het voor den geest houden van denkbeelden door directe aanschouwing verkregen, namelijk eene zuivere contemplatieve ervaringsdenking, hetgeen zie blz. 159 met de opneming van warmte door de hemelbollen te vergelijken is. De werking der wet van de verscheidenheid tracht daarentegen het tegenovergestelde te doen, namelijk ons niet te doen denken aan hetgeen wij door aanschouwing zeker weten dan voor zooverre dit strekt om te oordeelen, te kiezen, af te leiden enz.

Dat het bestaan van verscheidenheid, annex aan dat van het bijzondere, de ontwikkeling bevordert, blijkt niet slechts uit het effect er van op onzen geest, maar tevens ook hieruit, dat de organisatie der planten en dieren, aan de meeste verscheidenheid van omstandigheden blootgesteld, gedurende derzelver leven in ontwikkeling het sterkste toeneemt. Stelt men water te loopen langs eene ojiefvormige, flaauwe en wrijvende helling, zoo zal, ongeveer waar het verval op het grootste is, de snelheid van het water zulks ook zijn, en dit het meeste slibstoffen opgeheven houden. Het verval hierbij is te vergelijken met de werking der wet der veranderlijkheid, de wrijving met de werking der wet van geschiktmaking, de snelheid met de intensiteit van het bijzondere en der verscheidenheid en het bezwangerd zijn van het water met slibstoffen met den vooruitgang. Even [253]als de beide op blz. 250, gemelde werkingen waar de meeste verscheidenheid bestaat, zijn bij het zoo even gemelde geval, waar de snelheid op het grootste is, de werkingen van verval en wrijving op het grootste en even groot.

Bij de aanschouwing van het verscheidene en aldus bijzondere trachten wij, zooals bij de classificatie en het zoeken van het verband tusschen oorzaken en gevolgen, eene kennis te verkrijgen met meer algemeene begrippen en aldus van meer algemeenen aard dan die aanschouwing. De kennis, direct door aanschouwing van het bijzondere verkregen, voldoet ons aldus niet, doch juist daarom strekt die aanschouwing van het bijzondere om zie bl. 237 ons zoodanig in te spannen dat onze geestontwikkeling toeneemt. Dit aldus niet kunnende geschieden, zonder dat het oordeelen en besluiten de kennis, door controlerende aanschouwing verkregen, anders gezegd de ervaringskennis, vooruitloopen, waardoor deze laatste alsware omhooggetrokken en uitgebreid wordt, zoo moet noodwendig de wijze van verkrijging van kennis, waardoor de geestontwikkeling kan vergrooten, aanleiding geven tot dwaalbegrippen. Loopen nu in geestelijken aanleg en intellectuele ontwikkeling uitstekende menschen die ervaringskennis meer dan het gros der menschen vooruit, zoo zullen zij niet minder dan dit in dwalingen vervallen. Een pasgeboren kind kan niet denken "ik schort mijn oordeel op over alles wat de ervaring mij niet als zekerheid aangeeft." Zulk een kind zou van niets de juistheid te verifieren hebben en niets leeren. Denkt het dat een verwijderd voorwerp te grijpen is, zoo loopt het evenzoo de ervaring, door het gezigt verkregen, vooruit, als een wijsgeer, die zich op het gebied van het buitenzinnelijke begeeft, de ervaring door al de zintuigen aan de menschen verschaft.

Door de werking der wet van geschiktmaking [254]zullen de gewone snelheden van ligchamen, al zijn deze zelfs door geene wrijvende vloeistof omgeven, in warmte beweegkracht overgaan. Geen ligchaam is toch volmaakt vast, en bij geen ligchaam zullen alle punten precies dezelfde evenwijdige snelheden bezitten, bij alle zal dus hetgeen, op bl. 154 en in Noot bl. 156, gezegd is, met de snelheden te gebeuren, plaats hebben. Dit is insgelijks het geval, wanneer zulke ligchamen om eene as wentelen, daar alsdan, zie Noot blz. 165 moleculen, digter bij den equator gelegen, zullen komen naast andere, er wat verder van gelegen, en die aldus eene kleinere absolute wentelingssnelheid dan gene bezitten. De op blz. 154 gemelde egaliserende en de verscheidenheid bij de aardkorst wegnemende werking van het water is eene werking der wet van geschiktmaking, ofschoon zij de aarde voor ons menschen, maar niet voor de lage en een uniform leven leidende zeedieren onbewoonbaar tracht te maken. De op diezelfde bl. gemelde werking der lava van den aardkern is daarentegen eene werking der wet der veranderlijkheid.

De wet van geschiktmaking oefent, bij de overwinning der traagheid van het bijzondere eene werking uit, die wij in ons het: *Over de werking der Natuurwetten op zedelijk gebied enz.* blz. 660 slijtende werking genaamd hebben. Zoo in zooeven gemeld werk als in het vervolg er op, hebben wij vele voorbeelden dier slijtende werking aangehaald en aangetoont hoe hierdoor de periodieke schommelingen (zie later), van lieverlede verzwakken en de toeneming in intensiteit van verschijnsels, waarbij er elkander wederkeerig versterkende oorzaken in het spel zijn (zie later) tegengewerkt wordt. Deze wet tracht dan geschiktheid uit een en dan uit een ander oogpunt beschouwd voort te brengen, zoodat zij in het eene geval somtijds, in zeker opzigt, in strijd werkt als in andere gevallen. Zoo tracht een harer werkingen menschen, [255]die met elkander op den voet van gelijkheid en in dezelfde omstandigheden verkeeren, even deugdzaam en kundig te maken als het gros van hen, en aldus een kundig en braaf mensch, door zijn omgang (zie blz. 48) op den voet van gelijkheid met menschen, die zulks minder zijn, in geestontwikkeling te doen afnemen. Is daarentegen, de geestontwikkeling van menschen te laag voor de eischen der omstandigheden waarin zij verkeeren, zoo zal eene andere werking dierzelfde wet beide tot elkander doen naderen en aldus die menschen deugdzamer en kundiger maken, althans zoo zij daarin niet tegengewerkt wordt door een andere van hare werkingen, waardoor de geesten van menschen geschikt worden voor de ligchamen waaraan zij annex zijn en aldus meer naar het dierlijke neigen. In dit geval zullen de werkingen dier wet drie zaken, namelijk de ligchamen, de geesten en de eischen van den maatschappelijken toestand op dezelfde hoogte trachten te stellen.

Eenvormigheid bij menschen, op denzelfden voet met elkander verkeerende, is gewis op zich zelf beschouwd, eene geschiktheid, en dit is ook het geval bij andere zaken, zoodat de wet van geschiktmaking er toe zal leiden om alle afwijkingen van gemiddelde toestanden weg te nemen. Zij maakt door eene secundaire werking dat individuen van dezelfde soort elkander opzoeken, edoch bestaat er voor het bestaan dier verschillende soorten geene andere oorzaak dan de traagheid, zoo zal zij, (zie blz. 7) al die soorten tot eene gemiddelde soort ineen doen smelten, en daar, zooals op blz. 90 gezegd is, de aarde hierop eene terugtrekkende werking uitoefent, die zich vormende middelsoort omlaag trekken.

Een ander voorbeeld van met elkander in strijd zijnde werkingen der wet van geschiktmaking, wanneer deze bij iets geschiktheid voor verschillende belangen tracht voort te brengen, is de strijd tusschen de pogingen tot [256]zamensmelting van verschillende volkstammen van een zelfden staat, en die waardoor die stammen hunne nationale eigenaardigheden trachten te behouden. De zamensmelting is voor de sterkte van den staat wenschelijk, de pogingen er toe kunnen aldus als werkingen der wet van geschiktmaking beschouwd worden. Blijft nu de regering de sterkste, zoo zullen de volkstammen wel, met betrekking tot hunne nationale eigenaardigheden, in een ongeschikten toestand komen, maar de werking der wet van geschiktmaking hen daaraan ontwennen, zooals zij zulks bijv. bij de *Elzassers* gedaan heeft. Zijn daarentegen de nationaliteiten de sterkste, en is het mogelijk dat zij, door niet door elkander vermengd te wonen, afzonderlijke staten vormen, zoo zullen zij zich hierop inrigten.

Tracht een waanzinnige zijne neiging tot vernieling bot te vieren, zoo tracht hij, tengevolge der werking der wet van geschiktmaking, hetgeen, hem voor het oogenblik genoegen geeft, te doen. Hierdoor schaadt hij zoowel zijne eigen toekomstige belangen als andere menschen, doch deze sluiten hem, tengevolge der werking van diezelfde wet, op in een lokaal waar hij anderen niet hinderlijk is, niets vernielen kan en zich niet kan bezeren. Die waanzinnige plooit, zich naar het leven in zulk een vertrek en zijne vroegere betrekking wordt door anderen waargenomen. Dit een en ander toont aan, dat zoo bij elken gegeven toestand er geene andere oorzaken van verandering werken dan die van geschiktmaking, er ten laatste een onveranderlijken toestand zal ontstaan, waarbij alles voor elkander geschikt is, en geschiktheid in het eene oogpunt geene ongeschiktheid in eenig ander oogpunt meer zal baren. Zoo lang echter die onveranderlijkheid niet volmaakt is, zal de geschiktheid zulks evenmin zijn. Van een staat, voortdurend burgers bevattende die onder dezelfde wetten, instellingen, en regering [257]wenschen te leven, zullen die burgers in iin opzigt in een onveranderlijken, maar dan ook slechts in een opzigt in een voor hen geschikten toestand verkeeren. Om in eenig ander opzigt in een geschikten toestand te zijn (bijv. niet meer of minder te bezitten dan zij noodig hebben) zouden zij ook in een ander opzigt in een onveranderlijken toestand moeten komen en zoo voort. Volmaakte geschiktheid in alle opzigten vordert aldus onveranderlijkheid, of gemis van alle verscheidenheid in tijd, doch, daar de ervaring leert dat verscheidenheid in ruimte steeds gepaard gaat met verscheidenheid in tijd, zoo zal het gemis hiervan met dat der verscheidenheid in de ruimte moeten gepaard gaan, en aldus de volmaakte geschiktheid slechts bij den onveranderlijken Ether en de onveranderlijke denkbeelden van den Oergeest te vinden zijn[5].

De wet der veranderlijkheid werkt echter het ontstaan van zulk een toestand onophoudelijk tegen en wel sterker bij de hemelbollen qualitatief meer van den onveranderlijken Ether, en bij de geesten evenzoo meer van den onveranderlijken Oergeest verschillende. Deze wet werkt op verschillende wijzen. Zij doet bijv. uit verschijnsels andere verschijnsels voortspruiten waardoor de eerste tegengewerkt of bevordert worden. In het eerste geval is echter dit tweede verschijnsel traag, zoodat het nog bestaat, wanneer het eerste zulks niet meer doet, en dan een verschijnsel tegengesteld aan het eerste te voorschijn brengt. Dit alsware negatieve eerste verschijnsel vernietigt wel het tweede, doch zelf traag zijnde, zoo bestaat het nog, wanneer dit tweede verschijnsel zulks niet meer doet, en brengt dan een verschijnsel tegengesteld [258]aan dit tweede voort. Deze vernietiging van verschijnsels hebben wij op blz. 660 van ons werk get: *Over de werking der Natuurwetten op zedelijk gebied enz.* de uitputtende werking genaamd. Zoo in dat werk, als in het vervolg er op, hebben wij eene menigte voorbeelden aangegeven van schommelingen door die werking der wet der veranderlijkheid bij verschijnsels van zeer verschillenden aard te weeg gebragt. Een voorbeeld er van is het volgende. Iemand gedraagt zich slecht, men begint hem te straffen, en, op het oogenblik dat hij zich het slechtste gedraagt, neemt het bestraffen het sterkste toe, om een maximum te worden, wanneer die persoon zich even goed als gemiddeld de menschen gedraagt. Daarna begint hij zich beter dan deze te gedragen, en, op het oogenblik dat hij zich het beste gedraagt, neemt het bestraffen het sterkste af en gaat het over in beloonen. Hierdoor wordt die persoon bedorven, hij begint zich minder goed te gedragen, en, op het oogenblik dat hij zich weder even goed als gemiddeld de menschen gedraagt, is het beloonen op een maximum geklommen enz.

Zulke schommelingen zouden nu slechts kunnen ontstaan door de gecombineerde werkingen der natuurwetten der traagheid en der veranderlijkheid. Bij dit voorbeeld toch trachten, zoowel zij die straffen en loonen, als hij die gestraft en beloond wordt, zoo zeer geene afwijkingen, te vernietigen, dan, tengevolge van bestaande afwijkingen van handelingen te veranderen. Wanneer bij deze de afwijking op het grootste is, veranderen gene op het meeste hunne manier van handelen, omdat alsdan de wet der veranderlijkheid hen daartoe dringt; terwijl, wanneer de afwijkingen bij de handelingen van gene op het grootste zijn, de gestraft of beloond wordende, eveneens wegens dezelfde oorzaak, zijne wijze van doen op het meeste wijzigt. Zulke schommelingen zullen echter [259]zoo sterk niet plaats kunnen hebben, omdat de wet der geschiktmaking vereenigt met de beide bovengemelde natuurwetten werkt. Werkte zij alleen met de wet der traagheid, zoo zou de intensiteit der straffen steeds evenredig blijven met die van het wangedrag, die straffen aldus ophouden, wanneer hij, die deze straffen ondergaan heeft, zich weder gedraagt als gemiddeld de menschen, en er geene schommelingen ontstaan.

Evenzoo zal dit met het loonen plaats hebben, zoo de werking der wet van geschiktmaking alleen het vernietigen van afwijkingen tot doel heeft, en aldus het loonen een bedervenden invloed uitoefent. Heeft daarentegen de werking dier wet tot doel om de menschen, accidenteel beter geworden, aldus te houden, zoo zal zij hen hoogere eischen dan vroeger stellen, en hen in eene hoogere omgeving dan vroeger plaatsen. Deze laatste werking der wet van geschiktmaking niet in aanmerking nemende, zoo zal, bij de vereenigde werking der drie natuurwetten, in het begin het straffen sneller toenemen dan bij het geval op blz. 258 behandeld, het reeds trager dan vroeger toenemen, wanneer het wangedrag op een maximum is, en het reeds weder verminderd zijn, wanneer de gestraft wordende persoon zich weder als gemiddeld de andere menschen gedraagt. Op dit oogenblik geschiedt het straffen aldus minder streng dan in het vorige geval, en zal aldus die persoon, tengevolge der werking der wet der veranderlijkheid, minder in gedrag boven de andere menschen gaan uitsteken. De werking der wet der geschiktwording zal hem leiden om ook, zonder dat hij gestraft of beloond wordt, in zedelijkheid met gemiddeld de andere menschen gelijk te worden, eene reden waardoor de schommelingen bij de afwijkingen van zijn gedrag zwakker zullen worden, hetgeen wederom de schommelingen bij de wijzen, waarop hij behandeld wordt, verzwakt. Het gaat hierbij als bij een slinger, hoe minder deze [260]van den verticaal afwijkt, met hoe minder snelheid hij den verticaal zal voorbijgaan, en met hoe minder snelheid hij dit laatste doet, hoe kleiner die afwijkingen zullen worden.

Bij de veranderlijke veropenbaring der zelfstandigheid door denking en door beweging baren zie blz. 240 bijzondere verschijnsels;, andere verschijnsels, deze weder andere verschijnsels, terwijl tevens verschijnsels, noch oorzaak noch gevolg van elkander zijnde, op elkander kunnen werken. In dit laatste geval kan het zijn, dat het eene dier verschijnsels het andere tracht te verzwakken en dit het eerste te versterken, of dat zij beide in aard aan elkander gelijk trachten te worden. In dit geval zal de wet der geschiktmaking trachten hen in het eerste geval quantitatief en in het tweede qualitatief aan elkander gelijk te doen worden, maar de wet der veranderlijkheid hen alsdan gevolgen geven, op dezelfde wijze op hen werkende als de snelheden van een slinger op de afwijkingen van den verticalen stand van dezen, zoodat zij met betrekking tot elkander schommelingen zullen ondergaan. Het verkeer van een arm met een rijk mensch zal bijv. genen meer behoeften geven, en dit behendigheid en vlijt, maar tevens oneerlijkheid bij hem kunnen opwekken, terwijl door dit verkeer de rijke zekere verzadiging zal ondervinden, waardoor hij zorgeloos en lui, maar tevens grootmoedig zal worden. Wanneer nu, tengevolge dier bij hen door dit verkeer opgewekte eigenschappen, beide dier personen even rijk geworden zijn, zullen, zoo van de wet van geschiktmaking de op blz. 259 gemelde werking niet bestond, die eigenschappen op een maximum zijn en de vroeger arme rijker worden, dan den vroeger rijken6. [261]

Verschijnsels kunnen tot gevolg hebben andere verschijnsels wier grootte zij tengevolge der werking der veranderlijkheid trachten te doen toenemen, terwijl die gevolgen van geen noemenswaardigen invloed zijn op derzelver oorzaak. Door de nabijheid der aarde van de zon zou bijv. gene steeds warmer worden, zoo de op blz. 249 gemelde werking der wet van geschiktmaking, zich in dit geval als warmteuitstraling veropenbarende, er aan geen grens stelde. Die verwarming der aarde zal echter derzelver afstand van de zon niet veranderen; doch op blz. 156 gemelde werking hierbij die der wet van geschiktmaking zijn, in zooverre zij maakt dat snelheden, zie blz. 165 in aantrekkingstrillingen overgaan. In zoo verre die werking warmtetrillingen bij de hemelbollen in gewone snelheden doet overgaan, is zij daarentegen eene werking der wet der veranderlijkheid. Trouwens, zoo zij, door de hemelbollen zeer ver van elkander te brengen, tegengaat dat deze met groote snelheden betrekkelijk elkander bewegen en invloeden op elkander uitoefenen, zooals bijv. de zon op de aarde, belet zij dat die hemelbollen zich blijvend vereenigen tot een eenigen bol, die, door het opnemen der wrijvingswarmte door overgang voor uiterst vele en groote gewone snelheden in warmtetrillingen, voortgebragt, uiterst ijl en uitgezet zou worden, en aldus een zeer algemeen karakter zou verkrijgen.

Ook kan het zijn dat twee verschijnsels, noch oorzaak noch gevolg van elkander zijnde, op elkander gaan werken, en dat het eene hierdoor niet noemenswaardig verandert, terwijl het andere versterkt of verzwakt wordt. Het onderwijs, door een schoolmeester gegeven, komt bijv. in aanraking met den geest van een leerling, en tracht diens kennis te vergrooten. Door de werking der wet der veranderlijkheid zou die schoolmeester dien leerling gansche bibliotheken van buiten kunnen doen leeren [262]maar, onder de gedaante van vergeten, beperkt de werking der wet van geschiktmaking de toename der geleerdheid van den leerling. Neemt men den geest opheffende werking der inspanning, welke zich de schoolmeester geeft, niet in aanmerking, zoo zal deze door den directen invloed op hem van dit door hem gegeven onderwijs, niet meer of minder geleerd worden, en de op blz. 255 gemelde werking der wet van geschiktmaking hem niet even kundig als zijn leerling trachten te maken, omdat hij zich niet op eene lijn met dezen stelt, en niet vermeent aan dezelfde voorwaarden als dezen te moeten voldoen.

Ook kan het zijn dat een verschijnsel een ander tot gevolg heeft en de intensiteit hiervan tracht te vergrooten, terwijl dit gevolg iets dergelijks bij deszelfs oorzaak tracht te weeg te brengen, of dat twee verschijnsels zulke invloeden op elkander uitoefenen, dat zij elkander wederkeerig versterken of verzwakken. Op blz. 309 van het *Vervolg* van ons werk get.: *Over de werking der Natuurwetten op zedelijk gebied enz.* hebben wij daarvan verscheidene voorbeelden gegeven. De werking der wet van geschiktmaking werkt dan echter de vergrooting van elk dier verschijnsels tegen, zoodat zij eindelijk, na zekeren trap van grootte bereikt te hebben, niet meer noemenswaardig veranderen. Zoo zal wel het vliegen der vogels de vergrooting van derzelver vleugels bevorderen, en het bezit van grootere vleugels die vogels sterker doen vliegen, edoch, zoowel eene bovenmatige grootte hunner vleugels, als het uiterst snel doorklieven der lucht, voor de vogels iets ongeschikt moeten worden.

Zoo versterken moedeloosheid en geledene verliezen elkander wel, doch de werking der wet van geschiktmaking zal den ontmoedigden tot bezinning doen komen, en hem tevens zijn werkkring doen beperken, waardoor [263]deze zie blz. 42 meer in harmonie met de overgeschotene hulpmiddelen komt, en het lijden van nog meer verliezen moeijelijker wordt, ofschoon de moedeloosheid dan nog als gevoel van zwakte kan blijven bestaan.

Op blz. 152 hebben wij gesproken van eene wederkeerige versterking van den aanleg voor iets en den graad waarin men het er in brengt. De werking der wet van geschiktmaking schijnt echter de vergrooting van zulk een aanleg, naarmate deze graad grooter is, sterker te bemoeijelijken, terwijl de werking dier wet, waardoor de verschillende soorten van geestontwikkeling zich bij den mensch op dezelfde hoogte trachten te stellen, voor zooverre de levensomstandigheden dit niet tegengaan, benevens de terugtrekkende werking van het ligchaam en der beperktheid der controlerende zintuigelijke aanschouwing, de vergrooting van eene soort van geestontwikkeling bij den mensch tegengaan. Wanneer echter die wederkeerige versterking van aanleg en graad van geestontwikkeling in iets zwakker is, zal de werking der wet van geschiktmaking eerst later beide beletten verder noemenswaardig in grootte toe te nemen. Die geestontwikkeling zal dan toch meer tijd gehad hebben om zich geschikt voor andere zaken te maken, om de bovengemelde haar alsware achteruittrekkende zaken te ontvlieden, en bijv. met een hooger georganiseerd ligchaam en eene ruimere controlerende aanschouwing in aanraking te komen.

Bij die wederkeerige versterking komt het ons voor dat de aanleg zwakker toenemen moet, naarmate hij van meer algemeenen aard en meer met de op blz. 185 gemelde grondslagen van de ligchaamsorganisatie vergelijkbaar is. Vooral voor de vergrooting van deze soort van aanleg (evenals de meer bijzondere soorten er van in eigenschappen van denkbeelden bestaande) zal langere duur der toeneming der geestontwikkeling gunstiger werken dan de sterkte dier toeneming, hetgeen ook doorgaat [264]voor de verandering der algemeene karaktertrekken bij wederkeerige versterking dier verandering en van zekere rigting van denkbeelden. Wederkeerige versterking tusschen een eindigen aanleg en eene geestontwikkeling gelijk nul kan binnen geen eindigen tijd bestaan, ten eerste omdat, zonder geestontwikkeling, dat is zonder denkbeelden, er geen aanleg kan bestaan zie blz. 247, ten andere omdat nul, met alle eindige grootheden vermenigvuldigd, steeds nul tot product geeft. Buitendien zal er eene opheffende werking noodig zijn om de geestontwikkeling te vergrooten. Aanleg is hiervoor niet voldoende, deze maakt slechts de taak dier opheffende werking gemakkelijker. Deze is zelfs ook noodig om de vogels te leiden om te vliegen, want men kan het bezit van vleugels door de vogels eenigzins vergelijken met die van zintuigsorganen door de menschen. De vergelijking van het edelere gebruik dat wij, met het lagere gebruik dat de dieren van die organen maken, toont aan dat voor het waarnemen en opmerken het bezit van zulke organen niet voldoende is.

Deze beide voorbeelden zijn dan ook niet die van eenvoudige wederkeerige versterking van twee verschijnsels, maar van zoo iets gepaard met de versterking van het eene dier verschijnsels door een ander dat er niet door aangedaan wordt (zie later). De werking der wet van geschiktmaking zou de versterking van dit eerste verschijnsel namelijk die van de geestontwikkeling zeer beperken, zoo die werking steeds gevormd werd door de terugtrekkende werking van de ligchamen en de beperktheid der aardsche zintuigelijke indrukken. Verplaatst zich echter het peil, waarnaar de terugtrekking geschiedt, naar hooger, zoo vervalt de beperking der toeneming der geestontwikkeling door de werking der wet van geschiktmaking. De bijzondere verschijnsels met betrekking tot de gemiddelde toestanden, brengen voort bijzondere [265]verschijnsels met betrekking tot iets van een anderen algemeenen aard, of afwijkingen van eene andere soort van gemiddelde, (zooals bijv. de afwijkingen van een gemiddeld gedrag, afwijkingen van eene gemiddelde behandeling). Deze doen op hunne beurt hetzelfde, en zoo ontstaan er eene menigte van bijzondere verschijnsels of afwijkingen van gemiddelden van verschillenden aard, die elkander versterken of verzwakken. Doordat bij dit laatste er echter, zooals blz. 258 gezegd is, eene versterking in tegenovergestelden zin plaats heeft, wanneer het gevolgverschijnsel verzwakt, terwijl wederkeerige verzwakking niet kan plaats hebben, wanneer een der verschijnsels opgewekt wordt, zoo zal het ontstaan van bijzondere verschijnsels en afwijkingen, door andere bijzondere verschijnsels en afwijkingen van iets anders voortgebragt, als ware het totale bedrag der bijzondere verschijnsels en afwijkingen van verschillenden aard vergrooten. Wel zal nu de werking der wet van geschiktmaking de bijzondere verschijnsels en afwijkingen trachten te vernietigen en dit in zekere mate doen, doch daar andere bestaande bijzondere verschijnsels en afwijkingen als gevolgen baren nieuwe bijzondere verschijnsels en afwijkingen van de soort der vroeger, door de werking der wet van geschiktmaking grootendeels vernietigd, de werking dier wet tegengewerkt worden door die der wet der veranderlijkheid en in den ganschen veranderlijken wereld dan de eene en dan de andere werking de overhand bekomen. Ofschoon die der wet der veranderlijkheid verschijnselen in aard hier mede verschillende gevolgen doet voortbrengen, zoo hebben oorzaken steeds er mede gelijkslachtige hetzij hen verzwakkende, hetzij hen versterkende gevolgen. Iets dergelijks ontwaart men ook bij de werking der wet van geschiktmaking. Bij de verschijnsels geschiedt deze op er mede gelijkslachtige wijze, zooals vernietiging van snelheden door omzetting dezer in [266]trillingen, die van het hinderlijke der slavernij door verdierlijking der slaven enz. Dit ontstaat doordat, zooals op blz. 249 gezegd is, vaste, maar alsware meer bijzondere wetten bepalen in welke verhouding de aard der werkingen der beide algemeene wetten staat tot de verschijnsels waarbij zij plaats hebben. Vandaar dat al de wetenschappen, die de oorzaken en het verband der verschijnselen nagaan, zooals de Natuurkunde, de Staathuishoudkunde, de Ethica, de Wijsgeerige geschiedenis, de Volkenkunde enz., ten doel hebben om te vinden, welke bijzondere natuurwetten uitsluitend op ieders gebied heerschen zouden, zoo er geen verband tusschen de verschijnsels, tot het gebied dier verschillende wetenschappen behoorende, bestond7. [267]

Der menschen handelingen kunnen slechts dan geheel werkingen der wet van geschiktmaking zijn, wanneer zij de directe gevolgen zijn van ongeschikte toestanden van zaken, en dit nu is niet het geval, wanneer die handelingen de gevolgen van redeneringen zijn. Zoo bijv. iemand, met losbollen verkeerende, er ook een wordt, geschiedt dit door de besmettelijke, zie blz. 255, afwijkingen wegnemende werking van zijne omgeving en niet door redenering, evenmin zoo iemand met de oogen knipt, wanneer hierop te sterk licht valt.

Wanneer de menschen op eene beredeneerde wijze ongeschiktheden (bijv. ziekten) trachten te doen verdwijnen, zijn de daarvoor door hen aangewende middelen steeds de zeer indirecte gevolgen dier ongeschiktheden. Was dit anders, wees bijv. maagpijn op eene instinctieve en directe wijze de daartegen aan te wenden middelen aan, zoo zouden deze zeker doelmatig zijn, want het zich aldus genezende wezen zou zich daarvoor niet boven de zintuigelijke ervaring behoeven te verheffen, en geene andere verandering in het ligchaam dan het wegnemen der kwaal zou plaats hebben. Bij de behandeling van zieken door artsen geschiedt dit nu ook wel zoo in zekere mate, doch buitendien worden er, deels door dwalingen, veranderingen bij de ligchamen der patienten te weeg gebragt. Die behandeling bestaat aldus uit de vereenigde werking der wet van geschiktmaking en van die der veranderlijkheid.

In andere gevallen is hetgeen de menschen tengevolge [268]van redenering doen in betrekkelijk sterkere mate ofschoon niet geheel de werking der wet van geschiktmaking. Het kleeden bijv. verkeert in dit geval, want de gewaarwordingen van onze ligchamen duiden ons aan, dat wij bijv. geen lappen laken onder onze voeten moeten bevestigen en geen rok van zoolleer maken, terwijl ook de vorm der kleederen door die van onze ligchamen in zekere mate direct aangegeven wordt.

Bij al ons redeneren hebben wij steeds ten doel bij iets geschiktheid voort te brengen, al zij het dat er door zie blz. 256, te gelijk ongeschiktheid bij andere zaken ontstaat, zoodat dit redeneren evenmin alleen eene werking der wet der veranderlijkheid als, wegens de reden van blz. 260, eene der wet der geschiktmaking is. Omdat het echter deels eene werking van eerstgemelde wet is, zal het slechts in eene veranderlijke wereld, dat is in zulk eene waarin er een drang tot vooruitgang kan bestaan, kunnen plaats hebben. Het verkeer in eene veranderlijke wereld is echter niet voldoende om vooruitgang bij de wezens voort te brengen, hiervoor moet bij deze een drang er toe bestaan, even als zie blz. 263, voor de toeneming der intellectuele ontwikkeling bij wezens in het bezit van zekeren aanleg.

Een wezen kan een lager en gebrekkiger georganiseerd ligchaam dan zijns gelijken bezitten en hierdoor zie blz. 90, aan eene grootere terugtrekkende werking dan dezen blootgesteld zijn. Het kan zich echter ook eene grootere geestinspanning dan de andere wezens geven, ten einde in dit gebrek te voorzien, en die grootere geestinspanning de vergrooting zijner geestelijke ontwikkeling bevorderen. Wanneer dit wezen aan die bevordering groote behoefte gevoeld, zal het in dit laatste geval verkeeren, en dit vergelijkbaar zijn met het op blz. 240, gemelde geval, waarin een volk door kunstmiddelen moet voorzien in hetgeen de natuur elders zelve geeft. [269]

Het is naar ons inzien het duistere besef van die onbepaalde vergrooting der geestontwikkeling der menschen, dat doet zeggen dat hun leven onschatbaar is, niettegenstaande de waarde van het aardsche leven van enkele menschen negatief is, en van de meeste hunner niet boven die eener matige geldsom gaat.

De statistiek leert toch hoe, door het verzuimen van zekere veiligheidsmaatregelen, er gemiddeld jaarlijks een zeker aantal menschen omkomen, en toch kan men die maatregelen niet invoeren wanneer zij te veel geld kosten. Bij al zijn werken en drijven stelt de mensch zijn ligchaam aan meer of minder gevaren bloot. Productie van welken aard ook kost aldus bloed, zelfs wanneer die productie dient tot het verschaffen van middelen ter beveiliging van der menschen leven. Het bewerkte hout en ijzer dat bijv. op de schepen hiervoor dient, kost aan een aantal houthakkers en mijnwerkers het leven. Men zou aldus moeten oplossen het vraagstuk "van welken aard de productie moet zijn om een minimum van menschenlevens te kosten," een vraagstuk dat, wegens de gedurige variatien der omstandigheden, slechts zeer in het ruwe op te lossen is, en waarbij men de productie door te groote voorzigtigheid niet moet verminderen, omdat hierdoor, ten bate der geschiktheid met betrekking tot de veiligheid, de van de productie afhangende beschaving te veel benadeeld zou worden.8

Terwijl bij met den onveranderlijken oergeest volmaakt zamengesmolten wezens, wat geschikt is in het eene opzigt ook geschikt moet zijn in een ander opzigt, wat voor [270]den een geschikt is, ook voor den ander geschikt moet zijn, en wat gewenscht is voor het heden ook in de toekomst gewenscht moet zijn, is dit bij veranderlijke wezens geenszins het geval. Deze kunnen dan ook slechts trachten de bij hen bestaande totale ongeschiktheid, waaronder zoowel die voor toekomstige hoogere toestanden, als die voor het heden, zoowel die met betrekking tot hunne zamenwerking met anderen, als die met betrekking tot hun eigen, tot een minimum te maken, iets dat zij, zoo zij aan de eischen van hun maatschappelijken toestand voldeden, gemiddeld zouden trachten te doen, doch welke pogingen door allerlei veranderingen van toestand te weeg brengende accidentele oorzaken aanhoudend tegengewerkt zouden worden. Van zulk een minimum van ongeschiktheid in allerlei opzigten, dus ook voor de toekomst, verwijdert men zich echter wanneer men de geschiktheid voor het een geheel opoffert ten bate van die voor het ander. Die eerste soort van ongeschiktheid wordt alsdan meer vermindert dan de tweede vergroot, omdat, naarmate er geschiktheid bij iets meer vermindert, de verdere vermindering er van bezwaarlijker wordt, omdat zij zich alsware dan bepaalt tot hetgeen waarbij zij moeijelijker uitteroeijen is.

Dit kan vergeleken worden met de uitwerking der geregtelijke straffen. Deze gaan in zekere mate de misdaden tegen, maar straft men zelfs de ligtste diefstallen met den marteldood, zoo zouden er nog in voor de dieven zeer aanlokkende gevallen er nu en dan diefstallen gepleegd worden, en de maatschappij minder winnen door de vermindering der diefstallen, dan verliezen door de pijnlijke uitwerking dier verschrikkelijke straffen.

Wij menschen trachten wel in zekere mate de ongeschiktheid bij ons genoegen in het heden, die bij ons toekomstig bestaan, die bij andere menschen en die bij het toekomstige bestaan van andere menschen weg te [271]nemen, doch doen dit niet bij elk dier soorten van ongeschiktheid in zulk eene verhouding als behoort, om bij allen te zamen de ongeschiktheid tot een minimum te maken, en wel, omdat de toestand daaromtrent niet alleen bij de in beschaving gestegene menschheid veranderd is, maar tevens bij elk individu gedurende zijn leven verandert. Bij de dieren toch lijdt de geschiktheid voor de toekomst en die van andere individuen veel minder dan bij ons menschen door de verwaarlozing er van ten bate der geschiktheid van het individu in het heden, en daar, sedert dat wij maatschappelijke pligten te vervullen hebben, onze verheffing boven den staat der dieren niet sedert zeer langen tijd uiterst langzaam heeft plaats gegrepen, handelen wij, tengevolge der werking der traagheid en van de in de Noot van blz. 139 gemelde terugtrekkende werking, met betrekking tot het te keer gaan der ongeschiktheid bij elk dier zaken, te veel als dieren, dat is wij voldoen niet aan de eischen van ons maatschappelijk bestaan. Desniettemin verzuimen wij niet geheel om bij elk dier zaken de ongeschiktheid tegen te gaan, en zelfs niet bij ons en anderen toekomstig buiten aardsch bestaan. Dit wordt bewezen, doordat der menschen ideaal hooger reikt dan om de hen bewuste kwalen der menschheid weg te nemen, en om deze in den geschiktsten toestand met betrekking tot het aardsche leven in de tot den thans bestaanden stand van beschaving gestegene maatschappij te stellen. Om dit laatste in voldoende mate te doen, hiervoor zijn de menschen, wegens bovengemelde oorzaak, te zinnelijk, te egoostisch en te zorgeloos, kunnen zij gedurende hun kortstondig aardsch bestaan te weinig de behoeften hunner medemenschen leeren kennen, en mangelt het hen aldus zoowel aan intellectuele als aan morele ontwikkeling, doch dit neemt niet weg, dat de (zie blz. 78), zoo onharmonische mensch somtijds zorgt om geschiktheid te vergrooten voor iets hooger dan het genoegen [272]der aardsche maatschappij in het heden, en dat hij hiervoor dit genoegen vermindert, en zich zelf lijden oplegt. Dit is bijv. het geval zoo iemand zooals *Beijling*, om zijn gegeven woord niet te breken, niet slechts zijn eigen leven opoffert, maar tevens zijne vrienden in droefheid dompelt. Dit is het geval zoo iemand, overstelpt door rampen of behebt met ongeneeselijke en smartelijke kwalen, zich liever in de harde maar leerrijke school van den tegenspoed laat, dan zich van den last van het leven te bevrijden, en vooral is dit het geval bij uitingen van het godsdienstig gevoel, en maakt dat zij, die zich offers opleggen om anderen in het heden genoegen te doen, ons niet voorkomen aan de roeping van den mensch ten volle te voldoen. Dergelijke daden maken het de menschheid evenmin in het heden genoegelijker als de bekende raad van *Aristides* in het belang van *Athene* was, en toch kan het doel hierbij niet slechts zijn om goede voorbeelden te geven, daar dit geheel van de middelen der publiciteit afhangt, en buitendien verzinsels daar even goed als werkelijk bedreven daden voor kunnen dienen.

Die vergrooting der zedelijke ontwikkeling kan somtijds geschieden door het bedrijven van daden, de maatschappij geen voordeel verschaffende, zooals bijv. bij het bedwingen van de neiging voor genot in het heden door het nakomen van een verbod van iets dat werkelijk schadeloos is. De waarde van zulk eene daad, met betrekking tot den bedrijver er van, zal dan echter verminderen, zoo deze geen ijver genoeg betoont om de doelmatigheid er van te onderzoeken.

De nakomelingschap heeft aan NAPOLEON I de terdoodbrenging van den hertog van *Enghien*, benevens zijn trouweloosheid jegens het Spaansche hof meer euvel geduid, dan al de door hem geprovoceerde oorlogen. Dit nu kan slechts geschied zijn, omdat die nakomelingschap het voorbeeld van moord en trouwbreuk [273]voor latere heerschers verderfelijker achtte dan dat van oorlog voeren, niettegenstaande, wanneer die oorlogen stroomen bloed doen vloeijen en duizende huisgezinnen in rouw dompelen, zij ontegenzeggelijk het genoegen der maatschappij meer schaden, dan enkele moorden zulks doen. Deze strekken echter tot zedelijke verlaging, de oorlogen daarentegen in verscheidene opzigten tot geestelijke verhooging der strijders en van de navolgers dezer.

Zoo wij ons buitendien geen hooger ideaal voorstelden dan het genoegen der maatschappij in het heden, zou bij het niet voldoen aan de eischen van dit ideaal, dit omlaag getrokken worden, dat is de beschaving zou afnemen, en dit genoegen der maatschappij meer op het dierlijke gaan gelijken. Zoo, wegens de in de Noot blz. 139 gemelde terugtrekkende werking, als wegens den zeer geringen graad der geestontwikkeling der menschen tijdens derzelver geboorte, zouden deze, wanneer zij volwassen zijn, wegens het kleiner zijn van het hunne geestontwikkeling optrekkenden ideaal, op een lageren trap van geestontwikkeling komen, en aldus de graad van ontwikkeling van het genoegen der maatschappij steeds teruggaan9. Het is hiermede gelegen als met de grootte van wandelingen, zoo deze, hoe klein ook, inspanning vorderen, en zij noch voor de gezondheid, noch voor het genoegen gedaan worden. Al heeft iemand door dwang de gewoonte verkregen om eene wandeling van zekere grootte te maken, die grootte zal van lieverlede verminderen, nadat die dwang opgeheven is. Is aldus ons ideaal het publieke genoegen bij de thans bestaande beschaving der maatschappij, zoo hangt het in de lucht, en zal de noodzakelijkheid dier beschaving voor ons deze evenmin voor teruggang beveiligen, als de gewoonte aan [274]het doen van eene groote wandeling, deze zal behoeden voor verkleining, zoo geene andere oorzaak dit tegen gaat. Slechts zal die verkleining alsdan trager zijn. Wel is waar bezitten wij zie blz. 28 een drang tot vooruitgang, en misschien leidt deze de dieren, om zich (zie blz. 152) eene inspanning te geven grooter dan hun aangenaam is, maar bij ons menschen, die bewustheid hebben van de toekomst en van hoogere trappen van bestaan, is deze instinctive drang hiervoor niet voldoende, wij behooren hiertoe hetzij door anderen gedwongen te worden, of wel een door onze zucht tot gemak niet omlaag trekbaar doel voor oogen te houden. Is dit doel bij de menschheid geheel aardsch, zoo moet het, wil de trap van beschaving niet verminderen, minstens zijn om dezen trap te verhoogen. Is echter de trap van beschaving op aarde zoo hoog geklommen als de in de Noot van blz. 139 gemelde terugtrekkende werking benevens de traagheid der op een zeer laag standpunt van geestelijke ontwikkeling geboren wordende menschen gedoogt, welk ideaal moeten deze zich dan ter bereiking voorstellen, om op dit maximum van op deze aarde mogelijke beschaving te blijven?10 Een aardsch ideaal kan dit klaarblijkelijk niet zijn, en ook voor ons, die dit maximum niet bereikt hebben, kan die optrekkende [275]werking niet geheel gevonden worden, zoo men de oogen slechts op de aarde gevestigd houdt. Wij achten ons te weinig in de menschheid op te gaan, (iets dat wel van zamenwerking met medemenschen onderscheiden moet worden) en ons gevoel van zelfstandigheid is te sterk, om ons ideaal vast te knoopen aan het lot der aan allerlei wisselvalligheden overgeleverde nakomelingschap. Wij bezitten eene meer of minder gebrekkige voorstelling, dat voor een deel ons ideaal zoodanig moet zijn, dat het op heffende werkt, hoe hoog ook men binnen de palen der eindigheid gestegen zij, en aldus slechts bij den oneindigen onveranderlijken en aldus volmaakten Oergeest kan bestaan.

De idealen van zelfs leden van onbeschaafde maatschappijen bevatten dan ook bestanddeelen in sommige opzigten ongelijkslachtig zijnde met, ofschoon niet minder verheven dan hetgeen tot het genoegen strekt der wisselende leden van beschaafde maatschappijen.

Reeds de onbeschaafde mensch begeeft zich met zijne verbeelding en ook eenigzins met zijne rede op buitenzinnelijk gebied, en vervalt alsdan in dwalingen. Dit is een noodwendig gevolg van het ver vooruitloopen der controlerende zintuigelijke aanschouwing tengevolge der natuurwet van de veranderlijkheid, doch even noodwendig is het dat die dwalingen verkeerde opvattingen zijn van iets dat werkelijk bestaat. De natuurwet der geschiktmaking verbiedt toch dat wij menschen een vermogen behouden om bespiegelingen te maken over het niet, evenals zij niet zou gedogen dat de vogels vleugels behielden, zoo er geene lucht bestond om er in te vliegen. Hetzelfde kan gezegd worden van de zucht der menschen om zich in eene hoogere en naauwere betrekking met het buitenzinnelijke en verhevene op het gebied der veropenbaring der zelfstandigheid door denking te stellen. Die zucht is de oorzaak der zoogenaamde inspiratie, die der veronderstelde persoonlijke tegenwoordigheid van God [276]op gewijde plaatsen, die der gewaande lichamelijke vereenzelviging met hem. De menschen hebben, onder de vereenigde werking der wet van geschiktmaking en die der veranderlijkheid, die zucht naar het hooge op eene voor hunne bekrompenheid van begrip geschikte wijze trachten te bevredigen, en zijn hierdoor tot dwaalbegrippen tot bijgeloovigheden vervallen, doch het bestaan dier zucht bij hen bewijst dat deze eenmaal bij elk hunner op eene objectief ware wijze bevredigd zal worden.

Het is aldus niet de zucht naar het hoogere op buitenzinnelijk gebied, of het godsdienstig gevoel in het algemeen, waardoor de toeneming der menschelijke kennis vertraagd wordt, maar het is de zinnelijke bevrediging dier zucht die zulks doet. Vandaar, dat, voorbij het standpunt van beschaving waarop de mensen en wijsgeerig beginnen te worden, zie blz. 118, er eene botsing ontstaat tusschen de verlichten der natien, namelijk de wijsgeeren en de voorgangers van het gros dier natikn in de zinnelijke bevrediging van het godsdienstig gevoel, en dat de eerste op de laatste eene opheffende werking uitoefenen. Die disharmonie, moge in het eene tijdvak sterker, in het andere zwakker zijn, overal zal zij bestaan waar, tengevolge der werking der wet van geschiktmaking, zinnelijke wezens zich door zinnelijke voorstellingen trachten te bevredigen, en te gelijk, tengevolge der werking der wet der veranderlijkheid, door middel hunner rede zich tot het abstracte verheffen. Het wegens welk motief ook niet dringen in het abstracte maakt niet alleen dat de menschen bijgeloovig, maar tevens dat zij ongeloovig zijn. Op het eene oogenblik vormt de mensch verheven bespiegelingen, en zweeft hij boven de wolken in de wereld van het abstracte, op het andere oogenblik trekt zijne zinnelijkheid hem naar den bodem terug, en laat in zijn boezem een grond van wantrouwen voor zijne naar hij meent voor de rede onwederlegbare bespiegelingen. [277]

Is het aldus te verwonderen, dat zij die gezeten zijn in het vaartuig hunner kerk, wiens deelen zij de planken der behoudenis wanen te zijn, omdat zij er tusschen op min of meer zinnelijke wijze het edelste hunner gevoelens voldoen, dit vaartuig niet durven te verlaten en te wandelen op de baren van het abstracte, uit vrees van te zinken naar de diepte van het ongeloof? Uit vrees van mismaakte dwergen te worden, blijven zij liever kinderen.

De werking der traagheid moet de wezens beletten eensklaps van natuur te veranderen en hunne persoonlijke eigenaardigheden te verliezen, zoodat zij niet op de wijze zooals Bouddha gesteld beeft, maar zelfs, slechts na eene verzwakking van hun karakter van bijzonderheid en veranderlijkheid gedurende de grootst eindige tijden, in het onveranderlijke oerwezen, door met dit qualitatief identiek te worden, opgenomen kunnen worden. De wet der geschiktmaking, welke dit tracht te doen, zal zwakker werken, naarmate er aan die volmaakte eenzelvigheid minder ontbreekt, zoodat er evenmin een eindigen tijd zal bestaan, waarin die werking alle te kort komingen aan die eenzelvigheid opgeheven zal hebben, alsdat er eene eindige abcis zal bestaan, waarbij bij eene kromme alle verwijdering van den assymptoot dezer verdwenen is. Dat de drang tot verandering van zaken, naarmate zij den toestand, waarin die drang hen wil brengen, meer genaderd zijn, kleiner wordt, is een gevolg der werking der wet der traagheid, die zulk een drang slechts veroorlooft binnen een eindigen tijd in grootte te veranderen, en aldus ook te verdwijnen. Er zullen aldus zeer korte, maar toch nog eindig groote tijden bestaan, dat die drang uiterst gering zijnde, voor het voortbrengen eener nadering der eene zaak tot de andere, die vroeger binnen korten tijd geschiedde, uiterst langen tijd noodig zal hebben. Bij bovengemelde kromme is de grootte der hoeken, welke de tangenten met de as der [278]abcissen maken, met de grootte van dien drang te vergelijken. Is de vergelijking dier kromme nu zoodanig, dat die hoeken wel naar nul streven, maar niet negatief kunnen worden, en beneden zekere grootte alle soorten van grootte bezitten, zoo moet zulk eene kromme een assymptoot paralel met de as der abcissen bezitten. Evenmin als een veranderlijk wezen binnen een eindigen tijd het karakter der onveranderlijkheid kan verkrijgen, kan het, een zelfstandig iets zijnde, binnen zulk een tijd volmaakt vernietigd worden. Ware eene vernietiging er van mogelijk zoo zou hierbij juist het omgekeerde als bij de op blz. 184 gemelde aangroeijing van zulk een wezen van af nul tot een eindig bedrag gedurende eene eeuwigheid moeten plaats hebben. Een wezen, in dit laatste geval verkeerende, moet eene eeuwigheid nadat het eene eindigen grootte bereikt heeft, oneindig groot zijn, en de stelling der prekxistentie tot noodwendig gevolg hebben, dat de geestontwikkeling der wezens de palen der eindigheid moet overschreden hebben, wanneer zij met den Oergeest volmaakt zamensmelten. De wet van geschiktmaking werkt, door de wezens een onveranderlijken aard te willen geven, de vergrooting dier wezens tegen. De wet der veranderlijkheid werkt op eene tegenovergestelde wijze, en moet gedurende het laatste oneindig lange tijdvak, dat de eindige wezens, voor met den Oergeest zamen te smelten, in grootte toenemen, in werking betrekkelijk de wet van geschiktmaking verzwakken.

Bij eene eindige betrekking tusschen de werkingen dier beide wetten in het voordeel der eerstgemelde, voor zooverre deze zie blz. 284 geene terugtrekkende werking uitoefent, zullen, bij den aanvang reeds bestaande wezens gedurende een eindigen tijd eene eindige betrekkelijke, vergrooting ondergaan. Alsdan zal echter die betrekkelijke vergrooting dier wezens gedurende eene eeuwigheid, van af een eindig getal tot nul afnemende zulks te [279]traag doen om binnen die eeuwigheid slechts eene eindige absolute vergrooting voort te brengen. Hiervoor zou die verhouding, op het oogenblik van den aanvang dier eeuwigheid, oneindig groot moeten zijn en bij een wezen in grootte nul bestaan. Die grootte is vergelijkbaar met die der ordinaat nul bij den top van assymptoten bezittende kromme lijnen. Van dergelijke krommen moeten de met bovengemelde betrekkelijke vergrooting vergelijkbare tangenten der hoeken der raaklijnen van oneindig tot op nul afnemen.

De op blz. 276 gemelde zucht tot opheffing van den geest naar den onveranderlijken oneindigen Oergeest, vereischt dat diens onveranderlijke denkbeelden een invloed hoe indirect ook op onze veranderlijke denkbeelden uitoefenen, want anders zou het zijn, of dit onveranderlijke wezen voor ons geen objectief bestaan had, en aldus, zooals op blz. 275 gezegd is, die zucht bij de menschen niet kunnen bestaan. Die onveranderlijke denkbeelden van den Oergeest kunnen echter niet direct op de onze van invloed zijn, omdat deze dan ook een directen invloed op die onveranderlijke denkbeelden zonden uitoefenen, en hen niet volmaakt onveranderlijk zouden kunnen laten. Die invloed moet aldus geschieden door eene grootst eindige reeks van zie blz. 175, veranderlijke denkbeelden van den Oergeest, en wel zoo dat de leden dier reeks naar de zijde waar deze zich aan de onveranderlijke denkbeelden hecht, meer en meer hun karakter van veranderlijkheid verliezen en in uitgebreidheid toenemen11.

Die uitgebreidheid bij die onveranderlijke denkbeelden oneindig zijnde, zoo kan hun invloed op onze denkbeelden [280]vergeleken worden met dien van een oneindig grooten hemelbol op een eindig grooten bol, waarvan hij oneindig ver verwijderd, en aldus, zie blz. 165, door eene oneindige massa van aantrekkingstrillingen bezittenden ether gescheiden is. De invloed dier reeks van denkbeelden van den Oergeest op onze denkbeelden moet echter niet beschouwd worden als inspiratie, maar zie blz. 122 als de oorzaak waardoor wij ons door middel der rede en verbeelding boven zintuigelijke indrukken verheffen. De veranderlijke denkbeelden van den Oergeest, bepaalt door de atomistische bewegingen der aarde, oefenen, door tusschenkomst van dergelijke veranderlijke denkbeelden, bepaalt door atomistische bewegingen der deelen van ons ligchaam, geestelijke invloeden uit op door de zintuigelijk onwaarneembare atomistische bewegingen bepaalde denking van onzen geest12. Gedroeg deze zich hier tegenover geheel passief, zoo zou hij een aardsch product zijn, en werkelijk tracht die invloed hem daartoe door eene werking der wet van geschiktmaking te verlagen. Onze geest gedraagt zich echter ook actief, ofschoon niet steeds even sterk, het minste in den slaap, in staat van dronkenschap, van waanzin, enz., wanneer hij zich weinig inspant; het meeste bij het denken over abstracte onderwerpen, over het algemeene en bij het in den niet latenten toestand. houden van denkbeelden, zoo dit sterke inspanning vereischt. Voor het bezit dier activiteit heeft echter onze geest noodig primo om eene menigte van verscheiden en veranderlijke indrukken te ontvangen, zonder welke hij niet werkdadig kan zijn, zie blz. 93, en secundo om invloed te kunnen uitoefenen op voorwerpen, die zich alsdan tegenover hem passief gedragen. Zoo gedragen zich de beenen passief, wanneer wij tengevolge van onzen [281]wil (eene soort van denking) gaan, en zouden zij zich slechts actief gedragen, zoo zij ons konden dwingen om te loopen13. Onze geest zou slechts aan de op blz. 94 gemelde werking, trachtende hem een aardsch product te doen worden, blootgesteld zijnde, dit werkelijk naar ons inzien worden, zoo de werking der wet der veranderlijkheid hem niet binnen de wereldsche verscheidenheid en veranderlijkheid door de op blz. 279 gemelde reeks aan eene opheffende werking blootstelde, en daardoor tevens maakte dat die eerste werking haar doel niet kan bereiken, en aldus verlagende op den geest blijft werken.

Men kan zich voorts voorstellen wezens zich niet verheffende boven de zintuigelijke indrukken, die zij op een hemelbol verkrijgen, en die, in zeker opzigt qualitatief niet van elkander verschillende, dit quantitatief wel doen. Zoo zouden bijv. op deze aarde waterdieren, zich niet boven hunne zintuigelijke indrukken verheffende, niet slechts minder hoog in geestontwikkeling staan dan de werkelijk bestaande waterdieren, maar tevens als imaginaire landdieren, welke zich ook niet boven hunne zintuigelijke indrukken verheffen.

Om te beseffen hoe de aardsche zintuigelijke aanschouwing, door beneden de denking der aardbewoners te blijven, de vergrooting der geestontwikkeling dier wezens belemmert, en, zoo onze planeet (zie blz. 154) niet [282]zelve in eene phase van vooruitgang was, hij de nakomelingschap slechts tot een zeker maximum zou veroorloven te gaan, neme men in acht, dat al der menschen wetenschappelijke kennis bestaat uit zintuigelijke waarnemingen, wiskunde en logica. Van het eerste is natuurlijk het maximum op deze aarde beperkt, en met de wiskunde en logica is dit, door eene indirecte uitwerking van dit te laag staan der zintuiglijke aanschouwing met betrekking tot onze denking, insgelijks het geval.

Zoowel bij de logica als bij de wiskunde wordt den aard en grootte van het onbekende, uit het bekende afgeleid, zoodat, waar zie blz. 174 de rijkdom en volkomenheid der aanschouwing de geesten ten volle verzadigen, wiskunde en logica overbodig zijn. Zoowel bij de logische als bij de wiskundige redenering (wier juistheid eigenlijk onafhankelijk is van de objectieve waarheid van de stellingen waarvan men uitgaat) gebruikt men beelden en voorstellingen aan de zintuigelijke aanschouwing ontleend. De beperktheid hiervan moet nu de vlugt van onze voorstellingen beperken door hierop eene terugtrekkende werking uit te oefenen, en hierdoor aan de intellectuele ontwikkeling der aardbewoners met betrekking tot de wiskunde en logica grenzen stellen, zelfs al waren die bewoners in het bezit eener aardsche onsterfelijkheid en aldus van een onbepaald langen tijd om te leeren, zonder dat hun geest een aardsch product was, twee zaken die, zie blz. 224, naar ons inzien, onvereenigbaar zijn.

Men zij voorts indachtig dat de werktuigen, zooals telescopen, microscopen, passers, barometers enz. waardoor onze aardsche zintuigelijke aanschouwing uitgebreider geworden is, niet zouden bestaan, zoo het vooruitloopen er hiervan door onze denking er zie blz. 178 niet opheffende opgewerkt had, doch die uitbreiding is begrensd.

Bij de theorie snelt men door middel van wiskundige [283]en logische redeneringen de zintuigelijke aanschouwing meer vooruit, dan bij de praktijk. Meer dan hierbij komt men bij de theorie tot resultaten van een meer algemeenen aard. Bij haar staat meer dan bij de praktijk vooruitgang en minder dan bij deze geschiktheid op den voorgrond.

Wanneer een ligchaam valt, bestaat er een verschijnsel, namelijk de aantrekking waaraan dit ligchaam is blootgesteld, dat opwekt een ander aldus in grootte toenemend verschijnsel, namelijk de nadering van dit ligchaam tot andere ligchamen. Wederkeerige versterking tusschen die aantrekking en die sterkte van nadering heeft er hierbij (evenals in zeker opzigt zie blz. 12 tusschen den aanleg en de toeneming der geestelijke ontwikkeling) slechts zeer weinig plaats, omdat, in tegenstelling van bij onderlinge nadering van twee hemelligchamen, de aantrekking bij aardsche ligchamen gedurende den val van deze zeer weinig vergroot. Die nadering van dit ligchaam tot andere, een gevolg der aantrekking, brengt voort elastieke botsing, dat is een overgang dier aantrekking in afstooting, en aldus eene vernietiging en omkeering van deszelfs oorzaak voort. Op het oogenblik dat die afstooting begint, zal de nadering op een maximum zijn; terwijl, op het oogenblik dat de afstooting op een maximum is, de nadering nul geworden zal zijn. Deze wordt daarna negatief, dat is zij gaat over in verwijdering, die op het grootste wordt op het oogenblik dat de afstooting weder in aantrekking overgaat. Afneming hierbij dier heen en teruggaande snelheden door wrijving of onveerkrachtige botsing, is eene werking der wet van geschiktmaking, omdat er dan zie blz. 251 snelheden in warmtetrillingen overgaan. Bestaat die verwijdering bij hemelligchamen, zoo zal er na de botsing tusschen de sterkte der verwijdering en de aantrekking eene wederkeerige verzwakking bestaan. [284]

Zoo die hemelligchamen, in plaats van tegen elkander te botsen, zeer langwerpige ellipsen om een gemeenschappelijk brandpunt beschrijven, zullen de naderingen op eene andere wijze de hen voortbrengende aantrekkingen vernietigen. Zij keeren in dit geval de rigting waarin de aantrekking geschiedt om, zoodat alsdan de aantrekkingen niet negatief worden, door in afstootingen over te gaan, maar door in tegenovergestelde rigting te geschieden. In dien laatsten zin zijn die aantrekkingen bij de perihelia op het sterkste negatief, en aldaar is de sterkte der nadering nul geworden, om later negatief te worden, dat is in verwijdering over te gaan. Bij de aphelia zijn bij dit geval de positieve aantrekkingen gering wegens bovengemelde wederkeerige verzwakking tijdens de verwijdering der beide ligchamen. Bij het eerste voorbeeld is daarentegen de aantrekking der aarde minus de afstooting der beide ligchamen op het grootste, wanneer het botsende ligchaam weder begint terugtevallen, en aldus de sterkte der nadering er bij nul is.

Wanneer de werking der wet der veranderlijkheid zoodanig is, dat het gevolg deszelfs voortbrengend verschijnsel tracht te vernietigen en negatief te maken, is die werking in denzelfden geest als de werking der wet van geschiktmaking terwijl, wanneer het gevolg deszelfs voortbrengend verschijnsel tracht te versterken, de werking der wet der veranderlijkheid in tegengestelden geest als die der wet van geschiktmaking is. In het eerste geval bestaat er echter dit verschil tusschen de werking der wet der veranderlijkheid en die der wet van geschiktmaking, dat de werking dier laatste wet alsware een nevenverschijnsel te weeg brengt, in sterkte toe en afnemende met het verschijnsel waarop die werking vernietigende werkt, zooals bijv. de met wrijving gepaard gaande snelheden; terwijl daarentegen bij de werking der wet der veranderlijkheid, zooals in het eerste geval, het vernietigd [285]wordende verschijnsel door zijne grootte het vernietigende opwekt. Deze laatste werking, gepaard met die der wet van geschiktmaking, waardoor, bijv. zooals op blz. 259 aangegeven is, de gewijzigde werking van blz. 257 ontstaat, zou op maatschappelijk gebied steeds iets heilzaams wrochten, zoo de maatschappij in geen staat van vooruitgang verkeerde, en zal aldus iets heilzaam teweeg brengen in de gevallen waarmede de vooruitgang niet te maken heeft, zoo als bijv. het vernietigen van afwijkingen ten eene of andere zijde van een welgemaakt ligchaam. In zulke gevallen is toch de gemiddelde toestand den besten, de vernietiging van afwijkingen hiervan wenschelijk en het ontstaan van zulke afwijkingen door de wet der veranderlijkheid, waarbij er wederkeerige versterking tusschen oorzaak en gevolg plaats heeft, schadelijk. Bij zaken in staat van vooruitgang is daarentegen, wegens de werking der traagheid zie blz. 52, die gemiddelde toestand niet den besten, het ontstaan van afwijkingen er van naar boven is aldus wenschelijk en de vernietiging dier afwijkingen schadelijk. Zoo aldus die werking der wet der veranderlijkheid, waarbij er wederkeerige versterking tusschen oorzaak en gevolg ontstaat alsdan dergelijke afwijkingen te weeg brengt, zal de werking er van heilzaam en de tegengestelde werking der wet der veranderlijkheid schadelijk zijn, daar in het eerste geval men iets goeds met betrekking tot wat ook, tracht te vergrooten en in het laatste dit goede tracht te vernietigen. Zoo is het bijv. goed dat de belooningen, zij die zich goed gedragen, tot nog beter aansporen. De begrenzing van dergelijke afwijkingen, tengevolge der op blz. 261 gemelde werking der wet der geschiktmaking, is dan echter en wel meer, naarmate zij digter bij zekere grootte is, iets heilzaams. Zoo is het bijv. goed om door belooningen de vlijt van leerlingen op te wekken, edoch de toeneming dier vlijt moet gematigd worden, omdat zij anders de [286]gezondheid dier leerlingen zou schaden, en evenzeer moet de vergrooting der belooningen gematigd worden, omdat deze anders onregtvaardig zouden worden.

Het ontstaan van alsware beneden of achterwaartsche afwijkingen van achterlijke gemiddelde toestanden door de werking der wet der veranderlijkheid, waarbij er wederkeerige versterking plaats heeft, is daarentegen schadelijk omdat alsdan iets kwaads vergroot wordt; terwijl de omgekeerde werking dier wet, waardoor dergelijke afwijkingen naar achteren tegengegaan worden, heilzaam is. Schadelijk is het bijv. wanneer men slechte menschen zoo bejegent en plaagt, dat zij uit wrok nog slechter worden, goed, wanneer men dit zoo doet, dat hunne zedelijkheid digter bij die van het gros der menschen komt.

Deze de afwijkingen uitputtende werking der wet der veranderlijkheid gepaard met de werking der wet van geschiktmaking, tracht de verschillende bestanddeelen van zaken met elkander in harmonisch verband en op dezelfde hoogte van ontwikkeling te brengen. Zijn nu bij die zaken, door dat zij in een staat van vooruitgang zijn zooals op blz. 78 gezegd is, die bestanddeelen op zeer ongelijke hoogte, zoo zullen die beide zoo even gemelde werkingen, door de trachten de hoogst staande bestanddeelen dier zaken te verlagen, ofschoon niet met betrekking tot de geschiktheid er van zie blz. 255, iets schadelijk, te weeg brengen, en daarentegen, door de laagst staande bestanddeelen er van omhoog te trekken, iets goeds wrochten. Omgekeerd zal de werking der wet der veranderlijkheid, waarbij oorzaak en gevolg elkander wederkeerig versterken, iets, ofschoon ook weder niet met betrekking tot de geschiktheid, heilzaams voortbrengen, wanneer zij zaken onharmonisch maakt door enkele bestanddeelen er van te verhoogen, en daarentegen schadelijk werken, wanneer zij eene disharmonie te weeg brengt door andere bestanddeelen dier zaak te verlagen. Dit [287]laatste was bijv. het geval bij het ontstaan van den aflaathandel in het begin der zestiende eeuw. De vernietiging er van door de hervormers was aldus eene werking der wet der veranderlijkheid, wanneer hierdoor afwijkingen uitgeput worden en te gelijk ook eene werking der wet der geschiktmaking. Toen zij echter eene nieuwe godsdienst verhevener dan de toen bestaande stichtten, waren de handelingen der hervormers werkingen der wet der veranderlijkheid, waarbij oorzaak en gevolg elkander wederkeerig versterken, begrensd door de op blz. 261 gemelde werking der wet der geschiktmaking. Hunne handelingen strekten toen toch volstrekt niet meer om de verschillende bestanddeelen der toen bestaande godsdienst meer harmonisch met elkander en met de zinnelijkheid der menschen te maken. Ware dit het geval geweest, zoo zouden de hervormers de hoogste bestanddeelen der catholijke godsdienst zie blz. 255 hebben moeten verlagen. Niet de drang tot geschiktmaking, maar die tot vooruitgang was de drijfveer dier hervormers. Eveneens was dit het geval bij *Galileus*, toen deze als vertegenwoordiger der wel op waarnemingen gebaseerde, maar desniettemin abstracte wetenschap verscheen voor de vierschaar der vertegenwoordigers der zinnelijkheid, der zie blz. 178 niet controlerende getuigenis der zintuigen. Hierbij toch past de stelling, dat de aarde om de zon wentelt, zoo weinig, dat niemand, tenzij hij beter ingelicht is, haar geloof zal willen schenken.

Ook op staatkundig gebied bestaat er, wegens den vooruitgang der maatschappij, disharmonie bij verschillende zaken. Ingezetenen van rijken wenschen zich bijv. te vereenigen met ingezetenen van andere rijken, met wie zij zich verwant gevoelen, en willen tevens zeer locale belangen overheerschende maken. De werking der wet der geschiktmaking en de in denzelfden geest zijnde werking der wet der veranderlijkheid zullen klaarblijkelijk [288]trachten eerstgemelde zucht te verzwakken en te gelijk te geven eene ruimere opvatting van locale belangen. Bij eene verdeeling der menschheid in staten, enkel tengevolge van die beide werkingen, zou aldus die zucht der inwoners van staten om staatkundig zamen te smelten met hen verwante inwoners van andere staten onbevredigd moeten blijven, en zie blz. 256 later verdwijnen.

Wegens den vooruitgang der menschheid zullen de staten door zamenvoeging gemiddeld steeds grooter worden, doch dit wegens de werking der traagheid gemiddeld zie noot blz. 78 wat te laat geschieden, en de staatkundige indeeling aldus zoo zijn, dat zoo even gemelde zucht tot zamensmelting, minder bevredigd wordt dan het particularisme.

De werking der wet van geschiktmaking en de in denzelfden geest zijnde werking der wet der veranderlijkheid, zouden bij eene niet vooruitgaande maatschappij de staatkundige indeeling der menschheid zoo goed mogelijk trachten te maken, en wel volgens nationaliteiten, waarbij de particuliere en locale belangen weinig uiteenloopen, want zulk een toestand zou dan evenzeer den gemiddelden politieken toestand zijn, als de welgemaakte toestand van het ligchaam den gemiddelden van allerlei mismaakte toestanden, zie blz. 102. Oorlogen zouden het ontstaan van zulk een gemiddelden politieken toestand kunnen bevorderen, door tot beide zoo even gemelde werkingen te behooren, of kunnen tegengaan, door werkingen te zijn der wet der veranderlijkheid, die in strijd zijn met die der wet van geschiktmaking. Meer zullen zij echter in eerst dan in laatstgemelden geest werken, omdat gemiddeld de morele kracht alsmede de ondersteuning van andere staten zijn voor den oorlogvoerenden staat, die eene geschikte staatkundige verdeeling wenscht. De werking van den oorlog kan men vergelijken met die van het [289]trekken van ballen uit eene bus, witte en zwarte ballen bevattende, met zekere voorliefde voor de witte. Het kan dan echter zijn, dat die bus zoo weinig witte en zooveel zwarte ballen bevat, dat, niettegenstaande die voorliefde voor de witte ballen, er meer zwarte dan witte ballen getrokken worden, en evenzoo zou de staatkundige indeeling zoo nabij de beste kunnen zijn, dat, niettegenstaande de gemiddeld grootere kans voor zege der partij, die de staatkundige indeeling nog beter tracht te doen worden, de oorlogen deze eerder trachten te verslimmeren dan nog beter te doen worden.

De gemiddelde toestanden, op zich zelve beschouwd, geschikte toestanden, en somtijds afwijkingen van gemiddelde toestanden van meer algemeenen aard, kunnen veranderen, en zullen dit, bij het bestaan van blijvende afwijkingen naar de eene zijde er van, doen zoodat men dan alsware een anderen gemiddelden toestand zonder afwijking zal verkrijgen. Zoo kan de verzwakking van een staat iets worden, waarnaar deszelfs bevolking zich voegt, en die deze niet meer als eene door groote inspanning te vernietigen afwijking beschouwd.

De werking der wet der geschiktmaking tracht namelijk te gelijk afwijkingen te vernietigen, en den gemiddelden toestand alsware naar de zijde dier afwijkingen te verschuiven. De werkelijke afwijkingen zijn aldus steeds van tijdelijken aard, en, wanneer de werking der wet der veranderlijkheid wederkeerige versterking tusschen een verschijnsel en deszelfs gevolg te weeg brengt, zal niet alleen zie blz. 261 de werking der wet van geschiktmaking de vergrooting van zulk een verschijnsel en van deszelfs gevolg eens doen ophouden, maar, zoo de gemiddelden toestand zich niet verplaatst, door de op blz. 258 gemelde werking der wet der veranderlijkheid, die door wederkeerige versterking voortgebragte afwijking later weder vernietigd worden. Zoo zal bijv. magtsvergrooting, voortgebragt door [290]wederkeerige versterking van succes en aanmoediging, later door verslapping en overmoed weder vernietigd en zelfs negatief kunnen gemaakt worden, beide echter slechts zoo die grootere magt, door geschiktmaking er voor, geene werkelijke behoefte wordt. De wederkeerige versterking bestaat, alsdan tusschen het voortbrengend verschijnsel en eenig ander, doch zij kan ook bestaan, tusschen het voortgebragte verschijnsel, dat het eerstgemelde tracht te vernietigen en zelfs omgekeerd te doen worden, en eenig ander verschijnsel14. Hoe zwakker de werking der wet van geschiktmaking is, in hoe meer tijd zij aldus het beoogde doel bereikt, hoe minder ongeschiktheid in andere opzigten er bij andere zaken er door teweeg gebragt zal worden. Vandaar dat men een goed doel kan bereiken zonder slechte middelen er toe te bezigen, zoo men slechts geduld heeft, en een op minder vaste gronden steunende geschikten toestand, binnen korten tijd ontstaande niet verkiest boven een op vastere gronden steunende geschikten toestand meer in de toekomst.

Stelt men het verbod om aan anderen te doen, hetgeen zij wenschen dat hun niet gedaan wordt, niet in strijd met het werkelijke belang der individuen, zoo kan in elken staat het belang der deelen in overeenstemming met dat van het totaal dier deelen zijn. Dit zal insgelijks het geval bij het statenstelsel kunnen zijn, want het is hiervoor wenschelijk, dat er geene onderdrukte nationaliteiten bestaan, en dit zal niet in strijd zijn met de belangen van [291]elk dier staten, omdat de meerderheid der inwoners van elk dezer toch een afkeer moet hebben van het denkbeeld dat zijne nationaliteit onderdrukt wordt.

Hierbij, zooals steeds op maatschappelijk gebied, moet echter in acht genomen worden, dat het verkeerd is bestaande afwijkingen van den toestand, die het beste voor het algemeen welzijn is, plotseling te willen vernietigen, omdat door den tijd zij, bij wie die afwijkingen bestaan, zich in zekere mate er naar zullen geschikt hebben. Dit is bijv. het geval bij zoogenaamde door den tijd verkregen en met het algemeen belang in strijd zijnde regten, zooals bijv. die van het houden van slaven, te hoog geestelijk ontwikkeld met betrekking tot hunne meesters om zie blz. 47 eene heerschappij, als die over slaven uitgeoefent, niet nadeelig te doen worden. Zulke regten behoeven evenmin plotseling, althans zonder schadevergoeding (eene soort van geschiktmaking voor den bezitter dier regten) afgeschaft, als onbepaald bestendigd te worden.

Wanneer een voortbrengend verschijnsel of oorzaak eene afwijking is van een gemiddelde, dat zich niet tracht te verplaatsen, zal het voortgebragte of gevolg, verschijnsel die oorzaak trachten uit te putten, en deze daarentegen versterken, wanneer dit gemiddelde zich wel tracht te verplaatsen. Zoo zal bijv. succes in den krijg, tengevolge van tijdelijke grootere eenheid, deze trachten te verminderen, of wel te vergrooten, al naar gelang die grootere eenheid elders niet aangetroffen wordt, of wel eene toenadering is tot die welke elders bestaat, of die men noodig voor zich acht. In het eerste geval schijnt die grootere eenheid iets, dat na de zege overbodig geworden is, en in het tweede iets waarvan de heilzame vruchten met betrekking tot de toekomst gebleken zijn. Inspanning brengt verhooging in positie te weeg, en deze zal, wegens den drang tot vooruitgang, gemiddeld die inspanning niet trachten te vernietigen, ofschoon de op [292]blz. 261 gemelde werking der wet van geschiktmaking, de vergrooting dier inspanning tengevolge van wederkeerige versterking, weldra zal doen ophouden. Dat voorts die vergrooting in positie geschiedt onder strijd (zie. blz. 55) in den algemeensten zin genomen, ontstaat doordat magten zooals individuen, staten enz. in contact komen met andere niet met hen in alle deelen zamenwerkende magten of zaken, hetgeen een gevolg is der verscheidenheid, die zie blz. 237 eene voorwaarde is van den vooruitgang.

De werking van elken hartstogt is die van een der beide op blz. 284 gemelde werkingen der wet der veranderlijkheid, in het eene geval zooals op blz. 259 en in het andere, zooals op blz. 261 gezegd is, gepaard met de werking der wet van geschiktmaking. Lijden wekt bijv. medegevoel op, dat dit lijden tracht te vernietigen. De sterkte van dit medegevoel klimt en daalt nu niet, wegens de werking der traagheid, te gelijk met die van dit lijden, en vooral niet zoo de bekendheid hier van snel toeneemt, en evenmin is dit medegevoel op een maximum wanneer dit lijden ophoudt met te bestaan. Met betrekking hiertoe verkeert het in een overeenkomstig geval als doelmatige straf met betrekking tot slecht gedrag, en als met oordeel toegeven met betrekking tot gegronde grieven. Is het daarentegen iemands geluk dat medegevoel opwekt zoo heeft er tusschen beiden, even als tusschen eischen en toegeving met zwakheid, wederkeerige versterking plaats. De werking der wet van geschiktmaking tracht echter dan de toeneming van beiden tegen te gaan, daar zij iemands positie, en te gelijk de gevoelens die men hem toedraagt, tot zekere gemiddelden tracht te brengen.

Met betrekking tot derzelver oorzaken staan de werkingen der hartstogten zie blz. 267 in dezelfde verhouding als de daden gedaan tengevolge van redeneringen. Trouwens bij hartstogtelijke handeling worden er redeneringen van [293]eenvoudigen en oppervlakkigen aard gemaakt, die, zooals bij woede en vrees, in der menschen geest overheerschende worden. Het zijn de hartstogten die de menschen doen handelen, de goede op eene niet, de slechte op eene wel te lage wijze voor de eischen van der menschen zedelijk leven en onderlinge zamenwerking, en het verkeerde van zich blindelings aan goede hartstogten over te geven, bestaat juist in het alsdan niet maken van genoegzaam diepzinnige redeneringen. Of de intellectuele ontwikkeling is dan in gebreke met betrekking tot de morele ontwikkeling, of men weet haar dan niet genoegzaam te doen gelden.

Dit in gebreke zijn der intellectuele ontwikkeling, of het niet gebruik er van kan in het algemeen leiden om zich van het goede en insgelijks van het kwade te onthouden, en aldus de neiging tot het eene en tot het andere verminderen. Naar aanleiding van hetgeen op blz. 217 gezegd is, zal, omdat kennis noodig is om begrip en waardering van het goede te geven, en niet alleen evenals bij het kwaad strekt, om het op eene meer doelmatige wijze te doen, ontbering er van gemiddeld meer tot kwaad dan tot goed strekken, en aldus, naar aanleiding van blz. 152, de neiging tot het goede meer verminderen dan die tot het kwaad15. Men bedenke hierbij dat de werking der wet van geschiktmaking de verschillende soorten van kennis (althans zie blz. 67) die van even hooge soort, met elkander in harmonisch verband [294]tracht te brengen, zoodat vermindering der wijsgeerige kennis ook die der andere kennis tengevolge heeft. Iemand, die zich nu steeds er op toelegt om met overleg kwaad te plegen, moet noodwendig de wijsgeerige kennis, die betrekking heeft op de maatschappelijke behoeften en vooruitgang, verwaarloozen en dit, wegens de zooeven gemelde reden, daling van andere takken van kennis ten gevolge hebben.

Zoo de geestelijke aanleg der individuen der verschillende diersoorten en menschenrassen bij de geboorte dier individuen slechts bepaald werd door den aard van hunne ligchamen, zou het onverklaarbaar blijven hoe zulke groote verschillen in den dezen geestelijken aanleg bepalenden aard der ligchamen ontstaan zijn, of liever in stand gehouden worden, want bestond er geene constante oorzaak voor dit laatste, zoo zouden die verschillen, slechts door de werking der traagheid in stand gehouden, van lieverlede verminderd zijn, en slechts accidentele omstandigheden (anders gezegd het toeval) die den geestelijken aanleg bepalenden aard der ligchamen wat doen varikren. De verschillen in levensomstandigheden kunnen althans bij de menschenrassen die constante oorzaak niet zijn, omdat de verschillen in hoogte der levensomstandigheden bij de menschen kunstmatig zijn, en niet door de aarde aangeboden worden. De verschillen in den bovengemelden aard der dierlijke en menschelijke ligchamen, moeten in overeenstemming met de stelling van blz. 92, dat die ligchamen aan eene opwaarts drijvende werking buiten hen blootgesteld zijn, naar ons inzien, ook in stand gehouden worden door eene oorzaak buiten hen, namelijk zie blz. 196 door de verschillen in aanleg der geesten op de aarde met levende ligchamen in contact willende komen. De geslachtsvoortplanting en het verkeer zullen voorts klaarblijkelijk strekken om bovengemelden aard dier ligchamen bij dezelfde soorten of dezelfde volken gelijk [295]aan elkander te doen worden. Dit zelfde verschil in aanleg der geesten houdt, naar ons inzien, bij een zelfde volk het verschil in stand, voor zooverre dit niet door het toeval ontstaat, in stand. Wel heeft de maatschappij zich naar die verschillen in beschaving geschikt, doch die verschillen kunnen naar ons inzien geene noodzakelijke behoefte zijn van welke maatschappij ook, bijv. niet van eene wier leden in geestelijken aanleg tijdens hunne geboorte alle gelijk zijn, en niet, tengevolge der werking van het toeval, ongelijk in beelding en rijkdom worden. Verschil in magt zou in zulk eene maatschappij enkel door verschil in ancieniteit bepaald worden.

De werking der wet der veranderlijkheid, waarbij oorzaak en gevolg elkander wederkeerig versterken, veroorzaakt vaak eene overdrevene schatting van zekere hartstogten, zooals vreugde, smart, bewondering, verachting, opwekkende gebeurtenissen. Tusschen de opvatting dezer laatste in den geest dier hartstogten en deze bestaat er dan eene wederkeerige versterking, door de werking der wet van geschiktmaking, waardoor de hartstogt en de overdrevene voorstelling gematigd worden, begrensd. De aanschouwing der werkelijke gevolgen van zulk eene gebeurtenis wekt dan echter het denkbeeld op, dat men zich aan overdrijving heeft schuldig gemaakt, en dit denkbeeld nu is, wegens de werking der traagheid, niet verdwenen, wanneer, tengevolge er van, die overdrijving niet meer bestaat. Vandaar dat deze naar aanleiding van hetgeen op blz. 258 gezegd is, negatief zal worden, en er aldus, met betrekking tot de juiste schatting, verflaauwende schommelingen zullen ontstaan. Was dit niet het geval, zoo zou men, na het vernemen dat eene heugelijke tijding valsch is, direct weder in dezelfde gemoedsstemming als voor het ontvangen dier tijding moeten komen, want op het oogenblik dat de ongegronde vreugde verdwenen zou zijn, zou zulks ook zijn het denkbeeld dat [296]men zich ten onregte verheugd heeft. Dit is echter in werkelijkheid het geval niet, en vandaar, dat men daar na gedurende zekeren tijd treurig wordt.

Hierbij komt echter nog dat de wet van geschiktmaking de menschen ras gewoon maakt aan het denkbeeld van voorspoed, en aldus, zooals op blz. 289 gezegd is, althans met betrekking tot de bestaande afwijking, in gevoel van vreugde bestaande, het gemiddelde verzet, zoo dat hierdoor, wanneer de valschheid der goede tijding ruchtbaar wordt, de vreugde reeds veel vermindert zal zijn.

Een zelfde verschijnsel kan te gelijk bestaan bij verschillende groepen van verschijnsels, elk, wegens de vereenigde werking der zamenstellende verschijnsels, opwekkende een gevolg onderscheiden van de gevolgen dier andere groepen. Zoo kan bijv. eene slechte daad, vereenigd werkende met de vriendschappelijke stemming der beoordeelaars dier daad, jegens derzelver bedrijver tot gevolg medelijden hebben; terwijl diezelfde daad, vereenigd werkende met de vijandelijke stemming van andere beoordeelaars, jegens derzelver bedrijver verachting en haat tengevolge heeft.

Het gretig eten van gewijde kuikens kan, vereenigd werkende met de bijgeloovige gevoelens van een leger, aanmoediging hiervan tot gevolg hebben; terwijl, vereenigd werkende met de functie van de keel dier kuikens, dit gretig eten dezer de vulling van derzelver magen tot gevolg heeft. In elk dier gevallen zal elk gevolg zie blz. 71, gelijkslachtig zijn met een of meer der verschijnsels door wier vereenigde werking het opgewekt wordt. Zoo is bijv. aanmoediging gelijkslachtig met bijgeloovige stemming, en vulling van magen met eten. Evenzoo is uitdrooging der lucht gelijkslachtig met derzelver oorzaak, namelijk de met storm vergezeld gaande betrekkelijk sterke luchtrijzing, terwijl het reven van zeilen gelijkslachtig is met het besturen van vaartuigen, dat [297]vereenigd werkende met storm, dit reven tengevolge heeft16. Gelijkslachtig zijn oorzaken en gevolg, wanneer deze op gene kunnen terugwerken en hen, zooals op blz. 284 gezegd is, kunnen uitputten en omkeeren, of versterken, en ongelijkslachtig zijn oorzaken en gevolgen, wanneer dit niet mogelijk is. Zoo zal bijv. de aan- of ontmoediging van een leger kunnen terugwerken op deszelfs bijgeloovige stemming, maar niet op het eten van gewijde kuikens, terwijl de met dit eten gelijkslachtige vulling der magen dier kuikens dit daarentegen wel kan doen.

Evenzoo zal de uitdrooging der lucht de luchtrijzing en aldus ook de horizontale toeschieting der lucht of den wind verzwakken, terwijl het reven van zeilen op de sterkte van den wind niet, maar op het besturen van zeilvaartuigen wel terugwerken kan.

Hoe komt het nu dat, zooals bij deze voorbeelden, geheel ongelijkslachtige verschijnsels vereenigd werkende gevolgen kunnen opwekken, die aldus onmogelijk met elk van derzelver oorzaken gelijkslachtig kunnen zijn? Naar ons inzien, doordat hier op aarde niet alles in harmonisch verband is, doordat, zooals op blz. 195 gezegd is, de gewassen en de ligchamen der dieren hooger dan de onbewerktuigde natuur, en de geesten der menschen hooger dan de door derzelver ligchamen bepaalde denking, en zie blz. 91 en 280 nog hooger dan de door de onbewerktuigde aardsche natuur bepaalde denking staan. Zoo is het rijp worden van vruchten, een gevolg der vereenigde werking der organische zamenstelling dier vruchten en der warmte, met deze laatst geheel ongelijkslachtig. Het met die warmte gelijkslachtige gevolg is daarentegen de grootere uitstraling en de mindere [298]vatbaarheid voor warmteopslurping der verhitte voorwerpen. Wegens de op de verhitting terugwerkende eigenschap van dit gevolg, moet het in de warmteleer beschouwd worden, hetgeen aldaar daarentegen weinig meer met het rijpen van vruchten, als met het bezoeken van zomer-theaters behoeft te geschieden.

Hoe grooter de disharmonie is tusschen met elkander in verband gebragte zaken, hoe ongelijkslachtiger de gevolgen en sommige van derzelver oorzaken kunnen worden. Dit is bijv. in sterke mate het geval, zoo het eten van gewijde kuikens, of zie blz. 145 en 171 juister gezegd, de hierdoor bepaald wordende denking, in verband komt met de menschelijke denking over geheel andere zaken. Die disharmonie is nu enkel het gevolg hiervan, dat de verbeelding opwekkende bewuste aanschouwing sterk vooruitloopt de op blz. 178 gemelde aanschouwing, waardoor de menschen met den waren aard der zaken bekend worden, en zoo nu die disharmonie werkelijk maakt dat gevolgen geheel ongelijkslachtig met sommige van derzelver oorzaken worden, zoo is het klaar, dat de door de wijsbegeerte zie blz. 117 niet ingelichte menschen het mogelijk kunnen achten, dat gevolgen er mede gelijkslachtige oorzaken geheel kunnen missen, of met andere woorden dat er wonderen bestaan. Kon bijv. het gezigt van een klein stuk beschreven papier de eenigste oorzaak zijn, dat iemands bloed sneller gaat loopen, en dat zijne spijsvertering belemmerd wordt, zoo zou dit verschijnsel van denzelfden aard zijn alsdat iemands woorden een dooden kunnen opwekken. Wat maakt echter het eerste verschijnsel mogelijk en het tweede onmogelijk? Het bestaan van eene oorzaak gelijkslachtig met de physiologische werkingen binnen het ligchaam, en vereenigde werkende met de inzage van het kleine stuk beschreven papier, het gemis van eene oorzaak gelijkslachtig met de organische en chemische werkingen bij lijken en vereenigd [299]werkende met de woorden van den zoogenaamden doodenopwekker.

Niet slechts moet eene der oorzaken van elk verschijnsel hier qualitatief op gelijken, ook dient zij dit quantitatief te doen. Zoo bijv. een voorwerp breekt tengevolge van een zachten tik, zoo dient te gelijk hiermede, de broosheid van dit voorwerp de oorzaak van dat breken te zijn, omdat dit een veel sterker verschijnsel dan dien ligten tik is. Broosheid bestaat voorts ook op maatschappelijk gebied, bijv. bij legers wier nederlaag het gevolg kan zijn van een verkeerd kommando. Op dit gebied bestaat de vastheid in ongevoeligheid voor storende oorzaken, en de taaiheid in de sterkte der werking der wet van geschiktmaking waardoor de storingen verdwijnen Die eene oorzaak, wier sterkte die van het gevolg evenaart, kan somtijds voor oppervlakkige of oningewijde menschen onbekend blijven, en somtijds vereenigd werken met andere bekende belangrijke oorzaken, waardoor het bekende gevolg van deze zeer belangrijk gewijzigd kan worden.

Hetgeen op blz. 176 gezegd is, dat elk verschijnsel bevat zekere bijzonderheden bijv. het bijzondere van eenige daad van een persoon, voorts te gelijk iets meer algemeen, zooals bijv. de uiting van het karakter van dien persoon, in alle dergelijke daden die hij verrigt bevat, voorts nog iets meer algemeen, bijv. de algemeene uiting van den menschelijken aard enz., kan alsware naar beide zijden voortgezet worden, zoodat men naar de eene zijde steeds korter durende eigenaardigheden der verschijnsels ontmoet, terwijl naar de andere zijde, men steeds meer algemeene en langer aanhoudende eigenaardigheden er van te beschouwen heeft, totdat men eindelijk, zie blz. 171, bij het algemeenste, wat op het gebied van denking en beweging bestaat, zou teregt komen. Bij alles wat gebeurd kan men aldus stellen te bestaan bijzonderheden [300]uiterst kort durende, gedurende dien tijd slechts in grootte, maar niet in aard veranderende, en die, voorafgegaan en gevolgd door andere dergelijke bijzonderheden, elk bezitten eene oorzaak die hen voortbrengt en een gevolg dat hen vernietigt, tengevolge der op blz. 257 gemelde werking der wet der veranderlijkheid gepaard met eene zoodanige werking der wet der geschiktmaking, dat de op blz. 259 gemelde schommelingen niet noemenswaardig ontstaan.17

Zoo toch dit gevolg die bijzonderheid niet zeer snel na zijn ontstaan vernietigde, maar onveranderd liet of versterkte, zou deze in aard gedurende langeren tijd onveranderd blijvende, en eerst door een ander en trager ontstaand gevolg vernietigd wordende, iets meer algemeen zijn. Dit meer algemeene is nu geen verschijnsel naast een ander meer bijzonder verschijnsel bestaande, maar slechts eene minder veranderlijke eigenaardigheid van hetzelfde verschijnsel, dat te gelijk meer veranderlijke eigenaardigheden bezit. Men kan bijv. niet zeggen dat loopen een verschijnsel is, en dan in deze dan in gene rigting loopen er een ander is, niettegenstaande men van het loopen in elke rigting, hoe kort men dit ook moge doen, de oorzaken en de gevolgen kan nagaan, en deze verschillen van de oorzaken en de gevolgen van het loopen in het algemeen. Dit bijv. kan het gevolg zijn van gemoedsaandoening door ligchaamsbeweging versterkt wordende, zoodat hierbij oorzaak en gevolg elkander wederkeerig versterken, totdat een ander gevolg dier ligchaamsbeweging namelijk de vermoeijenis hier vernietigende [301]opwerkt. Die gedurende zekere tijd heftiger wordende ligchaamsbewegingen veranderen echter gedurig van vorm, en, wanneer elk dier verschillende soorten van vorm, op een maximum van intensiteit zijn, zullen de er door opgewekte gevolgen nog in intensiteit toenemen, en, wanneer het aantal dier gevolgen in eenig geval meer dan een bedraagt, slechts het met die soort van eigenaardigheid gelijkslachtige gevolg die eigenaardigheid kunnen vernietigen. Ligchaamsbewegingen kunnen bijv. wegens derzelver aard twee gevolgen opwekken een van physiologischen en een van geestelijken aard, en nu wel het eerste gevolg van het tweede kunnen afhangen, maar het niettemin alleen in staat zijn om den bijzonderen vorm van zulk eene beweging uit te putten, en als oorzaak werkende een anderen vorm van beweging op te wekken. De denking van een lam mensch is bijv. even onvermogend om den vorm zijner ligchaamsbewegingen te wijzigen, als het waarnemen van een zoogenaamd slecht teeken voor het ondernemen eener zaak, om een niet bijgeloovig mensch van zulk eene onderneming te doen afzien. Het verlies van zekere soort van bijzondere eigenaardigheden bij eenig verschijnsel komt op hetzelfde neder als het er steeds bij bestaan van het gemiddelde dier bijzondere eigenaardigheden. Van eenig voorwerp kan het bijv. eene veranderlijke bijzonderheid zijn, dat het in kleur varieert, zonder dat het gemiddeld de eene kleur van den regenboog meer dan eene der andere vertoont. Het gemiddelde dier kleuren zal grijs zijn, en klaarblijkelijk een voorwerp, dat die bijzondere eigenaardigheid van dan zus en dan zoo gekleurd te zijn verliest, zich steeds grijs moeten vertoonen. Op blz. 255 hebben wij gezegd, dat de werking der wet van geschiktmaking afwijkingen van gemiddelden tracht te vernietigen, en op blz. 256 dat zij het veranderlijke van toestanden tracht te doen verdwijnen. Waar nu komt dit laatste op neder:[302]Op het vernietigen van veranderlijke bijzondere eigenaardigheden bij zaken, zoodat hierbij slechts meer algemeene en te gelijk minder veranderlijke eigenaardigheden overschieten. Zulke gemiddelden, afwijkingen zijnde van andere meer algemeene en nog minder veranderlijke gemiddelden, zoo zal de werking der wet van geschiktmaking ook deze afwijkingen trachten te vernietigen, hetgeen hierop neder komt, dat zij meer algemeene eigenaardigheden van verschijnsels tracht weg te nemen, om deze slechts nog algemeener en nog minder veranderlijke eigenaardigheden over te laten enz. totdat, bij het niet bestaan der werkingen der wet der veranderlijkheid, zooals op blz. 257 gezegd is, eerstgemelde werking eindelijk zou leiden tot het slechts laten bij de verschijnsels van het absoluut onveranderlijke en algemeenste bij de veropenbaring der zelfstandigheid door denking en door beweging. Die werking der wet van geschiktmaking tracht bijv. zie blz. 255 de menschen op een gemiddelden trap van zedelijkheid te brengen, en aldus zoodanig te doen worden, dat er van hunne moraliteit niets bijzonders te zeggen valt, en dat, ofschoon te veel aan te lage hartstogten toegevende en beneden de eischen van hun leven blijvende, zij niettemin noch gierig, noch mild, noch hoogmoedig, noch nederig, noch geduldig, noch ongeduldig, noch vlijtig, noch lui kunnen genaamd worden, en aldus bijzondere eigenaardigheden verliezen.

Een beschonken mensch, van eene naar eenige andere plaats willende gaan, wijkt, door te zwaaijen, dan aan deze dan aan gene zijde af van zekeren weg tusschen die twee plaatsen, en de werking der wet der geschiktmaking en de werking der wet der veranderlijkheid op blz. 258 gemeld, trachten gedurig die afwijkingen te vernietigen, en dien persoon brengen op den gemiddelden van al de verschillende wegen, die hij herhaalde keeren in staat van dronkenschap tusschen beide gemelde plaatsen zal volgen. [303]Die gemiddelde weg is nu echter ook die welke een niet beschonken mensch tusschen die twee plaatsen zal volgen, en het gaan langs dien gemiddelden weg is aldus iets meer algemeen, dan het regts en links afwijken er van in staat van dronkenschap. Die wandeling van dien beschonken mensch is aldus een verschijnsel, waarvan het meer algemeene is dat beoogt wordt om haar te maken langs dien gemiddelden weg en het meer bijzondere in de afwijkingen hiervan bestaat. Van de gemiddelde toestanden, waarvan af deze afwijkingen, welke de werking der wet van geschiktmaking en de werking der wet der veranderlijkheid, op blz. 257 gemeld, trachten te vernietigen, bestaan, wordt trouwens den aard steeds door iets meer algemeen en minder veranderlijk bepaalt dan hetgeen den aard dier afwijkingen bepaalt. Het verschil tusschen het gemiddelde mannen en het gemiddelde vrouwenkarakter wordt bijv. bepaalt door de verschillen in ligchaamsorganisatie en werkkring der mannen en vrouwen in het algemeen, doch dat sommige vrouwen een vrij mannelijk karakter verkrijgen, van eene dergelijke afwijking kan de oorzaak van zulk een algemeenen aard niet zijn. Dit is eveneens het geval met de afwijkingen uit het oogpunt der gezondheid der ligchamen der menschen van het gemiddelde menschelijke ligchaam. Zooals op blz. 78 gezegd is, kan, wegens de optrekkende werking van den geest en de terugtrekkende werking der aarde, dit gemiddelde menschelijke ligchaam niet volmaakt gezond zijn, doch van den ziekelijken toestand er van zal niet anders te zeggen zijn, dan dat geen zijner organen volmaakt goed werken. Zoo de menschelijke ligchamen in geen staat van ontwikkeling verkeerden, zou daarentegen het volmaakt gezonde ligchaam het gemiddelde zijn, zoodat het, bij het wel bestaan dier ontwikkeling, niet de uiterste afwijking ter eene zijde kan zijn, en wel te minder hoe zwakker die ontwikkeling is. Men kan zich aldus [304]bij sterkere afwijkingen aan die zijde alsware te bloeijende ligchamen voorstellen, evenals men zich zie blz. 215 menschen kan denken in alles aan hoogere eischen voldoende dan die voor de behoeften der thans bestaande maatschappij nuttig en noodig zijn. In de werkelijkheid ontmoet men echter evenmin zulke ligchamen als zulke karakters, omdat bij geen van beide de verschillende deelen met elkander in harmonie zijn.

Ditzelfde gebrek aan harmonie neemt men waar bij de voorstellingen der menschen van hoogere maatschappelijke toestanden en wereld en levensdoelen. Niet alleen zijn, zooals op blz. 73 gezegd is, die voorstellingen scheef, maar men vindt er tevens bij hoogere en lagere voorstellingen dooreengemengd, en de laatste betreffen dan zaken, waarvan de hoogere voorstellingen het meeste met de zinnelijkheid en met de zucht om in zeker opzigt voor het heden geschikte toestanden daar te stellen, in strijd zijn. Het socialisme, het pantheisme enz. leveren voorbeelden op van dergelijke mengsels van op verschillende trappen staande voorstellingen.

Menschelijke ligchamen zie blz. 78 even hoog boven die der dieren verheven, kunnen in gezondheidstoestand verschillen, doch, zoo men althans de ligchamelijke ontwikkeling van het menschelijke geslacht (wel van de bovengemelde der individuen te onderscheiden) niet noemenswaardig stelt te zijn, zullen die ligchamen, op de gemiddelde hoogte van verheffing boven de ligchamen der dieren, staande, gemiddeld de gezondste zijn, ten gevolge van den op blz. 234 gemelden inwendigen drang.

Gevolgen van verschijnsels worden door deze, zie blz. 258 vergroot zoolang deze zie blz. 297 door andere er mede gelijkslachtige gevolgen en door de werking der wet van geschiktmaking niet vernietigd zijn. Geschiedde dit niet, zoo zou de werking van laatstgemelde wet, benevens gevolgen dier gevolgen en hiermede [305]gelijkslachtig zijnde, deze beletten zeker maximum te overschrijden zie blz. 261. Geschiedt dit daarentegen wel, zoo zullen beide laatstgemelde werkingen, die eerste gevolgen in intensiteit reeds wat hebben doen afnemen, wanneer de hen opwekkende verschijnsels, wegens bovengemelde reden, opgehouden hebben te bestaan. De pijn, door een slag teweeg gebracht, en die in intensiteit afneemt, na het ophouden van het slaan, vernietigt dit niet, doch dit geschiedt door andere gevolgen van den slag, namelijk door den wederstand door de slaande hand ontmoet, door physiologische werkingen binnen het ligchaam van hem die slaat, tengevolge van zijn wil teweeg gebragt enz.

Goede daden doen de zedelijke ontwikkeling van hen die ze bedrijft toenemen, doch, nadat die daden, tengevolge der uitputtende werking van met hen gelijkslachtige gevolgen opgehouden hebben te bestaan, zooals bijv. die van het redden van iemand door het feit dat hij buiten gevaar is, zal de werking der wet van geschiktmaking die verkregen vergrooting in zedelijke ontwikkeling, zie blz. 124, alsware trachten weg te slijten. De voldoening over het bedrijf van zulk eene daad is nu niet, zooals sommigen beweren, de belooning er van, maar de blijde bewustheid, dat men eene aanwinst in zedelijke ontwikkeling verkregen heeft, eene bewustheid, die eene verkeerde rigting nemende, denzelfden verslappenden invloed als zie blz. 259 ondoelmatige belooningen kan hebben.

De werking der wet van geschiktmaking tracht de positie der menschen in alle opzigten in harmonie te brengen met hunne omgeving, en aldus bijv. menschen hunne vrijheid te ontnemen, zoo zij, met betrekking tot de maatschappij waarin wij verkeeren, vrijwillig niet genoegzaam arbeiden. Diezelfde werking tracht bijv. ook, wanneer den grond ter vermenigvuldiging van het aantal [306]eigenaars te veel versnipperd wordt, de hierdoor ontstaande nadeelen te doen verdwijnen. Men heeft in dergelijke gevallen toch niet te doen met zie blz. 231 een veranderlijk, maar met een zamengesteld doel, en hierbij zou, zoo de werking der wet der veranderlijkheid niet bestond, er eindelijk geschiktheid in alle opzigten ontstaan. Dit zou eveneens het geval zijn met de verdeeling van het menschdom in uit bij elkander passende personen bestaande deelen, zie blz. 128 en 255, zoo de werking der wet der veranderlijkheid de menschen in aard niet veranderde, en niet menschen deed geboren worden in kringen, waarin zij, zie blz.294, wegens hun geestelijken aanleg niet passen.

Mislukkingen hebben plaats, doordat, tengevolge eener werking van laatstgemelde wet, handelingen gevolgen baren, die hen niet slechts vernietigen, maar zie blz. 258 somtijds een tegenovergestelden toestand als die, door die handelingen daargesteld, teweeg brengen. Men poogt bijv. door eene omwenteling een staat in een geavanceerden toestand, waarvoor hij nog niet rijp is, te brengen, ondervindt tegenstand, en er ontstaat tijdelijk eene reactie. Men valt, door getal of beleid overmagtige vijanden aan, wekt het strijden dezer op, en wordt van aanvallers aangevallenen, tenzij de slijtende werking der wet van geschiktmaking de vijanden, nadat den aanval afgeslagen is, zijn strijden doet staken zie Noot blz. 300. Zoo daarentegen zulk een aanval gelukt, bestaat er tusschen hem en den strijd wederkeerige versterking, en worden beiden vernietigd door het er door opgewekte gevolg, in de vlugt van den vijand bestaande. Dit gevolg is nu wel de op blz. 258 gemelde werking der wet der veranderlijkheid, maar verkeert in hetzelfde geval als het gevolg in Noot blz. 300 gemeld, namelijk het tracht deszelfs oorzaak niet negatief te doen worden. Dergelijke gevolgverschijnsels, waarover wij op blz. 660 van [307]ons werk get. *Over de werking der natuurwetten op zedelijk gebied enz.* gehandeld hebben, kunnen aangemerkt worden als de tegenhangers van die welke hunne oorzaken onveranderd laten, in plaats van deze, zooals bij de andere op blz. 261 gemelde werking der wet der veranderlijkheid gezegd is, te versterken. Deze laatste gevolgen zijn daarentegen de tegenhangers van die welke hunne oorzaken negatief doen worden, en het zie blz. 258 weder positief opwekken van die oorzaak door het negatief geworden gevolg, kan als den tegenhanger der wederkeerige verzwakking van twee zie blz. 265 op elkander werkende verschijnsels beschouwd worden.

Naarmate zaken eene fijnere nuance eener eigenschap gemeen hebben, zal de kans, dat al hunne andere eigenschappen dezelfde zijn, grooter zijn.

Wij leeren gebruik te maken van ons ligchaam met betrekking tot hetgeen er buiten gelegen is. Verandert nu die betrekking, tusschen ons ligchaam en hetgeen er buiten ligt, plotseling, zoo wordt het gebruik van het ligchaam verkeerd, edoch slechts tijdelijk, omdat de werking der wet van geschiktmaking leert het ligchaam in deszelfs nieuwen toestand van lieverlede goed te gebruiken. De veranderlijkheid is aldus ook in dit geval eene oorzaak van dwaling zie blz. 231. Niet minder is zulks het vooruitloopen van de rede door de verbeelding, en zoo dit in sterke mate het geval is, waar de werking van het verstand zie blz. 178 de controlerende aanschouwing weinig vooruitloopt, en aldus die werking steeds vrij juist kan zijn, ontstaan er krankzinnigheid. Wanneer daarentegen de verbeelding die controlerende aanschouwing slechts sterk vooruitloopt in de gevallen waarin de werking van het verstand zulks ook moet doen, ontstaat er bijgeloof zie blz. 117.

De werking der wet van geschiktmaking beperkt zie blz. 302 bij gelijksoortige gevallen afwijkingen in onregelmatigheid [308]van de onregelmatigste gemiddelden dier gevallen. Bij de regelmatige gevallen, voortbrengsels van oorzaken, ontstaat er toch als ware zekeren toestand van onvast evenwigt, die allerhande accidentele omstandigheden, in die oorzaken begrepen, zullen trachten te verstoren. Die onregelmatigste gemiddelde gevallen behoeven aan minder voorwaarden dan de meer regelmatige te voldoen, zoodat derzelver kans van voorkoming grooter dan die van deze zal zijn. De werking der wet van geschiktmaking zal aldus het ontstaan van gevallen van eenige soort moeijelijker maken, naarmate de kans van voorkoming er van kleiner wordt, doordat het karakter van regelmatigheid er bij grooter wordt. Dergelijke gevallen, wier kans van voorkoming zeer klein zou zijn, zoo boven gemelde werking der wet van geschiktmaking niet bestond, zullen aldus door deze werking onmogelijk gemaakt worden. De eenigzins minder regelmatige gevallen, waarvan anders de kans van voorkoming wat grooter zou zijn, zullen, tengevolge dier die regelmatigheid storende werking der wet van geschiktmaking, slechts uiterst zeldzaam kunnen plaats hebben, omdat, zoo zij meer plaats hadden, de kans er van anders beneden tot zooeven gemeld minimum zou dalen door kleiner te worden, zooals bijv. het bij herhaling trekken van een zeer groot aantal witte ballen uit eene bus evenveel witte als zwarte ballen bevattende.

Gevallen, waarbij de werking der wet van geschiktmaking aldus is, dienen echter uit eene aaneenschakeling van verschijnsels (bijv. trekkingen uit gemelde bus) te bestaan, welke op elkander van invloed zijn (bijv. door het onbewust niet voor het gevoel identiek zijn dier witte en zwarte ballen) en aldus niet van elkander onafhankelijke verschijnsels te zijn. Zie verder hierover blz. 579 van ons werk get. Vervolg op het werk get.: Over de werking der Natuurwetten op zedelijk gebied enz. [309]

De accidentele omstandigheden, waarvan hierboven gesproken is, zijn werkingen der wet der veranderlijkheid zie blz. 251, doch de werking der wet van geschiktmaking tracht die omstandigheden te doen bestaan uit de gezamentlijke werking van vele veranderlijke omstandigheden, en hen hierdoor een meer algemeen karakter te geven. Zijn er daarentegen enkele omstandigheden overheerschende, zoo kan men meer bijzondere en regelmatige gevallen, namelijk die, waarbij eene al of niet periodieke herhaling van hetzelfde plaats heeft, verkrijgen. Dit is bijv. het geval bij het achtervolgens trekken van witte ballen uit bovengemelde bus, zoo dit met de ballen in het gezigt geschiedt, en de trekker eene blijvende voorkeur voor de witte ballen bezit, en even eens, wanneer de regelmatige vorm van ligchamen bij schudding dezer, tot eene regelmatige wijze van groepering er van leidt.

Zijn wij onbekend met zulke overheerschende bijzondere omstandigheden, zoo spreken wij van toeval, doch, voor het voortbrengen van regelmatige gevallen, moeten zij desniettemin bestaan. Alleen kan men zeggen, dat dezelfde overheerschende omstandigheden alsdan minder steeds dezelfde soort van regelmatigheid zullen voortbrengen, dat dit zal afhangen van hun verband met andere omstandigheden, en dat die wisselingen van regelmatigheid eene resulterende onregelmatigheid zullen voortbrengen.

Heeft men nu uit bovengemelde bus achtervolgens slechts witte ballen getrokken, zoo zullen de nog niet uitgewischte ons onbewuste indrukken dier vorige trekkingen opgehoopt zijn, en er aldus bestaan een regelmatigheidsverschijnsel in den tijd, waarvan de regelmatigheid bij de volgende trekkingen slechts tot zekeren grens kan vergroot worden. Het moet dunkt ons alsdan wat moeijelijker worden om, onder de voor ons menschen [310]onbewuste invloeden der vorige trekkingen, nogmaals een witten dan een zwarten bal te trekken. Men bedenke dat, daar beide soorten van ballen onderscheiden zijn, bij het trekken van witte, er iets anders dan bij het trekken van zwarte ballen moet plaats hebben, en dat de vorige trekkingen een materieel spoor achtergelaten hebben. Bestaat er nu bij dit spoor zekere regelmatigheid, zoo zal bij eene volgende trekking deze regelmatigheid gemakkelijker verzwakt dan versterkt worden, en het eerste door het trekken van een zwarten en het laatste, door het nogmaals uit de bus halen van een witten bal, plaats hebben.

Hoe meer witte ballen men achtervolgens getrokken heeft, hoe ligter toch geheel verstoorbaar de dan meer geprononceerde oorzaak er van, namelijk een van bovengemelde accidentele overheerschende omstandigheden, zal worden. De kansrekening, waarbij er geen door de werking der wet der geschiktmaking niet geheel uitgewischten invloed der vorige rekkingen op de volgende aangenomen wordt, toont aan dat, naarmate er meer trekkingen gedaan worden, de kans, dat men evenveel zwarte als witte ballen zal trekken, grooter wordt. Dit ontstaat doordat bij dit geval een grooter aantal verschikkingen tusschen de witte en zwarte ballen mogelijk is dan bij de andere gevallen, en in zooverre zal dit geval elk dier andere in onregelmatigheid overtreffen, en wel te meer hoe grooter het aantal trekkingen is. Behoudens de voorwaarde, dat de periodieke afwisseling der getrokken witte en zwarte ballen er niet onregelmatiger bij is, zal elk dier andere gevallen zich aldus niet zoo dikwijls als het eerste, zie blz. 308, kunnen herhalen.

De regelmatige groepering van witte en zwarte ballen binnen eene bus, zal, bij het schudden onder den invloed van allerlei veranderlijke omstandigheden, verstoord worden, terwijl hierdoor eene primitieve onregelmatige [311]groepering derzelver karakter van onregelmatigheid niet tot buiten zekeren grens kan verliezen, mits die witte en zwarte ballen niet voor die schuddende bewegingen identiek zijn. Regelmatige groepering der ballen binnen de bus oefent nu op het schudden dezer een dergelijken invloed uit als de overschietende sporen van vorige regelmatige trekkingen op de volgende, en terwijl bij zulke regelmatigheden in den tijd langer geleden voorvallen van minder invloed zijn op de regelmatigheid bij de volgende, zoo zal bij regelmatigheid in de ruimte, die bij verder gelegen plaatsen minder beletten ergens regelmatigheid te doen ontstaan, naarmate die plaatsen hier verder van verwijderd zijn. Binnen eene bus, er zekere verhouding tusschen het aantal er in bevatte witte en zwarte ballen bestaande, zoo zal binnen vakken dier bus, een groot aantal ballen bevattende, bij eene zeer regelmatige wijze van groepering dezer, desniettemin ongeveer dezelfde verhouding tusschen de witte en zwarte ballen bestaan dan binnen de gansche bus. Wegens het groote aantal der ballen binnen elk dier vakken, zal toch regelmatigheid bij een derzelve alsware in de ruimte ver van die binnen de aangrenzende vakken verwijderd zijn, en er aldus weinig invloed op uitoefenen18.

Buitendien zullen bij onregelmatige schudding der bus, uit zulke vakken, waar binnen de verhouding voor de witte ballen gunstiger is dan binnen de aangrenzende vakken, er meer witte ballen uitgaan dan er weder binnen komen. [312]

Om dit anders te doen uitvallen, zouden meer dezelfde witte ballen, uit zulk een vak door schudding gegaan zijnde, er weder door schudding in terug moeten komen, en aldus deze, onder den invloed van vele omstandigheden zijnde, eene regelmatigheid teweeg brengen veel grooter zijnde dan die teweeggebragt door het bestaan van ongeveer dezelfde verhouding tusschen de witte en zwarte ballen binnen elk dier vakken. Zoo deze integendeel weinig ballen bevatten, zal het omgekeerde het geval zijn, zoodat binnen die betrekkelijk kleine vakken de verhoudingen tusschen de witte en zwarte ballen op eene zeer onregelmatige wijze zullen varieren. Binnen veel ballen bevattende bussen zullen voorts die betrekkelijk kleine vakken, waarbij de verhouding tusschen de witte en zwarte ballen zeer varieert, iets grooter zijn dan binnen kleine minder ballen inhoudende bussen.

Geschud wordende verschillende vochten bevattende vaten kunnen met bussen, ontzettend veel uiterst kleine ballen van verschillende kleur bevattende, vergeleken worden. Elk der nog te onderscheiden kubieke ruimten binnen zulk een mengsel zal een uiterst groot aantal moleculen van die verschillende vochten bevatten, en aldus binnen elk dier zoo kleine ruimten de verhouding tusschen de verschillende vochten uiterst nabij dezelfde moeten blijven als binnen het gansche vat, zoo hier binnen de vermenging de verschillende vakken zoo onregelmatig mogelijk is. Binnen ruimten, betrekkelijk weinig vochtdeelen bevattende, zal alsdan wel is waar die verhouding varieren, edoch die ruimten, zoo klein zijn, dat zij zelfs met het sterkst gewapende oog niet te onderscheiden zijn.

Stelt men dat zekere beslotene ruimte, een uiterst groot aantal poeijerdeelen met allerlei onregelmatige snelheden begiftigd, bevat, zoo zal elk onderdeel dier [313]ruimte, dat gemiddeld een zeer groot aantal dier poeijerdeelen zou inhouden, er steeds nabij evenveel en evenveel als de andere even groote onderdeelen bevatten. Om dit toch anders te doen worden, en bijv. binnen een dier deelen betrekkelijk belangrijk meer poeijerdeelen te doen komen, zouden deze om de grenzen van dit deel gelijktijdig hier naar toe gerigte snelheden moeten verkrijgen, hetgeen iets zeer regelmatigs zou zijn, en onmogelijk wordt, zoo die snelheden onder den invloed zijn van een menigte van omstandigheden. Zoo daarentegen binnen zulk een onderdeel er belangrijk meer van die poeijerdeelen dan binnen omliggende gelegen zijn, zal de overmaat dier poeijerdeelen door allerlei snelheden, door die in de eene rigting eerder, door die in andere rigtingen later, uit zulk een onderdeel gebragt worden19.

Worden aan zulke poeijerdeelen snelheden medegedeeld [314]onder den invloed eener enkele overheerschende omstandigheid, dan kan daarentegen derzelver digtheid van groepering binnen elk dier onderdeelen zeer gaan verschillen. Dit heeft bijv. plaats, zoo men met de hand strijkt over een deel eener laag poeijer. Alsdan komen zeer vele digt bij en onder elkander gelegen poeijerdeelen onder den invloed dier bij alle op dezelfde wijze werkende omstandigheid, die klaarblijkelijk voor die poeijerdeeltjes niet als de gezamentlijke werking van uiterst vele omstandigheden gelden kan, daar in dit geval deze bij elk der poeijerdeelen op eene andere wijze werken zou. Dit laatste is bijv. het geval, zoo elk dier deeltjes beweegt tengevolge der gezamentlijke aantrekking van al de overigen.

De gezamentlijke werking van al de omstandigheden is alsdan voor elk der poeijerdeelen verschillend en bezit dientengevolge een karakter van algemeenheid. Dit is insgelijks het geval bij het op blz. 158 gemelde sterrenstelsel. Voor de hemelbollen hiervan bestaat er zekere kans om digt bij elkander bij hun perihelium, en ver van elkander bij hun aphelium te liggen, zullende die eerste kans veel kleiner dan de tweede zijn. Hieruit volgt dat bij ruimten, zeer veel van die sterren bevattende, de verhouding tusschen de sterren, digt bij hun perihelium en digt bij hun aphelium gelegen, wegens den invloed van eene menigte van omstandigheden, op het meeste slechts weinig zal kunnen varieren, doch dat bij verzamelingen van slechts weinig sterren, die verhoudingen sterk zullen verschillen, zoo de ligging dier hemelbollen met betrekking [315]tot elkander zeer onregelmatig is. Het aanzienlijk verschillen dier verhouding bij die elk zeer veel sterren bevattende ruimten zou vereischen, of dat binnen deze meer sterren dan gemiddeld bij hun perihelium, of bij hun aphelium gelegen zijn, doch in beide gevallen zou er iets bijzonders moeten plaats hebben, in het eerste, dat veel sterren bij paren bijna tegelijk in hun perihelium komen, in het tweede, dat zij bij hun aphelium tegelijk van alle kanten even sterk aangetrokken worden, eene onmogelijke regelmatigheid wegens de veranderlijke aantrekking van elk dier sterren door eene ontzaggelijke menigte van andere.

Hoe sterker nu bij verschijnsels de werking van zeer vele varikrende omstandigheden blijft, hoe moeijelijker enkele omstandigheden overheerschende zullen werken, en dit zou bij het gemelde sterrenstelsel steeds in hooge mate het geval zijn, zoo niet de hemelbollen zie blz. 161, tengevolge der wrijving tegen elkander bij botsing, zulke korte banen konden verkrijgen, dat zij onder de zeer overheerschende aantrekking van een hunner gedurende langen tijd kunnen blijven.

Zoo de op blz. 313 gemelde poeijerdeelen langs flaauw gebogene kromme lijnen bewegen, zal er iets regelmatigs bij hunne snelheden bestaan. Op het meeste onregelmatig zullen deze zijn, zoo zij over betrekkelijk de grootte dier poeijerdeeltjes zeer kleine distantien allerlei rigtingen verkrijgen, of anders gezegd, zoo die poeijerdeeltjes in uiterst onregelmatige trillende beweging zijn, en elk derzelve dezelfde buren, met betrekking waarvan het op de onregelmatigste wijze dan nadert dan zich verwijdert, behoudt, dat is wanneer die poeijerdeeltjes moleculen zijn van eene vloeistof, waarbij overmaten van afstooting het digt bij een en overmaten van aantrekking het ver van een komen der moleculen tegengaande, deze, nadat zij zeer kort zich in eene rigting bewogen hebben, geheel van rigting veranderen. [316]

Stelt men verder dat die deelen oneindig klein en oneindig digt bij elkander gelegen zijn, zoodat elke kleinst eindige ruimte een oneindig aantal er van bevat, zoo zal, zoo binnen elk dier ruimten de toestand dier gasdeelen volmaakt identiek is met die binnen de andere gelijk en gelijkvormige ruimten, de onregelmatige toestand dier gasdeelen niet minder worden, omdat, naar aanleiding van blz. 311, de regelmatigheid van iets niet vergroot door gelijkvormigheid met iets anders betrekkelijk oneindig ver er van gelegen, of anders gezegd, dat tusschen beiden een oneindig aantal zaken, hier gasdeelen, gelegen zijn. In zulk een toestand moet nu naar ons inzien zie blz. 171 de ether, voor zooverre deze niet onder den invloed der hemelbollen is, verkeeren, en aldus die toestand niet slechts zie blz. 174 uiterst zamengesteld en onveranderlijk, maar tevens onregelmatig zijn, zoodat de werking der wet van geschiktmaking, door de veropenbaringen der zelfstandigheid door beweging zie blz. 257 meer tot de natuur van den ether te doen naderen, hen niet slechts minder veranderlijk, maar tevens minder regelmatig doet worden. Bij verdamping, overgang van gewone snelheden in zie blz. 251 gedurig geheel van rigting veranderende warmtetrillingen, bij verbrekingen van toestanden van onvast moleculair evenwigt (zooals bijv. bij vochten beneden het vriespunt afgekoeld) bij de scheiding van vaste ligchamen in verstuivende poeijerdeelen heeft dit insgelijks plaats.

Het bestaan binnen den ether van hemelbollen, waarbij de digtheid van groepering der atomen veel grooter is dan bij den ether, is eene regelmatigheid ontstaan door de overheerschende werking der aantrekkingskracht dier bollen zie blz. 159 in begin van vorming, en waarbij er dan eene werking der wet der veranderlijkheid, waarbij oorzaak en gevolg zich wederkeerig versterken, bestaat.

Die aantrekkingskracht is hierbij geweest eene op zeer [317]veel stofdeelen op dezelfde wijze werkende omstandigheid, en op dergelijke wijze is al het regelmatige en aldus bijzondere, dat bij de veropenbaring der zelfstandigheid door beweging bestaat, ontstaan. De werking der wet der veranderlijkheid begint dit te doen, doch heeft zij dit regelmatige en bijzondere voortgebragt, zoo kan de werking der wet van geschiktmaking verschillende bijzondere en regelmatige zaken zoodanig wijzigen, dat zij in harmonie met elkander worden, of anders gezegd bij elkander passen. Accidentele omstandigheden, werkingen zijnde der wet der veranderlijkheid, storen nu gedurig de door overheerschende en gedurende zekeren tijd in werking niet veranderende omstandigheden in stand gehouden regelmatige zaken, doch bestaat hier harmonie bij, zoo zal de werking der wet van geschiktmaking die alsdan afwijkingen voortbrengende storingen trachten te verzwakken. Buitendien tracht zij deze op eene onregelmatige wijze te doen voorkomen, zoodat, als die afwijkingen in grootte verschillen, en voor elk dier afwijkingen van verschillende grootte zekere kans tot ontstaan bestaat, bij zeer veel van die afwijkingen de werking der wet van geschiktmaking de afwijkingen van elke grootte tracht te doen voorkomen in verhouding van dergelijke kans van voorkoming. In harmonie met de lengte der beenen van menschen verkrijgen deze bijv. op egaal terrein eene voor hen gemakkelijkste lengte van pas. Accidentele afwijkingen zullen echter maken, dat onwillekeurig, dat is zonder dat eene overheerschende omstandigheid tengevolge van zeker voornemen hiertoe leidt, die passen naar beide zijden van dien gemakkelijksten pas afwijken. Hoe grooter nu die afwijkingen ter eene of andere zijde zijn, hoe moeijelijker zij zullen voorkomen, en nu zal de werking der wet van geschiktmaking maken, dat bij zeer veel passen de groote en kleine passen niet regelmatig, maar onregelmatig afwisselen. [318]en dat de passen, het minste in grootte met den gemakkelijksten verschillende, meer dan die, er meer mede verschillen, zullen voorkomen20. Buitendien tracht de werking der wet van geschiktmaking, zonder de harmonie tusschen bijzondere en regelmatige zaken te schaden, hen meer algemeen, onveranderlijk en onregelmatig te doen worden.

Hoe onveranderlijkheid en onregelmatigheid zamen kunnen gaan blijkt wel bij mengsels van vochten. Giet men bijv. voorzigtig wat wijn binnen water, zoo kan men maken dat beide vochten zich niet dadelijk egaal vermengen, en gedurende de verspreiding van den wijn binnen het water, wordt dan de aanblik van het gevulde glas gedurig anders. Schudt men dit echter op eene onregelmatige wijze, zoo wordt het mengsel overal egaal en de aanblik er van blijft steeds denzelfden.

Het is voorts onjuist dat onregelmatigheid steeds gemis aan doel of geschiktheid zou aantoonen. Dat dit voor ons vaak het geval is, komt hier vandaan, dat wij het onregelmatige beschouwen uit een bijzonder en beperkt oogpunt, evenals bijv. een denkbeeldig wezen zeer onregelmatige vermenging van vochtdeelen van verschillende soort binnen ruimten slechts betrekkelijk weinig vochtdeelen bevattende. Zoo wij daarentegen het onregelmatige konden beschouwen uit een zeer algemeen oogpunt, bijv. op eene wijze, te vergelijken met die waarop wij de egale mengsels van verschillende vochten beschouwen, zoo zou dit begrip van wanorde en doelloosheid, door het onregelmatige verwekt, geheel bij ons verdwijnen. [319]

Wij hebben ons naar vele regelmatige toestanden, door gedurende voor ons lange tijden standvastige omstandigheden overheerscht, geschikt, en daarom schijnt ons het onregelmatige, dat bij de opvolgende gebeurtenissen op allerlei onvoorziene wijzen variatien teweeg brengt, ongeschikt. Dit echter verandert geheel, wanneer men groepen, elk uit zeer veel gelijksoortige gebeurtenissen bestaande, beschouwt, en aldus de gebeurtenissen uit een alsware in tijd en ruimte meer verheven standpunt waarneemt. Regelmatigheid doet alsdan die groepen verschillen en onregelmatigheid hen gelijk worden.

Al onze statistieke berekeningen, waarbij men gebeurtenissen zooals geboorten, misdaden, ziekten enz. bij groepen van millioenen individuen beschouwt, zijn dan ook gegrond op de standvastigheid, welke de uiterst onregelmatige opvolging van zulke gebeurtenissen bij groote groepen er van teweeg brengt.

Was dit niet het geval, zoo namelijk de werking der wet van geschiktmaking het voorkomen van dergelijke gebeurtenissen niet onder den invloed bragt van zeer vele accidentele omstandigheden, maar zij daarentegen steeds onder den invloed van enkele omstandigheden stonden, en de uitwerking hiervan, wegens derzelver verband dan met deze dan met gene andere omstandigheid, sterk veranderde, zoo zou het dan meer en dan minder voorkomen van dergelijke gebeurtenissen bij groote groepen van individuen, ons even onverklaarbaar voorkomen als het zich bevinden van eene groote overmaat van witte ballen bij veel blindelingsche trekkingen uit eene bus evenveel witte als zwarte ballen bevattende. Is daarentegen binnen die bus de overmaat der er in bevatte witte ballen even groot als bij de reeks van trekkingen, zoo zullen deze onder den invloed van velerlei accidentele omstandigheden kunnen zijn, en bij die achtereenvolgende trekkingen de onregelmatigheid aldus zeer groot kunnen [320]zijn. Nu bestaat er verschil tusschen de omstandigheid dat die bus eene groote menigte van witte ballen bevat, en die waardoor uit eerstgemelde bus bij eene reeks van trekkingen er veel meer witte ballen dan zwarte uit de bus te voorschijn komen. Die eerste omstandigheid, bekend of niet, werkt namelijk steeds op dezelfde wijze, terwijl de tweede, naarmate zij zus of zoo met andere omstandigheden in verband staat, op geheel andere wijzen werkt. Zij is vergelijkbaar met de voorkeur die men, bij het ziende trekken, kan bezitten voor de eene of andere regelmatige afwisseling der witte en zwarte ballen bij de trekkingen. Die voorkeur kan zus of zoo zijn, tengevolge van eene onnaspeurlijke aaneenschakeling van oorzaken en gevolgen. Nu kan de aanbieding der bus, eene overmaat van witte ballen bevattende, ook wel aldus ontstaan, maar zal, hoe ook ontstaan zijnde, desniettemin steeds eene omstandigheid zijn, leidende tot het blindelings trekken van meer witte dan zwarte ballen. Hoe velerlei omstandigheden bij de blindelingsche trekking van ballen er ook van invloed zijn, zij blijft steeds denzelfden invloed uitoefenen, terwijl daarentegen onbewuste voorkeur voor de eene of andere regelmatige wijze van trekking onder den invloed van allerlei omstandigheden, evenzeer moet veranderen als de gedragingen van menschen, welke de speelballen zijn van allerlei inblazingen21. [321]

Bij ons menschen kunnen het karakter, het verstand, de positie enz. vergeleken worden met die verhoudingen tusschen de witte en zwarte ballen binnen gemelde bus, en de onder den invloed van velerlei accidentele omstandigheden zijnde reeks van denkbeelden met de aan allerlei invloeden blootgestelde bewegingen der handen bij de blindelingsche trekkingen.

Ook epidemische ziekten zijn van die steeds denzelfden invloed uitoefenende omstandigheden. Zij kunnen toch niet, zus of zoo met andere omstandigheden in verband zijnde, het aantal sterfgevallen bij een groot getal individuen vergrooten of verkleinen.

Hoe grooter het aantal veranderlijke omstandigheden, op eenig verschijnsel van invloed, is, hoe kleiner de kans voor regelmatigheid bij dit verschijnsel zal zijn. Het aantal dier veranderlijke omstandigheden steeds grooter blijvende dan de grootst eindige grootheid, zoo zou, zoo de invloed van elk die omstandigheden even groot was, die regelmatigheid bij het verschijnsel (dat uit eene reeks van met elkander in verband zijnde gelijksoortige gebeurtenissen kan bestaan) nul zijn. Dit is nu het geval niet, want op zulk een verschijnsel kunnen van invloed zijn vooreerst enkele omstandigheden, voorts een grooter aantal op eene zwakkere wijze, nog een grooter aantal op eene nog zwakkere wijze enz., zoodat die invloeden van al de veranderlijke omstandigheden kunnen uitgedrukt worden door zekere breedte bezittende bundels van ordinaten eener kromme lijn met de bolle zijde naar de abcissen as gekeerd, deze op eene grootst eindige distantie rakende, en met die as der abcissen en een ordinaat een eindigen inhoud omsluitende. Die inhoud stelt dan voor het totaal der invloeden van al die omstandigheden op het verschijnsel, en het is nu klaar dat voor zooverre die invloeden uiterst groot in aantal, maar uiterst gering zijn (bij dien inhoud voorgesteld door het uiterst [322]lage, maar uiterst lange deel er van, het effect er van zal trachten het verschijnsel zoo onregelmatig mogelijk te doen zijn. Nu kunnen wel de sterkere invloeden der overige eindig in aantal zijnde omstandigheden (voorgesteld door het kortere maar hooge deel van gemelden inhoud) dit verschijnsel regelmatig trachten te doen worden, maar klaarblijkelijk die regelmatigheid min of meer gestoord worden. Zoo zullen bijv. de zuiver elliptische banen der planeten om de zon niet slechts door de werkingen der andere planeten, maar tevens, en dat wel op eene voor ons onwaarneembare, maar uiterst onregelmatige wijze, door het onnoemelijk getal der zich verplaatsende sterren gestoord worden.

Die storing der regelmatigheid zal bijv. ook bestaan wanneer men blindelings maar te gelijk eene menigte van ballen uit de op blz. 308 gemelde bus trekt, en zij dan maken dat de gelijktijdig getrokken ballen niet boven zeker aantal tot de witte ballen der bus zullen behooren.

Bij het achtereenvolgens trekken van die ballen, zou men bij elke trekking iets dergelijks als in het zoo even gemelde geval verkrijgen, zoo de indrukken van een aantal vroegere trekkingen, gelijk aan dat van de ballen die men bij dit vorige geval tegelijk uit de bus trekt, onverflaauwd bleef bestaan. Dit is nu wel is waar niet het geval, edoch de verflaauwde indrukken der vorige trekkingen, gepaard met de volgende, zullen een geval vormen, gelegen tusschen het vorige en dat waarbij de vorige trekkingen van geen invloed op de volgende zijn, zoodat het zekere minimum van storing der regelmatigheid er bij kleiner dan in het eerste geval en grooter dan in het laatste, waarin dit minimum nul is, zal worden voor zooverre men de verschijnselen beschouwt met betrekking tot derzelver sterkte, kan men hen verdeelen in verschillende categorien, zoodat van die tot elk dezer [323]categorien behoorende, het eene of andere dier verschijnsels in ruimte en tijd en plaats heeft. Zoo kan bijv. een dier categorien bevatten winden van verschillende sterkte. Overal in den atmospheer en gedurende al den tijd van het bestaan dezes zal de lucht circa in rust, of in meer of minder heftige beweging zijn. Ter wederzijde van meest voorkomende windsnelheden, door vrij standvastige omstandigheden voor elke plaats bepaald, bestaan er nu afwijkingen, met betrekking tot wier opvolging op eene zelfde, of wel gelijktijdige voorkoming op verschillende plaatsen, hetzelfde te zeggen valt als zie blz. 317 voor de afwijkingen van eene gemakkelijkste lengte van pas. De nagelaten sporen der snelheden van den wind gedurende de vorige tijden op eenige plaats en de menigte der omstandigheden op de windsnelheden van invloed zijnde, moeten bijv. regelmatige afwisseling van zwakke en sterke winden storen.

Het lang na elkander voorkomen van hetzij zeer zwakke, hetzij zeer sterke winden, wordt reeds tegengegaan door de hunne oorzaken vernietigende gevolgen er van. In het eerste geval zal toch de dampkring door verdamping meer vochtig worden dan opdroogen door de condensatie van omhoog gevoerde dampen, daar waar de met den wind gepaarde rijzingen van lucht bestaan, en die meerdere vochtigheid der lucht aanleiding gevende tot een grooter verschil in vochtigheid er van op de eene en andere plaats, en aldus tot een grooter verschil in ijlheid der lucht, de rijzingen en dalingen der lucht en aldus ook den wind bevorderen22.

In het andere geval heeft het omgekeerde plaats, doch die gevolgen kunnen niet beletten, dat bijv. stormen in den winter om de dertig dagen voorvallen in plaats van [324]dit meer ongelijk te doen. Die regelmatigheid kan slechts belet worden door de op blz. 321 gemelde invloeden van eene overgroote menigte van veranderende omstandigheden.

Eene andere dier op blz. 323 gemelde categorien bevat de gedragingen der menschen jegens anderen. Deze kunnen toch weldadig, welwillend, onverschillig, onwelwillend en misdadig zijn. Eene derde categorie bevat de toestanden van gebouwen met betrekking tot brand, en men heeft hierbij, hevig branden, flaauw branden, de nabijheid van brandende gebouwen, of het bevatten van brand veroorzakende voorwerpen. Ook hierbij zullen de afwijkingen van den gemiddelden toestand, naarmate zij grooter zijn, in toeneming sterker belet worden door de werking der wet van geschiktmaking en door de op blz. 258 en 300 gemelde werking der wet der veranderlijkheid, zooals bijv. bij de meer afdoende pogingen tot blussching van hevige dan van flaauwe branden.

De werking dier beide wetten bestaat ook bij de positieve en negatieve afwijkingen in menigvuldigheid van verschijnsels van zekere gemiddelde menigvuldigheid van voorkoming. Bij al deze gevallen zal niet slechts de op blz. 321 gemelde werking het regelmatig er van voorkomen, maar tevens, zooals zoo even gezegd is, het veel of weinig voorkomen er van tegengewerkt worden, en dit laatste met alsware grootere kracht dan het eerste geschieden. De werking van de wet van geschiktmaking gaat bijv. sterker tegen het zeer rijk worden van meer menschen dan gewoonlijk, dan het herhaald door hen trekken van hooge prijzen uit eene loterij, want er bestaan vele verschijnsels wier menigvuldigheid van voorkoming, enkel wegens de er door teweeg gebragte regelmatigheid, door de op blz. 321 gemelde werking der wet van geschiktmaking tegengaan wordt, en dit is bijv. met de zooeven gemelde herhaalde trekking van prijzen het geval. Periodiciteit, bijv. het achtervolgens dan dikwijls [325]en dan zeldzaam voorkomen van verschijnsels wordt, als zijnde eene soort van regelmatigheid, door accidentele overheerschende omstandigheden voortgebragt, doch, wanneer de op blz. 267 gemelde werking der wet der veranderlijkheid dit dikwijls voorkomen tegengaat, door het, zooals op blz. 258 gezegd is, negatief worden van het eerste verschijnsel, zal op dien overvloed schaarste, daarna weder overvloed enz. volgen, en er aldus van lieverlede verzwakkende schommelingen en periodiciteit ontstaat. Deze zal alsdan door de op blz. 321 gemelde werking evenzeer gestoord worden als de uitwerking der zie blz. 309 de herhaling derzelfde zaak voortbrengende overheerschende omstandigheden.

Bij het schieten naar eene schijf, zullen bijv. de sterkste afwijkingen ter regterzijde slechts, wegens de alsdan niet onregelmatige afwisseling er van met gemiddeld veelvuldiger voorkomende kleinere regtsche afwijkingen, belet worden in aantal veel grooter dan gemiddeld voor te komen, zoo de schutter niet het denkbeeld verkrijgt, dat hij dikwijls zoo sterk mis schietende als voor hem mogelijk is, zich gaat inspannen om juister te schieten. In dit geval beperkt de werking der wet van geschiktmaking niet slechts het misschieten bij elk schot, maar tevens de herhaling er van.

Dit is insgelijks het geval bij de meeste feiten waarmede de statistiek zich bezig houdt, zooals bijv. misdaden, sterfgevallen enz. doch dit is niet de eenigste reden waarom onder zeer veel individuen die voorvallen binnen even groote tijden circa even veelvuldig voorkomen. Daartoe draagt ook bij een ons onbewust verband waarin zij, door tusschenkomst eener menigte van verschijnsels, tot elkander staan, waardoor zij, wegens de op blz. 321 gemelde reden in tijd en ruimte onregelmatig moeten voorkomen, omdat er anders, hetzij bij gelijktijdig voorvallende verschijnsels, hetzij bij de achtergeblevene [326]sporen van vroegere verschijnsels met betrekking tot de huidige, te veel regelmatigheid zou ontstaan.

Vandaar dat er niet, althans niet buiten zekere grenzen, gelijktijdig in eenig land, zooals men zegt bij toeval, zeer veel meer diefstallen dan gemiddeld gepleegd worden, en dat evenmin kort nadien dit aantal veel kleiner dan gemiddeld wordt, zonder dat de justitie en particulieren intusschen waakzamer geworden zijn en het straffen der diefstallen verscherpt is. Die diefstallen zijn te vergelijken met het trekken van bijv. gele ballen uit eene bus, ballen van allerlei andere kleuren bevattende, op eene onbewuste wijze voor het gevoel onderscheiden, en wier trekking met het voorvallen van de verschillende andere feiten, welke in de plaats van diefstallen kunnen plaats hebben, vergelijkbaar is; terwijl de verspreiding en de verhouding dier ballen van verschillende kleur binnen de bus, vergelijkbaar is met den stand van zaken aanleiding gevende tot die gelijktijdig voorvallende feiten van verschillende soort. Bij elke trekking, een groot aantal ballen bevattende, zullen de getrokken gele ballen niet buiten zekere grenzen in verhouding tot al die gelijktijdig getrokken wordende ballen kunnen afwijken van derzelver verhouding tot het totale aantal ballen binnen de bus, omdat er anders bij elk dier trekkingen eene te groote regelmatigheid zou ontstaan. Evenzoo bij de gelijktijdig maar op verschillende plaatsen gepleegde diefstallen. Niet slechts heeft de stand van zaken op elke plaats invloed op de aldaar gepleegde daden, maar tevens in zwakkere mate ook die op andere plaatsen. Niet alleen hebben de andere daden, ter plaatse waar de diefstal geschiedt tegelijk hiermede plaats hebbende, maar tevens die en aldus ook de diefstallen op andere plaatsen gepleegd, invloed op eerstgemelden diefstal23. [327]

Op blz. 311 hebben wij gezegd dat, wanneer in de ruimte alsware tusschen gelijksoortige gebeurtenissen er eene menigte andere gelegen zijn, zij, door met betrekking tot elkander regelmatig of onregelmatig in te vallen, zeer weinig bijbrengen tot de regelmatigheid van het geheel, en als onafhankelijk van elkander ontstaan beschouwd kunnen worden. Men behoeft aldus het gelijktijdig voorvallen van bijv. diefstallen slechts te beschouwen over zulk een ruimte, dat er aldaar gemiddeld zeer veel ongeveer gelijktijdig geschieden. Is nu dit aantal buitengewoon veel grooter dan gemiddeld, zoo bestaat er eene regelmatigheid welke de vrucht moet zijn van eenige accidentele overheerschende omstandigheden tegelijk bij al die plaatsen, waar die diefstallen begaan worden, van invloed zijnde. Die regelmatigheid moet toch eene oorzaak bezitten, daar op blz. 321 aangetoond, is, dat die oorzaak niet in het totaal der zeer geringe invloeden van een uiterst groot aantal omstandigheden kan bestaan, wordt aldus het bestaan dier eerste oorzaak ontkent door iemand die regelmatigheid aan het toeval toeschrijft, zoo bekent hij tevens dat de laatste oorzaak alleen bestaat, en deze kan slechts, zooals op blz. 321 gezegd is, onregelmatigheid en geene zoogenaamde toevallige regelmatigheid voortbrengen.

Hieruit blijkt tevens dat bijv. diefstallen op verschillende plaatsen, zooals men zegt, onafhankelijk van elkander gepleegd, invloeden op elkander uitoefenen, die te zamen met velerlei andere even weinig waarneembare invloeden niet verwaarloosd mogen worden, want zij behooren, of tot die menigte van zeer geringe invloeden waardoor, zooals op blz. 321 gezegd is, onregelmatigheid ontstaat, of zij worden teweeg gebragt door de enkele [328]overheerschende omstandigheden bij die verschillende plaatsen tegelijk werkende, waardoor er bij het voorkomen dier diefstallen regelmatigheid kan ontstaan. Alsdan kan men niet met juistheid zeggen, dat de diefstallen onafhankelijk van elkander gepleegd worden, zoodat, wanneer bijv., bij gemis aan afspraak van dieven op velerlei plaatsen, of van dergelijke omstandigheden, men bij de gewone wijze van spreken mag zeggen, dat die diefstallen niet anders dan onafhankelijk van elkander kunnen gepleegd zijn, zoo zij onder den invloed derzelfde enkele op verschillende plaatsen tegelijk werkende overheerschende omstandigheden ontstaan zijn, deze al zeer zwak moeten zijn, en de er door teweeg gebragte regelmatigheid, door de op blz. 321 gemelde werking, noodzakelijk zeer sterk gestoord moet worden.

Wanneer de omstandigheden, van invloed op gelijksoortige verschijnsels, wier wijze van herhaling in tijd of ruimte men wenscht na te gaan, ook onderling meer op elkander van invloed zijn, zal de regelmatigheid bij die voorkoming dier verschijnsels binnen naauwere grenzen besloten blijven. Enkele dier omstandigheden zullen dan toch moeijelijker een eenigen tijd aanhoudenden overheerschenden invloed in denzelfden geest kunnen blijven uitoefenen, omdat alsdan de grootere invloed van andere omstandigheden er op dit gedurig meer verhindert.24 Dit zal insgelijks het geval zijn, zoo die invloed van eenvoudigen aard is, omdat dan elk dier omstandigheden meer geinfluenceerd wordt door elk der andere op eene wijze in verhouding der aanraking tusschen beide, en eerstgemelde omstandigheden gedurig met andere, of op eene andere wijze met dezelfde omstandigheid in aanraking komen. Zijn daarentegen die invloeden van meer [329]zamengestelden aard, zoo kan eene omstandigheid meer ongevoelig blijven voor vele andere waarmede zij in directe aanraking komt, en daarentegen sterk den invloed ondervinden van enkele omstandigheden, in tijd of ruimte er betrekkelijk ver van verwijderd.

Dit is in sterke mate het geval bij de omstandigheden daargesteld door de wijze van denking die men willen noemt. Iemand wil, tengevolge eener voor geheele wijziging zeer vatbare gril, bijv. witte ballen uit eene bus nemen, en, ofschoon dan zwarte ballen meer bij de hand kunnen liggen, neemt hij toch moeijelijker te bereiken witte ballen. Zoo zullen, wanneer de dieven nemen wat het gemakkelijkste en met het minste gevaar te stelen is, de gedurende elke week gepleegde diefstallen onder eene groote bevolking, wegens gebrekkige onregelmatigheid van voorkoming minder veranderen, dan zoo die diefstallen gepleegd worden nadat derzelver daders berekeningen gemaakt hebben. Tusschen twee havens varende stoomschepen, wier machines steeds met evenveel kracht werken, en die aan allerlei winden en accidentele stroomen blootgesteld zijn, zullen langs de distantie tusschen die twee havens steeds op eene vrij onregelmatige wijze verspreid moeten zijn. Hangt daarentegen de kracht waarmede de machines dier vaartuigen werken af van den wil hunner gezagvoerders, zoo zal die verspreiding regelmatiger kunnen zijn, al bestaat er geene dit bevorderende afspraak tusschen die gezagvoerders.

Gesteld dat de werking van den wil dier gezagvoerders niet bestaat, zoo zullen bij gemelde vaartuigen, bij zekere regelmatige verspreiding van sommige hunner, de winden, de stroomen, golven enz. invloeden, waarbij de indruk dier regelmatigheid bestaat, op de andere vaartuigen overbrengen.25 Gezamentlijk met de voorgaande, bestaan nu [330]bij die overige vaartuigen een uiterst groot aantal andere invloeden van water en lucht, welke, zooals op blz. 321 gezegd is, door hun aantal en hunne veranderlijkheid iets onregelmatigs zullen trachten teweeg te brengen. Zoo aldus de min of meer regelmatige ligging dier overige vaartuigen, in verband met die der eerstgemelde beschouwd, eene sterkere regelmatigheid, dan door de ligging van eerstgemelde vaartuigen wordt voortgebragt, daarstelt, dienen de van deze op die andere vaartuigen overgebragte regelmatige invloeden sterker te zijn, en zich hierbij te paren aan dergelijke invloeden bij die overige vaartuigen. Dit kan naar ons inzien, niet anders geschieden, dan zoo die min of meer regelmatige invloeden bij elk vaartuig aanwezig en van de andere er naar toe overgebragt, door enkele voor al de vaartuigen in denzelfden geest werkende omstandigheden worden voortgebragt.

Onder de omstandigheden, op de ligging dier vaartuigen van invloed zijnde, behoort echter ook de behandeling er van door derzelver bemanning. Al wordt nu die behandeling geheel bepaald door de betrekking dier vaartuigen met de winden, golven en stroomen, zoo zal veel hiervan op die bepaling dier behandeling van zeer weinig en enkele zaken, hier en nu anders dan elders en later, van veel invloed kunnen zijn. Die behandeling kan aldus staan onder den overheerschenden invloed van enkele, volstrekt niet steeds op dezelfde wijze van invloed zijnde, accidentele omstandigheden, en daar zij sterken invloed uitoefent op de ligging dier vaartuigen, deze alsdan gemiddeld meer onder den invloed van enkele en gemiddeld minder onder den invloed van zeer vele veranderlijke omstandigheden komen. Dit nu is wel is waar geene bestendige oorzaak van meer regelmatige onderlinge ligging dier vaartuigen, maar wel eene oorzaak, waardoor de invloeden van zeer vele veranderlijke [331]omstandigheden er op zwakker kunnen worden. Het is aldus mogelijk dat alsdan de op blz. 321 gemelde werking, waardoor de regelmatigheid tegengegaan wordt, zwakker wordt.

Eene overheerschende omstandigheid kan ergens, zooals op blz. 309 gezegd is, regelmatigheid voortbrengen, en eene andere overheerschende omstandigheid elders eene andere regelmatigheid veroorzaken, zonder dat beide soorten van regelmatigheid, wegens het verband waarin zij tot elkander staan, iets regelmatigs vormen. Is dit daarentegen wel het geval, en zelfs zoo op beide plaatsen er geene regelmatigheid bestaat, maar onregelmatigheden, welke, door bijv. min of meer identiek te zijn, wegens derzelver onderling verband eene regelmatigheid daarstellen, zoo moet deze door voor beide plaatsen gemeenschappelijke overheerschende omstandigheden teweeg gebragt worden. Anders toch zou de wegens dit onderlinge verband ontstaande regelmatigheid zonder oorzaak zijn, en aldus de ook met betrekking tot dit onderlinge verband onregelmatigheid voortbrengende werking der wet van geschiktmaking alleen heerschen.

Naar mate echter die twee plaatsen in de ruimte, of wanneer het tijdstippen geldt waarop die, wegens hun onderling verband, regelmatigheid voortbrengende gebeurtenissen plaats hebben, deze in den tijd verder van elkander gelegen zijn, dat is, wanneer er tusschenbeide alsware meer gebeurtenissen liggen, zullen de omstandigheden, regelmatigheid wegens onderling verband voortbrengende, bij dezelfde sterkte dier regelmatigheid, zwakker kunnen zijn. De werking der wet van geschiktmaking zal dan toch, door tusschenkomst der invloeden van eene zeer groote menigte van omstandigheden, bij de tweede plaats de regelmatigheid met betrekking tot hetgeen, op de eerste plaats geschied is, slechts kunnen storen, voor zoo verre hetgeen aldaar geschied is, bij [332]die tweede plaats van invloed is. Is nu die verzwakking, bij grootere betrekkelijke verwijdering in tijd of ruimte, sterker dan die der omstandigheden, bij beide plaatsen, of op beide tijdstippen, eene, zooals hierboven gezegd is, door onderling verband ontstaande regelmatigheid voortbrengende, zoo zal deze bij groote verwijdering in ruimte of tijd grooter kunnen worden26.

Zoo bijv. thans ergens in Europa iemand, de kleur der ballen onderscheidende, eene reeks hiervan uit eene bus trekt, en over eene eeuw iemand anders in Amerika dit ook doet, zal de eerste reeks van trekkingen zekere invloeden hoe gering ook op de andere uitoefenen, en de regelmatigheid bij de verhouding tusschen beide reeksen van trekkingen tot zekeren graad hoe gering ook door op blz. 321 gemelde werking der wet van geschiktmaking verstoord worden.

Zoo er nu slechts in beide gevallen sprake kan zijn om de witte of zwarte ballen, met betrekking tot derzelver afwisseling, slechts op een bepaald aantal verschillende wijzen uit die bus te trekken, kan de zucht naar varieteit maken, dat in beide gevallen de trekkers dit op al die wijzen doen, en dat aldus in beide gevallen, in tijd en ruimte zoover van elkander gelegen, er identieke reeksen van trekkingen plaats hebben. De omstandigheid, welke dan in die beide gevallen tegelijk werkt, is de zucht om uit bussen, witte en zwarte ballen bevattende, met onderscheiding der kleuren, deze bij de getrokken ballen op een zeker aantal verschillende wijzen te doen afwisselen.

Zoo daarentegen in beide gevallen slechts eene reeks van trekkingen en wel blindelings gedaan wordt, en [333]dat in beide gevallen de witte en zwarte ballen op de onregelmatigste, maar in elk dier gevallen op volmaakt dezelfde wijze afwisselen, zoo dient de invloed van eene voor beide gevallen gemeenschappelijke omstandigheid hiervan de oorzaak te zijn, en zal deze die overeenstemming tusschen de beide reeksen van trekkingen moeijelijker te weeg kunnen brengen, naarmate die reeksen elk uit meer trekkingen bestaan. Die voor beide reeksen gemeenschappelijke omstandigheid kan in dit geval niet in eene voorbedachtelijke imitatie in het tweede geval van hetgeen in het eerste heeft plaats gehad bestaan, en dient dan wel derzelver invloed van de trekking in Europa, tot die eene eeuw later in Amerika op eene gelijksoortige wijze overgebragt te hebben als de sporen dier geheele eerste trekking. De oorzaak, die overeenstemming tusschen beide reeksen van trekkingen voortbrengende en die deze verstorende, moeten aldus beide in dit geval uiterst zwak zijn, en zullen dit nog meer worden, zoo tusschen de reeksen van trekkingen in beide gevallen er nog meer liggen, omdat de invloeden der eerste trekking hierdoor meer verloren gaan dan door andere zaken.

De werking der wet van geschiktmaking wischt namelijk vooral zaken uit door andere er mede gelijksoortige later voorvallende zaken, zie blz. 182, want die uitwissching of liever omzetting geschiedt niet van zelf, hiertegen verzet zich de werking der wet der traagheid.

Men moet echter zeer voorzichtig zijn bij de ontkenning dat bij gevallen, in tijd en ruimte ver van elkander gelegen, er geene onderlinge regelmatigheid tusschen hen kan ontstaan dan op dezelfde wijze waarop die gevallen zelve van invloed op elkander zijn. Die regelmatigheid tusschen twee gevallen kan toch, even als de absolute regelmatigheid bij een geval, dikwijls ontstaan op wijzen wel in zekeren zin gelijksoortig met die wij kennen en aldus niet door het toeval, maar op wijzen [334]buiten onzen kring van kennis of, wegens hare zwakte, buiten onzen kring van waarneming gelegen.

De invloeden der daden der bewoners dezer aarde op die der bewoners van de planeet Venus moeten bijv. uiterst gering zijn, en toch zouden al de bewoners der dagzijde dezer aarde onbewust bijna te gelijk iets gelijksoortigs kunnen doen, en, zoo de bewoners der dagzijde van Venus, tengevolge der op blz. 232 gemelde werking der wet van geschiktmaking, gevoelig zijn voor de warmte der zon, ook zij iets dergelijks doen. Een onwaarneembare vermindering der warmte der zon, tengevolge van het ontstaan eener zonnevlek, zou toch de oorzaak hiervan kunnen zijn.

Bij het geval van blz. 312 bestaat er voor al de waarneembare ruimtedeelen van het mengsel eene omstandigheid, welke zekere onderlinge regelmatigheid tusschen hetgeen bij die ruimtedeelen bestaat, namelijk de gelijkheid tusschen de verhouding der verschillende vochten, bij elk hunner teweeg brengt. Die omstandigheid is namelijk dat door roering voor alle de quantiteit van het bijgeschonken vocht dezelfde wordt gemaakt.

Wij besluiten uit dit een en ander, dat de regelmatigheid bij gevallen en de onderlinge regelmatigheid tusschen verschillende gevallen binnen enge grenzen beperkt is, tenzij bijzondere oorzaken, kennelijk van anderen aard dan de invloeden tusschen de deelen dier gevallen, of tusschen deze laatste onderling, haar voortbrengen, en dat voorts de uitwerkingen en het belangrijke van zulke regelmatigheden niet buiten zekere grenzen kunnen afwijken van de sterkte dier bijzondere oorzaken. Deze werking der wet van geschiktmaking komt ons menschen zeer te pas, want, omringd van min of minder regelmatige bijzondere zaken, is het voor ons noodig de oorzaken er van te kennen en hierop te kunnen rekenen, en desniettemin doet onze fantaisie ons somtijds gelooven [335]dat er regelmatige zaken bestaan, waar wij weten dat de oorzaken er van niet aanwezig kunnen zijn.

Dat regelmatigheid in tijd of ruimte door enkele op verschillende tijdstippen, of op verschillende plaatsen overheerschende omstandigheden voortgebragt moet worden, volgt alsware uit het bestaan van regelmatigheid in de herhaling of periodieke herhaling derzelfde zaken. Voorts kan eene gebrekkige regelmatigheid zamengesteld worden uit eene volmaakte regelmatigheid on eene volslagene onregelmatigheid.

Bij het voorbeeld der op blz. 327 gemelde diefstallen heeft men, al vallen deze in tijd of ruimte zoo onregelmatig mogelijk voor, wel is waar eene herhaling derzelfde zaak, doch hiervoor te gelijk eene in tijd en ruimte overheerschende omstandigheid, namelijk die in eene maatschappij tot diefstallen aanleiding gevende. Bestaat er nu buiten deze regelmatigheid eene tweede, namelijk die, welke met een volstrekt onregelmatig voorkomen dier diefstallen zamengesteld, vormt eene gebrekkige regelmatigheid van voorkoming er van, zoo bestaat die tweede regelmatigheid in eene periodieke herhaling derzelfde zaak, en moet zij de vrucht van andere overheerschende omstandigheden zijn.27

Trouwens verschijnsels, onder den invloed staande van verschillende omstandigheden, tracht men, ten einde de invloeden elk dezer te vinden, alsware te ontleden in [336]verschillende regelmatige verschijnsels, en wel in meer, naarmate die omstandigheden meer in aantal zijn. Dan echter wordt de regelmatigheid van het resulterende verschijnsel van meer zamengestelden aard en meer onregelmatig, en moet het zulks volstrekt worden als die er op van invloed zijnde veranderlijke omstandigheden in aantal onnoemelijk zijn, en dat geene derzelver overheerscht, want in dit laatste geval kan het verschijnsel eene op uiterst zamengestelde wijze gestoorde eenvoudige regelmatigheid vertoonen, zie Noot blz. 328.

Op blz. 278 hebben wij aangetoond dat zaken geene plotselinge veranderingen er van in grootte kunnen ondergaan, zoodat veranderingen er van in grootte aangeduid zullen kunnen worden door de ordinaten van nergens niet afgeronde hoeken bezittende kromme lijnen. Zoo aldus zaken, aan een steeds grooter wordenden drang tot vergrooting onderworpen raken, zal derzelver grootte gedurende de achtervolgende tijdstippen door de ordinaten eener van af zeker punt oploopende en met de bolle zijde naar de abcissenas gekeerde kromme voorgesteld kunnen worden. Vergroot die drang later niet meer, en wordt hij daarna steeds kleiner, om eindelijk nul te worden, zoo zal die kromme een buigpunt verkrijgen, vervolgens steeds flaauwer oploopen en met de holle zijde naar de abcissenas gekeerd zijn, en eindelijk hiermede paralel loopen.

Wanneer oorzaak en gevolg elkander wederkeerig versterken, en aldus de drang tot vergrooting bij het gevolg steeds versnellende grooter zou worden, zoo de werking der wet van geschiktmaking zie blz. 262 de vergrooting der oorzaak niet tegenging, zal dit gevolg wel is waar aan een na zekeren tijd steeds trager, maar nog steeds toenemenden drang tot vergrooting blootgesteld zijn, maar, daar de werking der wet van geschiktmaking ook de vergrooting van dit gevolg tracht tegen te [337]gaan, en, even als bij de oorzaak, in sterkere mate, naarmate het grooter is, het zijn, of er bij beide eene eerst toe en later afnemende vergrootende werking bestaat. De werking der wet van geschiktmaking kan nu wel de vergrooting van eenig verschijnsel zeer moeijelijk maar niet onmogelijk maken, en verkeert daaromtrent steeds in het geval van als bij eene van derzelver werkingen, namelijk den tegenstand van het water tegen drijvende vaartuigen.28 Hoe snel ook deze bewegen, de vergrooting der voortstuwende kracht kan desniettemin eene ofschoon uiterst geringe vergrooting der snelheid van het vaartuig teweeg brengen. Vandaar dat alsdan de op blz. 336 gemelde ojiefvormige kromme, wier ordinaten de achtervolgende grootten van het bovengemelde gevolg verschijnsel aangeven, eerst bij eene oneindig groote abcis en eene eindig groote ordinaat met de abcissenas paralel zal loopen.29 Gesteld dat nu de stoommachine van dit vaartuig sterker gestookt wordt, naarmate de snelheid hiervan meer bedraagt, zoo zal de werking der wet van geschiktmaking de versterking van het vuur steeds meer gaan belemmeren, en klaarblijkelijk zulk een vaartuig [338]eerst versnellende, maar later vertragende in snelheid toenemen, zonder dat ooit de aanwas in snelheid geheel ophoudt.

Dit zal insgelijks het geval zijn, zoo het gevolg, hierbij de snelheid van het vaartuig, de oorzaak, hierbij het stoken der machine, niet versterkt. Ook dan zal het gevolg, ofschoon niet noemenswaardig nimmer geheel ophouden met in grootte toe te nemen, doch dit wel bij de oorzaak het geval zijn. Deze zal eerst versnellende daarna vertragende en na zekeren eindigen tijd in het geheel niet meer toenemen aldus even als de ordinaten der op blz. 336 gemelde ojiefvormige kromme.

Op blz. 307 hebben wij gezegd, dat een gevolg, door zekere oorzaak opgewekt, deze kan versterken, onveranderd laten, vernietigen en daarna zelfs negatief maken30. Een ongeschikte toestand van zaken kan bijv. opwekken, het er over oordeelen en dien ten gevolge handelingen van menschen. Zijn alsdan die handelingen oordeelkundig, zoo zullen zij het derde te weeg brengen, of wel het vierde, wanneer zie blz. 259 en 267 die ongeschikte toestand gerekend wordt te bestaan met betrekking tot een gemiddelden toestand en een uitslag naar de andere zijde hiervan een nog wenschelijker toestand te weeg kan brengen.

Handelingen, ten gevolge van slecht oordeelen begaan brengen daarentegen het eerste of tweede voort, namelijk zij laten den ongeschikten toestand onveranderd, of versterken dien.

Dit geschiedt daarentegen door handelingen, ten gevolge van goed oordeelen begaan, zoo die toestand geschikt is, en geperpetueerd dient te worden, terwijl in [339]dit geval handelingen, ten gevolge van slecht oordeelen begaan, het derde, of somtijds ook het vierde voortbrengen.

Wanneer er twee partijen tegen elkander strijden, kan elk dezer een voor haar al of niet werkelijken ongeschikten toestand trachten weg te nemen, en het gevolg namelijk den strijd voor de overwonnene partij bij dien ongeschikten toestand het eerste of tweede en voor de overwinnende partij het derde of vierde voortbrengen. Die door die ongeschikte toestanden opgewekten strijd wordt op zijne beurt door uitputting van een of van de beide partijen vernietigd, en de partij, die de ongeschiktheid van hare toestand het beste beoordeelt, zal gemiddeld de zege behalen, zie blz. 28831. Dit is ook van toepassing op den strijd tusschen het hoogere en lagere, zooals bijv. tusschen beschaafde en onbeschaafde volken, tusschen aanhangers van lagere en hoogere godsdiensten, zie blz. 287. Neemt men hierbij den gemiddelden vooruitgang van het menschdom niet in aanmerking, zoo zal de meerdere geschiktheid van dit hoogere of van dit lagere gemiddeld aan dit of gene de zege verschaffen.

Het ten gevolge van den drang tot vooruitgang zich verwijderen van het lagere, zie blz. 287, is eene werking van de wet der veranderlijkheid, waarbij het gevolg deszelfs oorzaak min of meer versterkt; doch de pogingen om zich tegen de achterwaarts trekkende werking van het lagere te verzetten, en om het verkregen hoogere te behouden, zijn werkingen der wet van geschiktmaking en van de wet der veranderlijkheid, waarbij het gevolg deszelfs oorzaak (in dit geval de afwijking van het lagere van het verkregen hoogere) te vernietigen. De werking der wet van geschiktmaking tracht steeds ook, zonder dat er strijd in den algemeensten zin plaats heeft, [340]van lieverlede ongeschiktheden te doen verdwijnen bijv. door bij de partij, wier uiterlijke magt derzelver hulpbronnen overtreft, zijnde die gemiddeld aangevallen wordt, die ongelijkheid weg te nemen, zie blz. 289.

De gevolgen van verschijnsels zullen op deze de beide eerste, of de beide laatste der op blz. 338 gemelde uitwerkingen hebben, al naar gelang zij, zie blz. 296 in contact komen en den invloed ondervinden van andere verschijnsels, zoo of tegengesteld zijnde, zooals bijv. het komen der op blz. 338 gemelde handelingen onder den invloed van personen met of zonder oordeel en overleg. De op blz. 307 gemelde gevolgen, dient men, zie blz. 70, steeds met derzelver oorzaken gelijkslachtig te stellen, en aldus in de stoffelijke en geestelijke wereld alsware een uiterst groot aantal zich somtijds vertakkende, somtijds ophoudende reeksen van gelijkslachtige, uit elkander voortspruitende verschijnsels aan te nemen. Van ongelijkslachtige oorzaken en gevolgen kan er eigenlijk geen sprake zijn, doch wel kan het contact met andere er niet gelijkslachtig mede zijnde zaken, deze laatste wijzigen, waardoor de gelijkslachtige gevolgen hiervan anders worden, zie blz. 296 en 299. Vandaar is het op blz. 302 gezegde, dat ligchaamsbewegingen gevolgen van geestelijken aard kunnen opwekken, niet naauwkeurig. Van die bewegingen wijzigt het contact geestelijke werkingen, waardoor deze andere gevolgen, er mede gelijkslachtig en aldus insgelijks van geestelijken aard, opwekken. Zoo zal bijv. van de menschelijke daad, bestaande in het werpen van brandstof in eenen vuurhaard, het contact met de mededeeling der gloeijing van deelen brandstof aan andere deelen, deze mededeeling wijzigen, en hierdoor het hiervan gelijkslachtige gevolg, namelijk de vrijmaking van de latente warmte binnen de zuurstof der lucht bevat door gloeijende brandstof, anders namelijk sterker worden. [341]

De warmteontwikkeling bij het vuur is een gevolg van die vrijmaking dier zuurstofwarmte door gloeijende deelen brandstof, en zou steeds in sterkte toenemen, zoo de werking der wet van geschiktmaking, in reden der sterkte der warmte bij het vuur, die warmte er niet van afvoerde.

De er mede gelijkslachtige oorzaak van het vrijmaken der zuurstofwarmte door gloeijende brandstof, is de mededeeling dier gloeijing van het eene stuk brandstof aan het andere, en deze oorzaak wordt door derzelver gevolg versterkt, zoodat dit in sterkte versnellende zou toenemen, ware het niet, dat zekere werking der wet van geschiktmaking, in de uitbranding der brandstof bestaande, zelfs bij eene onbeperkte hoeveelheid hiervan, die sterkte eindelijk vertragende deed toenemen. De werking der wet der veranderlijkheid doet echter de mededeeling der gloeijing der brandstof als gevolg opwekken het niet meer voorhanden zijn hiervan, terwijl de vrijmaking der zuurstofwarmte door de gloeijende deelen brandstof als gevolg opwekt het blusschen van het vuur, en beide die gevolgen zullen nu werken, zooals in noot blz. 300 gezegd is, namelijk derzelver oorzaken vernietigen32.

Het werpen van brandstof in het vuur behoort daarentegen tot eene andere reeks van gelijkslachtige oorzaken en gevolgen. Tot oorzaak heeft dit werpen voorafgaande handelingen van den stoker, en tot gevolg zekere het stoken opvolgende handelingen, en wel zal op het stoken het contact van het vuur van invloed kunnen zijn, maar enkel als eene er mede ongelijkslachtige zaak. Die hevigheid [342]van het vuur moet toch niet noodwendig het stoken sterker of zwakker doen worden, zie blz. 297.

De werkingen der wet van geschiktmaking hebben wij niet onder de gevolgen van hiermede gelijkslachtige oorzaken begrepen, omdat die werkingen steeds evenredig blijven met de sterkte der zaken, waardoor zij opgewekt worden, terwijl daarentegen de in werkingen der wet der veranderlijkheid bestaande gevolgen door de er mede gelijkslachtige oorzaken versterkt worden. Eveneens tracht het contact, tusschen ongelijkslachtige, of (zie het voorbeeld van 260) tusschen gelijkslachtige verschijnsels, als oorzaak de er door teweeg gebragte wijzigingen bij die verschijnsels door zijn duur te versterken. Deze somtijds niet ontstaande wijzigingen, werkingen der wet der veranderlijkheid, kunnen beschouwd worden als gevolgen van dit contact en door terugwerking kunnen zij dit verzwakken of versterken. Zoo kan bijv. de verwarming van het ligchaam, door het contact met een vuur, tot gevolg hebben, dat dit ligchaam tot het vuur nadert, of er zich van verwijdert, en aldus dat dit contact grooter of kleiner wordt. De vergrooting dier wijzigingen, ten gevolge, der opwekkende werking van het contact, wordt, even als op blz. 262 gezegd is, vertragende gemaakt door de werking der wet van geschiktmaking. Dit is bijv. het geval, wanneer het gezigt van eenig voorwerp het denken er over versterkt. Allerlei andere opkomende gedachten maken dan, dat zie blz. 117 en 183 die over dit voorwerp na zekeren tijd in sterkte slechts vertragende kan toenemen. Voorts kan de werking der wet der veranderlijkheid maken, dat zulk een gewijzigd wordend verschijnsel in contact komt met een ander, en dat dit laatste contact eene tegengestelde wijziging er bij opwekt, zooals bijv. bij het voorbeeld, zie blz. 341, van het contact van het vuur met iemand, die dit tracht te blusschen. Somtijds kan dan zulk een verschijnsel wijzigingen [343]dan in deze en dan in tegenovergestelde rigting ondergaan, doordat die eerste positieve wijziging alsware het contact noopt negatief te worden, zie blz. 258.

Accidentele omstandigheden ten gevolge van wijzigingen, tot oorzaken het contact van allerlei andere zaken hebbende, zullen echter dergelijke verflaauwende schommelingen verstoren.

Wanneer gevolgen derzelver oorzaken onveranderd laten, of wel versterken, kunnen zij zelve door een gevolg van henzelve vernietigd worden, zonder dat hierdoor die oorzaak aangedaan wordt. Dit is bijv. het geval, wanneer eenige blijvende zaak de menschen leidt tot handelingen, waarmede zij na zekeren tijd wegens eenige rede ophouden. Zoo een gevolg deszelfs oorzaak vernietigt, zonder deze negatief te doen worden, zal, zoo bij dit gevolg de slijtende werking der wet van geschiktmaking niet bestaat, het in grootte steeds vertragende toenemen. Wederkeerige verzwakking, zie blz. 261, kan ontstaan tusschen twee verschijnsels, waarvan het eene tijdens het begin dier wederkeerige verzwakking bestaat en negatief of tegenovergesteld zijnde, als gevolg door het andere zou opgewekt worden onder wederkeerige versterking van gevolg en oorzaak.

Het verschijnsel, dat bij die wederkeerige versterking de oorzaak is, ontstaat bij de wederkeerige verzwakking later dan het andere, en wel op eene wijze tegengesteld aan die, waarop het bij de wederkeerige versterking vernietigd wordt. Dit bijv. geschiedt bij nadering en botsing van twee hemelligchamen bij derzelver aantrekking door de opgewekte afstooting, zie blz. 283, terwijl bij de wederverwijdering dier beide hemelligchamen de aantrekking weder ontstaat door de verdwijning der afstooting. Dit is nu wel is waar een gevolg der sterkte van verwijdering dier beide ligchamen, doch het is klaar, dat deze niet op dezelfde wijze die aantrekking opwekt als [344]verzwakt. Bij wederkeerige versterking eene oorzaak, door derzelver gevolg versterkt, en door eene andere werking van dit gevolg, onder medewerking hiervan met iets anders, vernietigd wordende, zoo zal bij de wederkeerige verzwakking eerstgemeld gevolg negatief zijnde en als verschijnsel bestaande, slechts door medewerking met iets anders die oorzaak opwekken.33

De werking der wet van geschiktmaking zal bij zulk eene wederkeerige verzwakking het bovengemelde bestaande verschijnsel en het later opgewekte sneller doen verzwakken, zoo die zelfde werking in het omgekeerde geval de vergrooting, zoo van de oorzaak als van het deze versterkende gevolg verzwakt.

Eene goede omgeving, waakzaamheid en voorzigtigheid kunnen iemands gedrag beter doen worden, en de goede uitkomsten van zulke maatregelen nopen hen te versterken. Later kan echter dit verbeterde gedrag, zamenwerkende met bijv. slechte raadgevingen, die maatregelen overbodig doen achten, en tot vernietiging er van leiden. Het tegenovergestelde verschijnsel van het gevolg dier maatregelen is nu slecht gedrag, en dit als verschijnsel bestaande, kan gepaard met goede raadgevingen, opwekken waakzaamheid, voorzigtige behandeling, het brengen in goede omgeving, enz. Deze zullen klaarblijkelijk op dit slechte gedrag (ook buitendien door de slijtende werking der wet van geschiktmaking van lieverlede vernietigd wordende) eene verzwakkende werking uitoefenen, edoch ook die maatregelen kunnen door den duur van dit slecht gedrag, door eene wegens niet genoegzaam resultaat ontstane moedeloosheid, verzwakt worden, [345]terwijl zij buitendien als iets bijzonders aan zekere slijting onderhevig zijn.

De op blz. 165 gemelde wijzigingen der onregelmatige aantrekkingstrillingen van den ether door het bestaan binnen deze van bijzondere ligchamen, zullen die aantrekkingstrillingen regelmatig doen worden.

Bij de onregelmatige afstootings- of warmtetrillingen van den ether heeft dit insgelijks plaats door het bestaan van bijzondere ligchamen, omdat die trillingen op de van deze ligchamen uitgaande stralen zulk eene wijziging ondergaan, dat zij deels worden transversale trillingen, waarbij het aantal trillingen per seconde even groot is als bij dat der warmtetrillingen dier bijzondere ligchamen. Wanneer die stralen tusschen twee ligchamen, waarvan het eene warmte opslurpt, loopen, zal het aantal dier transversale ethertrillingen gelegen zijn tusschen die bij de warmtetrillingen dier beide ligchamen bestaande.34 Ook bij deze laatste soort van trillingen bestaat er in zooverre regelmatigheid, dat de temperaturen, gemeten door het aantal der trillingen per seconde, van het eene punt naar het andere min of meer egaal af of toenemen. Dit belet echter niet dat het overgaan in dergelijke warmtetrillingen van bijv. geluidsgolven eene de onregelmatigheid bevorderende werking der wet van geschiktmaking is. De aantrekking van massas digter dan en onderscheiden van den ether, aldus van iets bijzonders, perst om zich heen gassen te zamen, doet deze condenseren, onder vermindering der banen der warmtetrillingen en verhooging van het aantal dezer per seconde, of anders gezegd onder overgang [346]van latente warmte in vrije warmte. Bij nog sterkere zamenpersing, waarbij de afgifte van vrij geworden warmte voortgaat, kunnen die vochten stollen, en daar nu de onregelmatigheid bevorderende werking der wet van geschiktmaking vochten en ook vaste ligchamen (voor zooverre deze niet verrotten) doet verdampen, en aldus een omgekeerden overgang der stof te weeg brengt, moeten de vochten in het algemeen in een meer bijzonderen toestand dan de gassen en in minder bijzonderen toestand dan de vaste ligchamen verkeeren.

Terwijl dan ook bij de vloeistoffen, wier deelen zeer verschuifbaar zijn, binnen gelijke kubieke ruimten, betrekkelijk weinig moleculen bevattende, het aantal dezer zeer zal verschillen, en daarentegen binnen gelijke kubieke ruimten, zeer veel moleculen bevattende, dit aantal betrekkelijk zeer weinig verschilt, zie blz. 311, moet bij de vaste ligchamen en vooral bij de elastieke, het tegenovergestelde plaats hebben.

Wordt bijv. een elastiek vast ligchaam verticaal ingedrukt, zoo zet het zich in horizontale rigting uit, en moeten in die rigting de aantrekkingen tusschen de zich van elkander verwijderende moleculen grooter dan derzelver afstootingen worden, en het omgekeerde in de verticale rigting plaats hebben. Anders toch zou het ligchaam, na het ophouden der indrukking, deszelfs primitieve gedaante niet weder kunnen hernemen.

Dit nu zal slechts mogelijk zijn, zoo er tijdens de indrukking geene blijvende verschuiving van moleculen plaats heeft, dat weder slechts mogelijk is, zoo de aan elkander grenzende uiterst kleine kubieke ruimten, elk niet veel moleculen bevattende, er ongeveer evenveel inhouden. Dat de kubieke ruimten, elk zeer veel moleculen bevattende, er bij de vaste ligchamen niet evenveel inhouden, hetgeen vooral bij de zeer merkbaar poreuse onder hen het geval is, belet daarentegen dit niet [347]blijvende zijn der onderlinge verschuiving der moleculen niet, mits de moleculen massas, tusschen die porien gelegen, dik genoeg zijn om niet te breken. Bij de stolling van vochten moet er aldus iets plaats hebben, als op blz. 313 gezegd is, namelijk, door het gelijktijdig dringen van veel moleculen naar eene plaats en het zich gelijktijdig verwijderen van andere plaatsen, er eene grootere regelmatigheid ontstaat35. Eene soort van veerkracht als die der vaste ligchamen bezitten de vloeistoffen niet, dan voor zooverre zij kleverig zijn, en derzelver moleculen aldus niet volmaakt verschuifbaar zijn. Het niet bevatten van evenveel moleculen door evengroote ruimten, er elk niet veel van inhoudende, moet voorts bij de vochten in verband gebragt worden met de moleculaire warmtetrillingen, bij hen, wegens het bevatten van meer latente warmte, grooter zijnde dan bij de vaste ligchamen.

Bij chemische verbinding heeft er, even als bij stolling en condensatie, overgang van gebondene in vrije warmte plaats, terwijl bij chemische verbinding gemiddeld, ofschoon niet steeds, de stoffen van den gasvorm tot den toestand van vochten of vaste ligchamen gebragt worden. In het algemeen kan dus chemische verbinding beschouwd worden als eene werking der wet der veranderlijkheid in strijd met de onregelmatigheid verwekkende werking der wet der geschiktmaking, zie blz. 251. Het is echter eene primaire werking dier laatste wet, welke, door de stoffen chemisch te ontleden, de ontbondene meer dan de verbinding op de natuur van den ether doet gelijken. Waar er toch chemische verbindingen bestaan, kunnen, terwijl die primaire werking hen tracht te ontleden, secondaire werkingen dier wet, zie blz. 24, er andere stoffen mede in harmonie brengen, door deze chemisch met elkander te verbinden. Een dergelijke [348]secundaire werking is bijv. de verbinding der metalen met de zuurstof, waardoor er met de natuur van de aardkern en van de anorganische aardkorst, alsware in harmonie zijnde chemische verbindingen ontstaan. De scheikundige verwantschap tusschen stoffen is toch niet zoo zeer iets aan deze eigen, dan wel het gevolg der omstandigheden waarin zij zich bevinden. De vochtigheid, de warmte enz. hebben er grooten invloed op, en men kan zich even goed zie blz. 159 een hemelbol van meer etherachtige en chemisch minder zamengestelde natuur dan onze aarde denken, alwaar ijzeroxyde zonder kunstmiddelen, door opneming en binding der warmte van omgevende ligchamen en verbreking der moleculen door de vergrootende warmteafstooting, in ijzer en zuurstof overgaat, alsdat op deze aarde bijv. de planten in water en koolzuur ontleed worden.36

Zoo kan het weren van bederf, eene tertiaire werking der wet van geschiktmaking, namelijk eene met betrekking tot de organische stoffen zelve zijn; terwijl dit bederf zelf eene secondaire werking dier wet is, wegens de disharmonie tusschen de levende organismen en de aarde, zie blz. 94. Tusschen die twee werkingen der wet van geschiktmaking bestaat er nu een strijd, maar waarbij zoo, zie blz. 195, geene werking der wet der veranderlijkheid gedurig nieuwe levende organismen vormde, de tertiaire werking even goed het onderspit zou delven, als de verdediging van een staat, noch op de nationaliteit, noch op de behoeften der ingezetenen gebaseerd, of zie blz. 256 later geschikt kunnende worden, voor de ondermijning van het bestaan van zulk een staat. De drang der vaste stoffen en vochten om te verdampen, zie blz. 316,[349]ontstaat ten gevolge eener primaire werking der wet van geschiktmaking, en secundaire werkingen hiervan met betrekking tot de aarde kunnen een tegenovergesteld effect uitoefenen. Die secundaire werkingen kunnen bijv. gerekend worden hier op aarde alles in harmonie te brengen met den toestand van hare kern en korst, zoo de aarde zeer ver van de zon gelegen was, en tot zulke werkingen behooren dan de gedurige uitstraling door de aarde van opgeslurpte zonnewarmte, het vervoer van warmte van den evenaar naar de polen, enz. De nabijheid der aarde van de zon is toch, zie blz. 161, eene bijzonderheid, die de werking van blz. 163 zal trachten op te heffen, doch er bestaan tertiaire werkingen der wet van geschiktmaking trachtende alles op deze aarde te brengen in harmonie met haren gemiddelden toestand met betrekking tot de zon. Alle afwijkingen hiervan, zoo periodieke als accidentele, zal die tertiaire werking der wet van geschiktmaking trachten te vernietigen. Hierdoor wordt er bijv. van de dag- en zomerzijde der aarde warmte gevoerd naar de nacht- en winterzijde, en hierdoor zullen, wanneer de zonnewarmte veel water heeft doen verdampen, die dampen later condenseren, iets dat niet zou plaats hebben, zoo de aantrekkingskracht der aarde die dampen niet zamenperste, en hen daardoor belette ten gevolge der op blz. 345 gemelde primaire werking der wet van geschiktmaking steeds meer uit te zetten37.

Electriciteit kan kwalijk als in harmonie met de verdeeling der warmte beschouwd worden, omdat de beide electriciteiten neiging bezitten om elkander te vernietigen onder overgang der elektrieke beweegkracht in warmte zie blz. 251, welke laatste zich dan evenzoo, ten gevolge [350]der werking der wet van geschiktmaking, verspreid, als zekere hoeveelheid wijn, binnen water gestort, zulks doet.

Eene primaire werking van gemelde wet put de snelheid van den wind uit, doch, met betrekking tot de wentelende en aan de zonnewarmte blootgestelde aarde, zal eene secundaire werking dier wet slechts alle afwijkingen van zekere constante hoofdwinden trachten te vernietigen38. Evenzoo is het met de zeestroomen gelegen, en men kan aannemen, dat eene tertiaire werking der wet van geschiktmaking alle afwijkingen van constante stroomen met betrekking tot door vaste landen en eilanden afgebroken en ongelijk diepe zeeen vernietigt, terwijl zie blz. 254 eene secundaire werking dier wet, zooals bijv. het afvallen en afschuiven van aardsche voorwerpen, de aardkorst overal met eene zee van gelijke diepte tracht te bedekken.

Dat de werking der wet van geschiktmaking zaken in harmonie met volgens zekere regels veranderende toestanden tracht te brengen, ofschoon alsdan die harmonie steeds onvolmaakt blijft, hiervan is reeds op blz. 233 gesproken. Meer primaire werkingen dier wet zullen echter die regelmatige veranderingen trachten te vernietigen.

Het kenteeken van harmonie bij zaken is het gemis er bij van oorzaken van verandering anders dan die, wegens het zijn dier zaken binnen de veranderlijke wereld, voortspruiten, en onder laatstgemelde oorzaken moeten ook geteld worden die welke de zaken, waarmede gene in verband staan, wijzigen. Gesteld toch, dat er harmonie bij eene zaak bestaat, zoo zal, bij verandering van het verband er van met andere zaken, die harmonie [351]verbroken worden, zooals bijv. die bij de constante zeestroomen bij verandering der kusten.

Men kan zich voorts ook voorstellen, dat er harmonie bestaat bij eene bijzondere zaak afhangende van eene meer algemeene. Verandering bij deze laatste kan dan zelfs maken, dat er van die bijzondere zaak later geene questie meer kan zijn, zooals bijv. van het goed verdeelen van levensmiddelen binnen ingeslotene vestingen na het ontzet dezer. In de werkelijkheid bestaat er slechts een volmaakt harmonischen toestand, namelijk de onveranderlijke en algemeenste veropenbaring der zelfstandigheid door denking en beweging. Bij alle andere meer of minder bijzondere zaken bestaan er echter alsware door het zijn er van geboren werkingen, welke die zaken zoodanig trachten te wijzigen, dat deze in een nieuwen, wegens de gedurige werking van allerlei accidentele oorzaken, nimmer volmaakt bereikt wordenden toestand gekomen zijnde, die er uit voortgesproten werkingen zouden ophouden te bestaan. Deze zijn nu die wij de werkingen der wet van geschiktmaking genaamd hebben. Toestanden, uit met elkander in verband zijnde zaken bestaande, worden er door meer harmonisch gemaakt door wijziging dier verschillende zaken, en wel zoo, dat die het moeijelijkste kunnen gewijzigd worden, of wel het meeste op die toestanden van invloed zijn, door de werking der wet van geschiktmaking het minste gewijzigd worden, zie blz. 265 en 289.

Wanneer oorzaken gevolgen verwekken, welke hen vernietigen, moeten die gevolgen de toestanden, waarvan die oorzaken eenige der met elkander in verband zijnde zaken vormen, meer harmonisch maken, zoo tevens die gevolgen door het bestaan dier toestanden geboren worden, omdat alsdan die oorzaken het karakter van afwijking bezitten. Zoo bijv. omdat het peil der moraliteit bij eene maatschappij grooter is dan die van een slecht [352]mensch, er deel van uitmakende, deze zoodanig wordt behandeld, dat de slechtheid van zijn karakter vernietigd wordt, zal die maatschappij in zedelijkheid meer harmonisch worden, daar dan toch derzelver leden elkander minder door omgang en voorbeeld in moraliteit zullen doen veranderen.

Zoo echter derzelver oorzaken vernietigende gevolgen niet tevens door de zoo even gemelde toestanden geboren worden, behoeven zij de harmonie bij het een of ander niet te bevorderen, en zelfs kunnen dergelijke gevolgen, door in het algemeen verandering te weeg te brengen, de harmonie bij met elkander in verband zijnde zaken verstoren. Terwijl toch die oorzaken hier als ware buiten liggen, kunnen derzelver gevolgen er in grijpen, zie blz. 342. Hetzelfde valt op te merken omtrent gevolgen derzelver oorzaken versterkende, doch, wegens eene bijzondere rede, zullen dergelijke gevolgen de harmonie bij toestanden verstoren, wanneer zij zaken, die, met andere in verband, zulke toestanden vormen, op eene wijze tegengesteld aan die, welke uit dien toestand voortspruit, wijzigen, namelijk wanneer afwijkingen er door versterkt worden. Zoo men bijv. iemand, boven zijne medemenschen in deugd uitstekende, zoodanig beloont, dat hij nog meer boven deze gaat uitsteken, is dit niet tevens het gevolg van de betrekking, waarin zijne zedelijkheid staat tot die zijner medemenschen, maar wel van het niet voldoen dezer aan de eischen van hun zedelijk en maatschappelijk bestaan. Door zulke verheffingen van individuen wordt echter niet de harmonie bij een toestand van zaken bevordert, want op blz. 277 hebben wij gezegd, dat door dit meer harmonisch worden van zulk een toestand, de door het wezen er van geboren werkingen, door zwakker te worden, hen minder zullen trachten te wijzigen. Nu is wel is waar de zedelijkheid der menschen in verband met de eischen van hun zedelijk bestaan, maar tevens met de werking der [353]zinnelijkheid, en de terugtrekkende werking hiervan zal sterker zijn, naarmate de menschen meer aan de eischen van hun zedelijk bestaan voldoen. Eene uit hun wezen, en hetgeen hiermede in verband staat, voortspruitende werking tracht alsdan, in plaats van eene flaauwere, eene sterkere wijziging tot stand te brengen. Op blz. 270 hebben wij wel is waar gezegd, dat bij menschen, aan de eischen van hun maatschappelijk bestaan voldoende, de bij hun geest bestaande ongeschiktheid op een minimum zou zijn, doch hierbij is hun verband met de zinnelijkheid, met het dierlijke egoosme, zie noot blz. 139, niet in aanmerking genomen. Bij toestanden van met elkander in verband zijnde zaken, waarbij de eene dezer dien toestand zus en andere hem op eene tegengestelde wijze tracht te wijzigen, en waarbij aldus het gemis aan eene er uit voortspruitende werking, hem trachtende te wijzigen, ontstaat, doordat dergelijke werkingen elkander opheffen, bestaat er buitendien slechts in zeker opzigt harmonie. Voor harmonie in alle opzigten zoude geen dier zaken zulk eene den toestand wijzigende werking moeten trachten uit te oefenen.

Men dient wel het goede van het harmonische te onderscheiden. Het kan bijv. gebeuren, dat iets goeds, in zamenwerking met andere oorzaken, een gevolg verwekt dat het vernietigt, doch daar zie blz. 351 het harmonische iets is, dat uit zich zelf geene aanleiding tot verandering er van geeft, kan het een dergelijk gevolg niet verwekken. Goede zaken kunnen, zie blz. 338, bestendigd worden door de uitwerking van er door opgewekte gevolgen, terwijl daarentegen harmonische zaken, door de werking der traagheid in stand gehouden wordende, zoo zij geene storing door er niet uit voortspruitende zaken ondervinden, dergelijke gevolgen niet kunnen opwekken.

Bij het harmonisch maken van met elkander in verband [354]zijnde zaken, kan er slechts sprake zijn van hetgeen die harmonie verstoort te vernietigen, en zoo nu die storing bestaat in gemis aan iets, zal dit gemis, als oorzaak werkende, een gevolg opwekken, dat het vernietigt en aldus aanvult. Zoo nu dit gemis opwekt een gevolg dat deszelfs oorzaak niet vernietigt, zal dit gevolg niet tevens door de afwijkingen van den harmonischen toestand bij zoo even gemelde zaken geboren worden.

Het schoone, dat wij op blz. 97 gezegd hebben te zijn de innerlijke harmonie bij zaken, moet meer uit zich zelf geene aanleiding geven tot veranderingen er bij dan het goede, of de geschiktheid van iets voor hetgeen waarmede het in verband komt, zie blz. 271. In ons werk getiteld: "Over de werking der Natuurwetten op zedelijk gebied enz.", blz. 501, hebben wij de stelling ontwikkeld, dat het schoone bij den gemiddelden toestanden van zaken bestaat, en nu zijn het juist de afwijkingen van zulke gemiddelde toestanden, zooals die der juist geproportioneerde menschelijke gestalte, die uit zich zelf natuur en kunst nopen om hen te doen verdwijnen.

Geschiktheid van iets voor verschillende, bijv. zie blz.231, ten gevolge van ongelijke verandering, op verschillende hoogten gekomen, en aldus met betrekking tot elkander onharmonische zaken, kan binnen eene in tijd en ruimte veranderlijke wereld slechts onvolkomen zijn, en uit dien hoofde zullen de toestanden, waarbij dergelijke geschiktheid bestaat, uit zich zelve aanleiding tot verandering er van geven. Wetten kunnen bijv. gewijzigd worden, ten einde er dan deze en dan gene belangen mede te bevredigen, al zijn zij zoo goed mogelijk. Moet het wetboek verbeterd worden, zoo wijst het zich niet van zelf aan hoe slechts de afwijkingen van dit wetboek van een dat goed is, behoeven vernietigd te worden, en leemten er in wijzen niet even bepaald de aanvulling aan, als bij eenig menschenligchaam het gemis [355]der neus aanwijst, dat er eene neus bij zou behooren, om het op het door geene afwijkingen mismaakte menschelijke ligchaam te doen gelijken. Zulk eene leemte in een wetboek kan zeer wel, als oorzaak werkende, als gevolg handelingen bij wetgevers hebben, welke, na vergelijking der voor- en nadeelen er van, haar laten bestaan en zelfs versterken. Om aan reeds bestaande eischen bij het oude wetboek, aldus, zonder dat de behoeften der maatschappij veranderd zijn, te voldoen, kan men oude wetten in zekeren zin beginnen te wijzigen, en het gevolg of de bearbeiding dier wetten leiden tot versterking der wijziging.

Veranderen de eischen der omstandigheden, zoo verandert ook het goede, terwijl het harmonische zulks blijft, al verliest het ook zijn objectief bestaan. In dit laatste geval verkeert bijv. eene despotieke regeering met een tal van verspieders, een huurleger, geheime regtspleging enz. in de beschaafde wereld, alwaar vooral de middelpartijen, ten koste van harmonie en consequentie, goede regeringen wenschen daar te stellen.

Men make voorts onderscheid tusschen disharmonie, wegens door accidentele oorzaken ontstane afwijkingen bij eene zaak, terwijl deze overigens gelijksoortig blijft met die zaak, zoo die afwijkingen niet bestaan, en disharmonie, wegens het met elkander in verband zijn van ongelijksoortige zaken. De eerste soort van disharmonie wordt bijv. voortgebragt door de ongelijkheden van de aardkorst, door de ongelijke verdeeling der warmte, de ongelijkheid in rijkdom der menschen, enz. De tweede soort van disharmonie bestaat bijv. bij het verband tusschen de planten en de onbewerktuigde aarde, bij dat tusschen ziel en ligchaam, en verschilt hierin met de eerste, dat, terwijl hierbij de vernietiging der afwijkingen, ter vorming van een geschikten toestand, slechts van eene zijde geschiedt, zij bij die tweede soort van twee [356]zijden en alsware zie blz. 348 tegen elkander in plaats heeft. De planten, waarbij er, tusschen derzelver contact met andere zaken als oorzaak en derzelver grootte als gevolg, wederkeerige versterking plaats heeft, trachten, ten bate van haren toestand, de onbewerktuigde stof organisch te maken, terwijl de aarde, ter bevordering van derzelver harmonischen toestand, het tegenovergestelde poogt te doen, en hierdoor onder anderen de vergrooting der planten, zie blz. 336, limiteert. Nu moge bij beide die met elkander in strijd zijnde geschiktmakende werkingen gedeeltelijk uit dezelfde soorten van veropenbaring der zelfstandigheid door beweging, zooals aantrekking, warmte, electriciteit enz. bestaan, ofschoon er wel bij de organische werkingen zullen bestaan, die bij de onbewerktuigde aarde gemist worden, het blijft niettemin waar, dat men hier niet met eene de planten voortbrengende aarde te doen heeft, omdat alsdan dier planten bestaan in den harmonischen toestand dier aarde in derzelver betrekking tot de zon alsware bevat zou zijn.

Wel is waar schikken de planten zich hiernaar, maar slechts ten bate van haar eigen toestand, even als vijanden zich naar elkander schikken, ten einde elk voor zich op de doeltreffendste wijze voordeel te verschaffen.39, zie blz. 339. In wereld der verscheidenheid gaat dit een en ander ook door voor andere met elkander in verband zijnde zaken, elk strevende naar een eigen harmonischen toestand, doch die wereld der verscheidenheid moet tevens die der veranderlijkheid zijn, zoodat de streving naar al die verschillende harmonische toestanden van meer of minder algemeenen aard gedurig [357]tegengewerkt wordt. Onder die veranderingen, en wel zie blz. 69, als gevolg van de accidentele veranderingen in het algemeen beschouwd, bevindt zich nu ook die, waarbij de ontwikkeling van het op blz. 194 gemelde eigenlijke wezen, dier naar eene eigene harmonie strevende zaken, vergroot wordt, totdat die kernen, wanneer derzelver ontwikkeling de palen der eindigheid bereikt heeft, volkomen zamensmelten en harmonisch worden met de onveranderlijke veropenbaring der zelfstandigheid door beweging en door denking.

Wanneer de handelingen van wezens een doel hebben, strekken zij om bij het een of ander geschiktheid te weeg te brengen, al zij het dat hierdoor bij andere zaken, zelfs die van meer verheven aard, de ongeschiktheid vergroot wordt, en daar de wezens die doelen, zie blz. 267 niet op de meest directe wijze trachten te bereiken, kan het gebeuren, dat zij daarvoor niet den juisten weg inslaan. De rest hunner handelingen zijn, of zooals men zegt toevallig, of wel gedwongen, waarin men hen alsware als verbonden aan de handelingen van anderen kan rekenen. Voor de handelingen, niet uit de denking der eindige wezens voortvloeijende, geldt hetzelfde, uitgezonderd het bereiken van doelen op niet volstrekt directe wijze, en aldus de mogelijkheid om niet op den juisten weg te zijn om die doelen te bereiken.40 Zoowel de handelingen, die niet, als die wel voortvloeijen uit de denking der zie blz. 144 afgescheidene wezens, zijn aldus deels toevallig, en ware dit het geval niet, zoo zou de verscheidenheid, het gedurig ontstaan van nieuwe toestanden, waarvoor geschiktheid moet gevormd worden en de hierdoor ontstaande [358]ontwikkeling der wezens gemist worden. Op blz. 299 hebben wij gezegd, dat de verschijnsels bevatten bijzonderheden, deze bijzonderheden andere nog sterker dan de voorgaande van het algemeene afwijkende enz. Elk dezer verschijnsels bestaat nu uit met elkander in contact zijnde, elkander wijzigende en gevolgen opwekkende handelingen van de afgescheiden eindige wezens, of wel van het Oerwezen, voor zoo verre dit zie blz. 170 eene veranderlijke natuur bezit. Elke oorzaak is een verschijnsel, elk gevolg insgelijks, elke werking der wet van geschiktmaking vormt, hetzij afzonderlijk, hetzij, zooals bij het geval van blz. 259, vereenigt met derzelver oorzaken uitputtende gevolgen, verschijnsels, het in stand blijven van zaken, ten gevolge der wet der traagheid, doet dit insgelijks. Elk dier verschijnsels bevat nu meer bijzondere verschijnsels, in elk dier gevallen kunnende vormen oorzaken, gevolgen werkingen der wet van geschiktmaking en werkingen der wet der traagheid, hiervoor gaat weder hetzelfde door enz., totdat men komt tot de meest bijzondere verschijnsels op blz. 300 aangegeven.

Iemands goed gedrag, eene oorzaak het beloonen tot gevolg hebbende, kan bijv. beschouwd worden als een verschijnsel bevattende bijzondere daden, zijnde oorzaken of gevolgen van andere daden, of wel, even als op blz. 342 gezegd is, wijzigingen voortbrengende contacten tusschen toestanden, of het wennen dan aan deze dan aan gene toestanden, of het gedurende eenigen tijd blijven in toestanden, niet alleen wegens geschiktheid er voor, maar tevens omdat men er verkeert.

Het zich voegen van een landverhuizer naar een vreemd klimaat en een vreemden maatschappelijken toestand, kan ook beschouwd worden als een verschijnsel, een menigte meer bijzondere verschijnsels bevattende, en hierbij weder al de gevallen bij de bijzondere verschijnsels van het voorgaande geval voorkomen. Het volhouden bij eenmaal aangenomen [359]meeningen, waardoor nieuwe en grootere wetenschappelijke gehalte bezittende denkbeelden, vaak zoo traag bij het publiek ingang vinden, zie blz. 212, deels eene werking der traagheid, kan alsmede aangemerkt worden als een verschijnsel bevattende vele bijzondere verschijnsels zijnde oorzaken of gevolgen van andere dergelijke verschijnsels, benevens werkingen der wet der geschiktmaking en der traagheid.

De werkingen der anorganische aarde, der levende organische natuur en der kunst oefenen invloeden op elkander uit, even als dit bijv. doen de daden der verschillende soorten van werklieden, zooals smeden, metselaars en timmerlieden. Evenzeer als nu deze allen bijv. een last kunnen ophalen, en nogthans elkanders werk niet kunnen doen, evenzeer kunnen de anorganische aarde, de organische natuur en de kunst, eene zelfde werking verrigten, (bijv. eene van osmotischen aard) en desniettemin niet dezelfde producten leveren. Zoo kan bijv. de kunst evenmin een boomblad daarstellen, als de levende organische natuur een uurwerk kan maken zie blz. 195.

De werking der wet der traagheid, benevens de standvastigheid te weeg brengende werking der wet van geschiktmaking moeten de indrukken van dezelfde zaken bij de wezens dezelfde houden, tenzij zie blz. 333 oorzaken, van den aard als die men kan leeren kennen, die indrukken veranderen, zooals bijv. het anders zien der voorwerpen bij het scheel zien enz.41

De werking der wet van geschiktmaking leidt de wezens om door opmerking en oordeel met juistheid te leeren kennen wat waar, schoon, goed en verheven is, omdat [360]zij zie blz. 178 het vooruitloopen der controlerende aanschouwing en der kritiek door de meeningen der menschen tracht te verminderen, en de beoordeeling van veranderde of nieuwe toestanden van zaken van lieverlede juist tracht te doen worden.

Die werking overwint van lieverlede de traagheid, zoowel bij gewoonten als bij meeningen, die geen grond van bestaan meer bezitten, zoodat haar bestaan het sceptieke gezegde, dat de menschen geene gronden voor hunne handelingen kunnen bezitten, en veroordeeld zijn om de gewoonten te volgen, valsch maakt.

Overdrijving van deugden bestaat zie blz. 271 in het te veel verzuimen van het eigenbelang in het heden ten bate van toekomstige en vreemde belangen. Verbastering van deugden daarentegen in het tegenovergestelde, of wel in het gemis aan paring van intellectuele ontwikkeling met zedelijke ontwikkeling zie blz. 293. Men bedenke hierbij dat, wegens de invloeden van ligchaam en omgeving op den geest der wezens (bij de menschen kleiner dan bij de dieren) zij in de opvatting van hun genoegen in het heden zeer verschillen; de een doet bijv. dat genoegen in veiligheid en rust, de ander in het begaan van roekelooze daden, de derde in verkwisting, de vierde in doellooze verzameling van goederen bestaan.

Somtijds ontstaan er evenwigtstoestanden, wanneer eene blijvende oorzaak een gevolg opwekt, en dit weder een ander gevolg, dat het vorige tracht te vernietigen en negatief te maken. Is toch dit eerste gevolg nul geworden, zoo zal het tweede niet meer versterkt worden, en het eerste even sterk negatief trachten te doen worden, als de oorzaak het in de positieve rigting tracht te vergrooten.

Zoo zal bijv. de aantrekking der aarde een bij twee punten ondersteunden zwaren balk met toenemende sterkte trachten te vervormen; terwijl de overmaten van moleculaire aantrekking en afstooting binnen dien balk, [361]hiervan de doorbuiging zullen trachten te vernietigen, en ten gevolge der veerkracht negatief te doen worden. Bij zekere sterkte van doorbuiging kan nu de drang tot vergrooting hiervan door deszelfs oorzaak, de aantrekking der aarde, opgewogen worden door den drang tot verkleining er van door het gevolg dier doorbuiging. Bestendig meer vraag naar eenige waar, heeft tot gevolg verhooging van den prijs er van, terwijl deze vergrooting van het bod opwekt. Zijn nu de prijzen weder even hoog als vroeger geworden, zoo zal dan die meerdere vraag hen evenzeer trachten op te voeren, als dit tweede gevolg hen tracht te verlagen.

Bij dergelijke gevallen bestaan er twee in tegengestelde rigting werkende verschijnsels, welke uit zich zelf aanleiding tot verandering zou kunnen geven. Men heeft aldus dan wel zie blz. 12 een toestand van evenwigt, maar niet van harmonie. De steunpunten van bovengemelden balk kunnen bijv. zijn menschen, die zulk een zwaren last slechts gedurende korten tijd kunnen torschen, en zooeven gemelde vraag behoeft niet steeds door een voortdurend grooter verbruik van eene waar te ontstaan.

Wij hebben op blz. 352 gezegd dat, naarmate afwijkingen van harmonische toestanden kleiner worden, de werking der wet van geschiktmaking hen trager zal vernietigen. Dit geschiedt bijv. wanneer al de deelen van brandstoffen tegelijk branden, daar alsdan de omvang van het vuur gaandeweg zal verminderen. Zooals op blz. 358 gezegd is, kan echter zulk eene werking bevatten bijzondere verschijnsels, zijnde werkingen der wet der veranderlijkheid, waarbij de gevolgen de oorzaken versterken of vernietigen. Zoo kan bijv. bij het in het algemeen verbranden van organische stoffen, derzelver reductie tot anorganische stoffen versterkt worden door mededeeling der gloeijing, zie blz. 341, doch ook [362]verzwakt worden door ontstaand gebrek aan nabij gelegen brandstof.

Een zamengesteld doel, zie blz. 257, een gevolg zijnde der verscheidenheid in de ruimte, zoo kan bij zaken, er voor bestemd, zie blz. 306, geene volmaakte geschiktheid ontstaan, doch de geschiktheid bij die zaken kan dan verder gedreven worden, dan zoo het doel veranderlijk is, en die zaken, zie blz. 230, niet voor verandering vatbaar zijn.

Een zamengesteld doel bestaat bijv. bij het zie blz. 305 te gelijk trachten te voldoen aan den welstand der menschen op deze aarde en aan derzelver geestelijke ontwikkeling zie blz. 270. Hoe het eerste geschaad wordt ten bate van het laatste, blijkt bijv. somtijds bij het strijden en niet toegeven ter wille der eer.

Accidentele afwijkingen van een bijzonderen harmonischen toestand wekken, terwijl de werking der wet van geschiktmaking hen tracht te vernietigen, als gevolgen, zie blz. 265, afwijkingen van een anderen aard bij dien toestand op; de laatste afwijkingen weder andere enz. Het bijzondere van zulk een toestand maakt namelijk het opwekken van dergelijke gevolgen mogelijk, zoodat, hoe algemeener karakter die toestand bezit, hoe zwakker die reeks van uit elkander volgende afwijkingen zal zijn.

Bestond er geene slijtende werking der wet van geschiktmaking, zoo zouden, wanneer de gevolgen derzelver oorzaken trachten te vernietigen, die vernietiging gemiddeld opwegen tegen de opwekkende werking dier oorzaken bij derzelver gevolgen, en aldus de leden van bovengemelde reeks gemiddeld gelijk aan elkander zijn zie blz. 265. De latere moeten daarentegen grooter worden, zoo de gevolgen derzelver oorzaken onveranderd laten of versterken, zoodat, wanneer het een en het ander plaats heeft, en zooeven gemelde slijtende werking bestaat, de latere leden der reeks noch steeds grooter, noch steeds [363]kleiner dan de vorige zullen worden. Nu bestaan er op elk oogenblik eene menigte van afwijkingen van zulk een bijzonderen harmonischen toestand, en elk dier afwijkingen brengt eene dergelijke reeks voort. Daar echter van elk dezer de leden van invloed zijn op die der andere reeksen, zoo zullen bij de latere leden dier reeksen die invloeden van lieverlede in de plaats treden van de invloeden der eerste leden dier reeksen, en die laatste invloeden aldus zwakker worden, hoe verder de latere leden dier reeksen van de eerste gelegen zijn. De uitwissching dier invloeden kan ook als eene werking der wet van geschiktmaking beschouwd worden.

1 Die werking dier oorzaak is bijv. vergelijkbaar met de elasticiteit van eenig kleed. Zoo dit een kind goed gepast heeft, zal het een volwassen mensch knellen, zoo deze het niet zoo lang gedragen heeft, dat het al den tijd tot uitrekking gehad heeft.

2 Zie hierover ons geschrift get.: Vervolg van het werk Over de werking der Natuurwetten enz., blz. 500.

3 Het is klaar, dat het kennen der geschiedenis, dat met de op blz. 178 gemelde eerste soort van bewuste aanschouwing te vergelijken is, daarvoor niet voldoende is.

4 Bij de planeten zal de invloed der aantrekking der komeet niet uitgewischt worden, omdat zie blz. 154, geene oorzaak anders dan de traagheid het planetenstelsel in stand tracht te houden, zie blz. 163.

5 Verscheidenheid in ruimte moet ontstaan zijn door verandering der zaken ten gevolge van accidentele oorzaken. Komen deze nu niet meer voor, zoo zal de werking der wet van geschiktmaking (zie blz. 270 en 275), die verscheidenheid in ruimte doen verdwijnen

6 De zedelijke waarde van armen zal gemiddeld in zooverre absoluut minder zijn dan die van rijken als zij in geestelijke ontwikkeling voor deze onderdoen. Overigens kan men evenmin zeggen, dat in alle opzigten armoede de oorzaak als het gevolg van slecht gedrag is.

7 Op blz. 61 hebben wij verschillende voorbeelden der werking der wet van geschiktmaking op economisch gebied gegeven. Hiernevens nog eenige. Zoo omstandigheden het uitoefenen van eenig beroep onvoordeeliger maken, zal, door het verlaten er van, of door overmaat van sterften boven geboorten, (zie begin blz.50) het aantal beoefenaars er van verminderen, en dit de overblijvende in gunstiger omstandigheden stellen, dan zoo hun aantal grooter is. Die overblijvende beoefenaars zullen aldus even veel geld kunnen verdienen na het ontstaan dier voor dit beroep ongunstige omstandigheden, dan het grootere aantal beoefenaars er van voor het ontstaan dier omstandigheden. Men kan hieruit nagaan, hoe de werking der wet van geschiktmaking beroepen, bij derzelver beoefenaars evenveel beelding vorderende, even winstgevend, en die winsten bij beroepen, bij derzelver beoefenaars niet evenveel beelding vorderende, in reden der behoeften dier beoefenaars tracht te doen worden.

Voorts zal de werking der wet van geschiktmaking bij vergroote productie de behoeften en de voeding der arbeiders zoodanig vergrooten, dat deze het eindelijk betrekkelijk niet ruimer dan vroeger bij minder verdiensten zullen hebben. Eene werking dier wet is ook de beperking der prijsverhooging van iets tengevolge van grootere vraag dan bod. Die prijsverhooging zal toch de koopers moeijelijker en de verkoopers gemakkelijker maken, en hierdoor het weder gelijk worden van vraag en bod en aldus ook het tot staan komen van den prijs bevorderd worden.

Werkingen der wet der veranderlijkheid op economisch gebied zijn alle die welke die bovengemelde werkingen verstoren; voorts alle toevallige winsten of verliezen, handelscrisissen, beurspanieken enz. Werkingen dier wet der veranderlijkheid, waarbij er wederkeerige versterking plaats heeft, zijn de bankroeten veroorzaakt door vorige bankroeten; het overleggen van meer geld door handelaars, naarmate hun bedrijfskapitaal grooter is; het op schadelijke wijze leenen van geld naarmate de schuld grooter is enz.

8 Te gelijk hiermede zou ook de behoefte aan veiligheid, alsmede de kennis om zich deze te verschaffen afnemen. Bij elken stand van beschaving trachten al de gevolgen hiervan harmonisch met elkander te worden. Zoo zullen bijv. volken in het bezit van spoorwegen en van langdurige tijdperken van vrede, zich mijnongelukken en het bekostigen van moorddadige vuurwapens moeten getroosten.

9 Hieruit volgt dat moraal onafhankelijk van een ideaal langzamerhand tot dierenmoraal zou dalen.

10 Het ideaal, dat beoogt het door den graad van beschaving bepaalde genoegen der maatschappij, is te vergelijken met eene zware maar niet wrijvende massa, die slechts hierdoor aan eene zie blz. 138, achterwaarts trekkende kracht wederstaat. Het ideaal, dat daarentegen den geestelijken vooruitgang der individuen beoogt, is te vergelijken met zulk eene massa, maar waarop tevens eene kracht werkt, die aan de zooeven gemelde achterwaarts trekkende wederstaat. Voor zoo verre der menschen ideaal niet het eerste der beide gemelde is, strekt betrachting van deugd niet om gemiddeld het gelukkigste te zijn, en om gemiddeld het beste in zijn doen te gelukken, en hangt de waarde der zedelijke daden niet af van het voordeel dat de maatschappij er van trekt, zie blz. 218.

11 Iets dergelijks moet ook plaats hebben bij den invloed door de onveranderlijke atomistische bewegingen van den ether op hemelbollen uitgeoefend zie blz. 170.

12 De kinderlijke voorstelling van dit een en ander is die der hemel en aardgeesten.

13 Met de hersens is dit eveneens het geval. Wanneer de directe werking der indrukken, door de hersens bij den geest voortgebragt, bij de denking van dezen (zie blz. 144 bepaalt door een geheel van zintuigelijke onwaarneembare atomistische bewegingen) overheerschende is; is de geest min of meer passief. Tot dien toestand, waarbij de denking van eene lagere gehalte is, trachten de hersens den geest nu te brengen, en niet het minste wanneer het ligchaam gezond is, omdat dit dan in een gemiddelden toestand verkeert, en aldus zie bl. 78 en 102 niet in dien waarbij het de minste terugtrekkende werking op den geest uitoefent zie Noot blz. 79.

14 In dit geval verkeeren bijv. de door ongeschikt geworden instellingen voortgebragte en deze slopende revolutien. In den aanvang geschiedt dit op eene meer schroomvallige wijze dan later, omdat er tusschen de intensiteit dier revolutien en de bedoelingen, die men er mede heeft, alsmede den bijval die zij vinden, wederkeerige versterking plaats heeft. Voor zooverre zulke revolutien nieuwe zaken daarstellen moeten zij, zooals op blz. 287 met betrekking tot de hervorming gezegd is, beschouwd worden.

15 Hierbij stellen wij dat in elk dier gevallen de zedelijke eischen van het leven even groot zijn, zoodat zie blz. 82 de absolute graad van deugd gelijk aan den betrekkelijk graad hiervan is. Van de voor die eischen te groote zelfzucht en zucht tot genot in het heden, zijn de slechte hartstogten wel verschillende uitingen, edoch bij veel lagere trappen van beschaving kunnen de zelfzucht en de zucht tot genot in het heden zich of in het geheel niet op de wijze van sommige dier slechte hartstogten, of slechts gebrekkig op de wijze van andere derzelve uiten.

16 Zie hierover ons werk get. Over de werking der wet Natuurwetten op zedelijk gebied enz. blz. 361 en het vervolg van dit werk blz. 74.

17 Een gevolg kan een verschijnsel vernietigen, op het oogenblik dat dit geschiedt is, zelf door de werking der wet van geschiktmaking vernietigd zijn, en intusschen een nieuw verschijnsel van den aard als het eerste opgewekt hebben. Dit bijv. is het geval bij het gaan dan in deze en dan in gene rigting, twee verschijnsels welke door een tusschenliggend verbonden zijn.

18 Liggen er n W 2^n ballen binnen die bus en n ballen binnen elk deel er van, waar binnen die verhoudingen op allerlei wijze varieren, zoo zal, bij het voorkomen van al de gevallen, slechts eene dier 2^n deelen enkel witte en een ander enkel zwarte ballen bevatten. Nu zal de grootheid n niet aanzienlijk behoeven te zijn, om het aantal deelen 2^n uiterst groot en de betrekkelijke grootte dier deelen aldus zeer gering te doen worden.

19 Die ongelijkheid in digtheid van groepering binnen eene rij van zulke aan elkander grenzende deelen kan echter in stand gehouden worden, zoo binnen het deel, bij het eene einde der rij, er nieuwe poeijerdeelen in gebragt en, bij het deel bij het andere einde, er poeijerdeelen weggenomen worden. De digtheid van groepering der poeijerdeelen zal alsdan langs dien weg van het eene naar het andere einde afnemen, en, onder het bezit van allerlei onregelmatige snelheden, die poeijerdeelen zich langzaam van het eene naar het andere einde dier rij verplaatsen. Iets hiermede overeenstemmende heeft bijv. plaats bij de in de poolzeekn drijvende ijsbergen. De gletschers voeren er nieuwe in zee aan, zij smelten onder weg, en de accidentele en onregelmatige stroomen binnen de poolzeekn, het effect van hierboven gemelde snelheden doende, zullen die ijsbergen gemiddeld naar lagere breedten voeren, zoo hier naar toe de digtheid van groepering der ijsbergen afneemt.

De zwaarte der stof of slibbedeelen, door wind of stroomend water opgeheven, zal hetzelfde effect uitoefenen als die aan en afvoer van bovengemelde poeijerdeelen. Stroomende vloeistoffen zijn steeds in beroering en, bij zekere afneming der sterkte van groepering dier stofjes of slibbedeelen naar boven, kan de werking dier beroering er overal gemiddeld even veel meer op dan nederwaarts voeren als de zwaartekracht er nederwaarts voert.

Niet alleen zal bij sterke stroomen die digtheid van groepering naar boven minder afnemen, maar zij zal dan tevens bij den bodem grooter zijn, zoo hierop eene onbepaald aantal ophefbare stofjes of slibbedeelen gelegen is.

20 Die verschillende kansen van voorkoming bezittende afwijkingen zijn te vergelijken met de trekkingen uit bussen, ballen van verschillende kleur bevattende. De onregelmatigheid bij eene reeks van trekkingen zal alsdan minder worden, zoo niet enkele keeren ballen van eene kleur, in de bus schaars voorkomende, getrokken worden. Zie ons werk get. Vervolg op het werk get.: Over de werking der Natuurwetten op zedelijk gebied enz. blz. 453.

21 Merken wij hier op dat bij het geval van blz. 3 van ons werk get.: Vervolg op het werk get. Over de werking der Natuurwetten op zedelijk gebied enz., zoo de drang tot onregelmatigheid, op blz. 309 gemeld, niet bestond, hoe lang ook schuddende, de groepering *n* binnen geen eindigen tijd zou ontstaan moeten, evenmin als bij het werpen met eene dobbelsteen, waarvan het eene vlak met lood bezwaard is (hetgeen overeenstemt met de meerdere kans van voorkoming der groepering *n*.) Door zachter te gaan schudden, wanneer de groepering *n* zich vormt, ontstaat er nu iets overeenkomende met het minder in aantal worden der vlakken dier dobbelsteen.

22 Zie ons werk get. Vervolg van het werk get. Over de werking der Natuurwetten op zedelijk gebied enz. blz. 73 en 536.

23 Dit is met inachtneming van den tijd noodig voor eene ons onbewuste voortplanting van het effect der handelingen der menschen met de golvingen binnen vloeistoffen vergelijkbaar.

24 Dit zou bijv. het geval bij ons zonnestelsel zijn, zoo de vaste sterren er veel digter bij gelegen waren.

25 Men denke hierbij aan de voortplanting van toonen.

26 Dit niet te verwarren met gelijksoortige absolute regelmatigheden. Hoe verder deze toch in tijd of ruimte van elkander gelegen zijn, hoe minder groote totale regelmatigheid zij, in verband met elkander beschouwd, zullen teweegbrengen zie blz. 311.

27 In plaats van op de onregelmatigste wijze dan te winnen en dan te verliezen, kan een speler verliezen, door het krijgen van slechte spellen, door onoplettendheid en door onkunde. In alle drie

gevallen zal dit steeds na een verliezen door den overheerschenden invloed van enkele omstandigheden geschieden, doch in het eerste deze omstandigheden ieder oogenblik kunnen verdwijnen en dit eindelijk moeten doen, terwijl zij sterker zullen bestaan, naar gelang dit krijgen van slechte spellen langer aanhoudt. Het tweede geval ligt alsware tusschen de beide andere in, en kan dan meer op het eerste dan meer op het derde geval gelijken.

28 De door de wet der veranderlijkheid opgewekte gevolgen bij dergelijke verschijnsels, welke, even als in de Noot van blz. 300 gezegd is, werken, kunnen die verschijnsels echter uitputten. De beweging van zulk een vaartuig, heeft bijv. tot gevolg het loopen er van tegen den een of anderen oever.

29 Dit is het geval omdat, zoo het gevolg eenparig kon toenemen, de werking der wet van geschiktmaking, trachtende de vergrooting der oorzaak tegen te gaan, versnellende zou toenemen, en aldus eenmaal die tegenstand veel grooter dan de opwekkende werking van het gevolg zou worden. Bij den aanvang van zulk eene wederkeerige versterking, bezit de oorzaak zekere grootte, en neemt het gevolg van af nul toe. Wil dit aldus de oorzaak vergrooten, zoo dient hierbij de tegenstand der werking der wet van geschiktmaking in het eerst trager dan de die oorzaak vergrootende werking van het gevolg toe te nemen.

30 Zoo kan bij het voorbeeld van blz. 258 opgelegde straf somtijds geene uitwerking doen, of wel zie noot blz. 300 de straf verminderd worden, naarmate de gestrafte het peil van gemiddelde zedelijkheid nadert, en zij, wanneer dit peil bereikt is, ophouden.

31 Die uitputting werkt als gevolg van den strijd, zooals in noot blz. 300 gezegd is.

32 Zie verder hierover ons werk, get. Vervolg op het werk, get. Over de werking der Natuurwetten op zedelijk gebied enz., zie blz. 152. De werking der wet van geschiktmaking bij de gloeijing der brandstof bestaat in de afkoeling hiervan, zooals deze in het luchtledige zou plaats hebben, en neemt, zie 2e Noot blz. 337, meer versnellende, dat is, eerst minder en later sterker dan de chemische verbinding en uitbranding toe.

33 Dit verschijnsel na verzwakking nul en daarna negatief wordende, zoo zal alsdan die steeds positief blijvende oorzaak weder grooter worden, en de wederkeerige verzwakking overgaan in wederkeerige versterking. Even als bij het geval van blz. 258 verkrijgt men aldus ook hierbij schommelingen.

34 Vandaar dat naar ons inzien de hemelruimte geene eigene temperatuur bezit, maar allerhande temperaturen op de stralen, tusschen de ligchamen gelegen, er aan gegeven, zoodat een etherdeel, op verscheidene van zulke stralen gelegen, ook verschillende temperaturen bezit, zie ons werk get.: Over den aard en de toekomst der beweegkracht, zie blz. 18.

35 De kristallisatie toont dit ook aan.

36 Hoe kleiner de zwaartekracht bij het oppervlak van eenigen hemelbol, en hoe grooter de temperatuur hiervan is, hoe eerder eenige anorganische stof er op in den gasvorm en niet chemisch met andere stoffen verbonden, zal voorkomen.

37 Men zij hierbij indachtig dat, voor zoo verre de afwijkingen van den harmonischen toestand niet vernietigd worden in reden der sterkte dier afwijkingen, de op blz. 259 en 300 gemelde werking der wet der veranderlijkheid zich aan die der wet van geschiktmaking paart.

38 Op hooge noorderbreedte zou die constante benedenwind, zie Noot blz. 165, zuidwest zijn, zie hierover ons werk, het "Vervolg op het werk get.: Over de werkingen der Natuurwetten op zedelijk gebied" enz. blz. 104.

39 Voor zooverre bij het harmonische ongeschiktheid bestaat voor hetgeen waarmede het in verband komt, bestaat er een drang om het te wijzigen ten bate van het goede, zie blz. 353, edoch er bestaat tevens een drang om dit verband zoodanig te wijzigen, dat het goede harmonisch wordt.

40 Het toeval kan, zie blz. 334, wel regelmatigheid, maar geene harmonie teweeg brengen. De assimilatie der stoffen met de bestanddeelen der aarde is bijv. niet het product van het toeval, zie Noot blz. 169. Ook kan dit onregelmatigheid voortbrengen, doch het behoeft het niet steeds te doen, zooals de werking van blz. 321.

41 Slechts op die voorwaarde kunnen toch die indrukken geschiktheid baren in den tijd bij een individu, of in de ruimte bij vele zamenlevende individuen. Vandaar dat, wanneer die indrukken valsch worden, zooals bij het ijlen, er een ongeschikten toestand ontstaat.

Verbeteringen

De volgende verbeteringen zijn aangebracht in de tekst:

Bron	Verbetering
,	[*Verwijderd*]
,	.
hunne eigen	de meest op hen gelijkende
vermindert	verminderd
[*Niet in bron*]	.
.	[*Verwijderd*]
vermindert	verminderd
hemafroditen	hermafroditen
nietnadeelig	niet nadeelig
[*Niet in bron*]	wij
van bij,	van, bij
ver-verwilderde	verwilderde
uitgeoefent	uitgeoefend
vermindert	verminderd
omheden	omstandigheden
organitie	organisatie
uitgeoefent	uitgeoefend
volmaakste	volmaaktste
bl.	blz.
[*Niet in bron*]	,
opge-gehouden	opgehouden
,	.
[*Niet in bron*]	zulk
[*Niet in bron*]	onder steeds toenemende druk
bl.	blz.
[*Niet in bron*]	.
de de	de

uitmuntenste	uitmuntendste
idiot	idioot
bl.	blz.
bl.	blz.
bl.	blz.
bl.	blz.
,)	),
epikuristische	epicuristische
lichamelijke	ligchamelijke
,	.
voortuitgang	vooruitgang
[*Niet in bron*]	,
[*Niet in bron*]	)
,	.
mijthen	mythen
[*Niet in bron*]	.
modeleren	modelleren
protestansche	protestantsche
bepaalt	bepaald
.	[*Verwijderd*]
ontkent	ontkend
[*Niet in bron*]	(
[*Niet in bron*]	)
phylosophischengeest	phylosophischen geest
het	[*Verwijderd*]
desnietemin	desniettemin
[*Niet in bron*]	(
[*Niet in bron*]	)
geestonwikkeling	geestontwikkeling
uitgeoefent	uitgeoefend
uitgeoefent	uitgeoefend

tegenovergestelda	tegenovergestelde
[*Niet in bron*]	.
[*Niet in bron*]	,
[*Niet in bron*]	digt bij het oppervlak van den uitgezetten bol *b*
concentrikke	concentrieke
digte	digter
uitgeoefent	uitgeoefend
(	[*Verwijderd*]
)	[*Verwijderd*]
opgelevert	opgeleverd
onvolmaakste	onvolmaaktste
lieverleden	lieverlede
onder-derzoek	onderzoek
bepaalt	bepaald
.	[*Verwijderd*]
worde	worden
uitgeoefent	uitgeoefend
veranandert	verandert
lighaam	ligchaam
om dat	omdat
[*Niet in bron*]	.
[*Niet in bron*]	(
toege-geving	toegeving
die	zie
gebrag	gebragt
bezielt	bezield
gedient	gediend
levenomstandigheden	levensomstandigheden
verandert	veranderd
opdat	op dat

zich zich	zich
gesmolte	gesmolten
ontkent	ontkend
onverandert	onveranderd
bepaalt	bepaald
[*Niet in bron*]	(
[*Niet in bron*]	)
[*Niet in bron*]	.
gaat	gaan
warmtuitstraling	warmteuitstraling
door klieven	doorklieven
[*Niet in bron*]	tijd
,	.
nagaaan	nagaan
,	.
,	.
moordadige	moorddadige
zamengesmolteu	zamengesmolten
geenzins	geenszins
,	.
[*Niet in bron*]	(
[*Niet in bron*]	)
,	[*Verwijderd*]
uitgeoefent	uitgeoefend
,	;
[*Niet in bron*]	,
[*Niet in bron*]	.
weing	weinig
verniegende	vernietigende
[*Niet in bron*]	.
[*Niet in bron*]	)

heef ter	heeft er
[*Niet in bron*]	)
zou	zoo
valscheid	valschheid
pysiologische	physiologische
pysiologischen	physiologischen
.	,
,	:
[*Niet in bron*]	er
[*Niet in bron*]	.
nand	hand
[*Niet in bron*]	.
.	,
.	,
,	.
[*Niet in bron*]	.
.	,
regel matige	regelmatige
[*Niet in bron*]	.
[*Niet in bron*]	.
,	[*Verwijderd*]
[*Niet in bron*]	,
verhoudigen	verhoudingen
planeeten	planeten
[*Niet in bron*]	is
het het	het
bepaalt	bepaald
[*Niet in bron*]	.
[*Niet in bron*]	.
dezeltde	dezelfde
vaartuituigen	vaartuigen

bebben	hebben
,	.
onstaan	ontstaan
voorstuwende	voortstuwende
,	[*Verwijderd*]
niet niet	niet
temderatuur	temperatuur
;	[*Verwijderd*]
ontstaan	ontstaat
[*Niet in bron*]	.
[*Niet in bron*]	,
[*Niet in bron*]	.
wenking	werking
[*Niet in bron*]	.
,	.
,	.
ontwikkling	ontwikkeling

Dit boek is onderdeel van de TREDITION CLASSICS serie. De makers van deze serie zijn verbonden door hun passie voor literatuur en gedreven met de bedoeling om alle publieke domein boeken weer gedrukte vorm beschikbaar te maken - wereldwijd.

De meeste geprinte TREDITION CLASSICS titels zijn al decennia verdwenen uit de boekenkasten. Bij tredition geloven wij dat een goed boek nooit uit de mode is en dat zijn waarde voor eeuwig is. Deze boeken serie helpt bij het behouden van de literatuur schatten. Het draagt bij in het behouden van prachtige wereldliteratuur werken.

Johannes Gutenberg, de uitvinder van Movable Type afdrukken (1400 – 1468) is het symbolische figuur van deze serie die enkele tienduizenden titels bevat.

Alle titels van deze serie TREDITION CLASSICS zijn beschikbaar als paperback en hardcover. Voor meer informatie over deze unieke serie en over tredition willen we u verwijzen naar: www.tredition.com

ISBN 978-3-8495-3905-4

9783849539054

tredition®